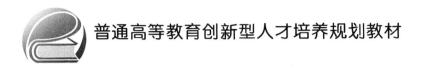

普通高等教育创新型人才培养规划教材

辐射环境监测

杨毅　林炬　刘颖　编著

北京航空航天大学出版社

内容简介

本书是编者在我国当前"一带一路"中核电建设和核技术应用迅速发展带来的对环境辐射监测需求的背景下,通过广泛收集整理我国辐射环境监测相关国家标准和管理规范,结合编者的教学和科研实践编写的讲述我国核与辐射环境监测的图书。

书中介绍了辐射环境监测的基本情况、监测技术规范、核设施流出物监测与辐射应急监测、典型环境体系(水、空气、土壤、食品、建筑材料)放射性核素测定,以及电磁辐射环境(交流输变电工程、移动通信基站、变电站等)监测等内容。

本书适用于高等院校核与辐射及相关专业的本科生,也可作为环境工程相关专业课程的补充教材;该书还可作为核与辐射相关专业研究生和青年教师的工具书,以及从事核与辐射环境评价和核安全评价等相关工作的工程技术人员的培训用书和参考书。

图书在版编目(CIP)数据

辐射环境监测 / 杨毅,林炬,刘颖编著. -- 北京 :
北京航空航天大学出版社,2018.9
ISBN 978 - 7 - 5124 - 2750 - 1

Ⅰ. ①辐… Ⅱ. ①杨… ②林… ③刘… Ⅲ. ①辐射监
测 Ⅳ. ①X837

中国版本图书馆 CIP 数据核字(2018)第 143011 号

辐射环境监测

杨毅 林炬 刘颖 编著

责任编辑 刘晓明

*

北京航空航天大学出版社出版发行

北京市海淀区学院路 37 号(邮编 100191) http://www.buaapress.com.cn
发行部电话:(010)82317024 传真:(010)82328026
读者信箱: goodtextbook@126.com 邮购电话:(010)82316936
北京九州迅驰传媒文化有限公司印装 各地书店经销

*

开本:787mm×1 092mm 1/16 印张:17 字数:435 千字
2018 年 9 月第 1 版 2021 年 3 月第 2 次印刷 印数:1 001～1 300 册
ISBN 978 - 7 - 5124 - 2750 - 1 定价:49.00 元

前　　言

　　"一带一路"倡议为我国核电建设和发展提供了良好的契机,同时我国近年来核技术在各行业的应用,以及我国特高压输变电和5G通信的发展,均对核与辐射环境监测提出了新的要求。此外,随着我国国民生活水平的快速提高,人们对生活环境中的核辐射和电磁辐射的关注度越来越高,相应的指标要求也越来越严格。

　　多年来,国外对核辐射环境和电磁辐射环境的监测技术和指标都有较严格的要求,建立了相应的标准。我国在借鉴国外技术规范和指标的基础上,进一步提高指标要求并制定了相应的技术规范和国家标准,甚至出台了相应的法律法规。然而,到目前为止,还缺少比较系统和全面地整理这些技术规范和指标要求的图书,相关专业学生学习和技术人员工作时缺乏相应的教材和工具书。这也是促成我们编写该书的原因。

　　事实上,随着我国大力发展核电以及西方发达国家大量核电站面临退役,对核电站和退役核设施辐射环境监测的需求十分巨大;同时,我国当前还在大力发展新一代核电技术,对辐射环境监测也提出了新的要求。此外,在电磁辐射方面,传统的监测规范和指标要求是否能满足最新发展的特高压输变电和密集的4G、5G通信塔台建设,都是我们当前和今后研究与关注的重点。

　　本书第1章辐射环境监测概述,主要介绍了辐射环境的监测目的、监测内容、监测方法和放射源豁免等;第2章辐射环境监测技术规范,主要介绍了辐射环境质量监测、辐射污染源监测规范、监测样品的采集测定、数据处理和质量保证,并以医疗核设施辐射环境监测为例进行了介绍;第3章核设施流出物监测与辐射应急监测,主要介绍了核设施流出物监测和环境影响评价,以及核事故与辐射事故环境应急监测;第4章典型环境体系中放射性核素测定,主要介绍了水体、空气、土壤、食品和建筑材料等典型环境体系中放射性核素的测定方法与限值规定;第5章电磁辐射环境监测,主要介绍了电磁辐射基本概念和电磁辐射监测方法与限值,重点阐述了交流输变电工程电磁辐射、移动通信基站电磁辐射和变电站电磁噪声辐射的监测方法。在本书编写过程中,刘颖完成了第4.5节的编写和全书部分章节的完善;林炬重点对第3.5节和第5章进行了编写和完善;杨毅完成其他章节的编写和全书的审定。

本书除了基础理论方面的整理和编写外，还邀请工程一线的专家，将工程实践数据进行汇集和整理，形成了理论与实践结合的图书。本书适用于高等院校核与辐射及相关专业的本科生，也可作为环境工程相关专业课程教材的补充；同时，该书还可作为核与辐射相关专业研究生和青年教师的工具书，以及从事核与辐射环境评价和核安全评价相关工作的工程技术人员的培训用书和参考书。

  在本书编写过程中，还得到了吴少华、潘天翔、葛晓阳等工程实践专家的指导和协助，韩晶晶、李成财、李富、李浩等同学对相应章节进行了数据处理和文字编写。本书还得到了南京理工大学辐射防护与核安全系老师和该专业本科14级、15级、16级学生在前期使用过程中的修改建议。在此对上述人员一并表示感谢！

  由于编者的能力和水平有限，不足之处在所难免，恳请读者批评指正！

作 者

2018 年 6 月

目　　录

第1章　辐射环境监测概述

辐射环境监测最早起始于第二次世界大战期间,美国为了研制原子弹,在汉福特建造了生产钚的反应堆,并用哥伦比亚河的水来冷却反应堆部件,开始有流出物进入环境,由此引起了人们对环境影响的关注。从此,开始了辐射环境监测的历史。

后来,随着核试验的开展,原子弹爆炸、温茨开尔和三里岛事故的发生,又把辐射环境监测的深度和广度推进了一步。1986年的切尔诺贝利事故则把快速报警和自动监测网络技术的重要性提高到了新的高度。近年来,随着核技术利用和核能的快速发展,公众的环境参与意识极大地提高,给环境监测提出了新的内容和要求,而且更使环境监测的重要性突破了纯技术的范畴,改善公众关系、提高公众信任度也成为环境监测的重要任务之一。

辐射环境主要指在实施核与辐射生产活动界外的周边环境,也包括涉及核辐射或存在核辐射的自然环境。辐射环境监测是指对操作放射性物质的设施周界之外的辐射和放射性水平所进行的与该设施运行有关的测量,辐射环境监测的对象是环境介质和生物。在本书中,所有未特别指明的辐射,均是指电离辐射或核辐射。

1.1　环境核辐射监测的目的与内容

1.1.1　常见名词的含义

1. 源项单位

它是指从事伴有核辐射或放射性物质向环境中释放并且其辐射源的活度或放射性物质的操作量大于 GB 18871—2002《电离辐射防护与辐射源安全标准》规定的豁免限值的单位。

2. 核设施

从铀钍矿开采、冶炼、核燃料元件制造、核能利用到核燃料后处理和放射性废物处置等所有必须考虑核安全和(或)辐射安全的核工程设施及高能加速器(见图1.1),都称为核设施。核设施也包括以需要考虑安全问题的规模生产、加工、利用、操作、贮存或处置放射性物质的设施(包括其场地、建(构)筑物和设备),诸如铀加工、富集设施、核燃料制造厂、核反应堆(包括临界及次临界装置)、核动力厂、乏燃料贮存设施和核燃料后处理厂等。

3. 射线装置与同位素应用

与核设施不同,所有安装有粒子加速器、X射线机以及大型放射源并能产生高强度辐射场的构筑物或设施,统称为射线装置。

利用放射性同位素和(或)辐射源进行科研、生产、医学检查、治疗,以及辐照、示踪等的实践,称为同位素应用。

4. 电离辐射与天然辐射源

电离辐射指能够通过初级过程或次级过程引起电离事件的带电粒子或(和)不带电粒子。在电离辐射防护领域中,电离辐射也简称辐射。

图 1.1　高能加速器局部图

天然存在的电离辐射源所产生的辐射也称为天然本底辐射,其来源于三个方面:宇宙辐射、宇宙放射性核素、原生放射性核素。

5. 核设施的退役与核事故

核设施的退役是指辐射源或相关设施利用寿期终了时,或因计划改变、发生事故等原因而将设施提前关闭时,为使其退出服役,在充分考虑保护工作人员和公众健康与安全和保护环境的前提下所进行的各种活动。退役的最终目标是厂址的无限制释放或利用,完成这一过程一般需要数年、数十年或更长的时间。

核事故是指从防护和安全的角度看,其后果或潜在后果不容忽视的任何意外事件或事件序列,包括人为错误、设备失效或其他损坏。这类事件很有可能对外界环境造成不良后果(主要指放射性物质失去控制地向环境释放),并可能危及公众的健康。

6. 伴生放射性矿物的开采与利用

伴生放射性矿物的矿山是指放射性核素在与被开采的其他矿物共生时,其数量或品位按审管部门的规定应采取辐射防护措施的矿山。放射性物质不是开采的对象,但与所开采的矿石一起被开采与利用。

7. 环境本底调查、常规环境监测与监督性环境监测

源项单位在运行前对其周围环境中已存在的辐射水平、环境介质中放射性核素的含量,以及为评价公众剂量所需的环境参数、社会状况等所进行的调查,称为环境本底调查。

常规环境监测是指源项单位在正常运行期间,对其周围环境中的辐射水平以及环境介质中放射性核素的含量所进行的定期测量。

监督性环境监测是指针对各核设施及放射性同位素应用单位对环境造成的影响,环境保护监督管理部门基于管理目的而对所造成的影响进行的定期或不定期测量。

8. 质量保证与质量控制

质量保证是为使监测结果足够可信,在整个监测过程中所进行的全部有计划、有系统的活动。质量控制是为实现质量保证所采取的各种措施。

9. 准确度与精密度

准确度表示一组监测结果的平均值或一次监测结果与对应的正确值之间差别程度的量。

精密度是指在数据处理中,用来表达一组数据相对于它们平均值偏离程度的量。

1.1.2　环境放射性来源

人类受天然辐射源照射是一种持续性不可避免的现象。由于核技术的发展,20 世纪初、中年代,又增加了人工辐射照射。在联合国原子辐射效应委员会(United Nations Scientific Committee on the Effects of Atomic Radiation,UNSCEAR)的 2000 年度报告中,列出了人类所受天然和人工辐射照射的状况。

表 1.1 和图 1.2 分别示出了人类所受天然和人工辐射照射的状况,以及环境放射性照射的途径。

表 1.1　人类所受天然和人工辐射照射状况

辐射源	世界范围个人年均有效剂量/mSv	照射的范围和趋势
天然本底	2.4	典型范围为 1～10 mSv,这与具体地点的环境有关,也有相当多的人口所受剂量达 10～20 mSv
医学检查	0.4	范围在 0.04 mSv(最低健康医疗水平)和 10 mSv(最高健康医疗水平)之间
大气核试验	5×10^{-3}	已从 1963 年最大的 0.15 mSv 逐渐降低,北半球相对较高,南半球相对较低
切尔诺贝利事故	2×10^{-3}	已从 1986 年最大的 0.04 mSv(北半球的平均值)逐渐降低,事故现场附近较高
核能生产	2×10^{-4}	随着核能计划的发展而提高,但又随着技术的完善而降低

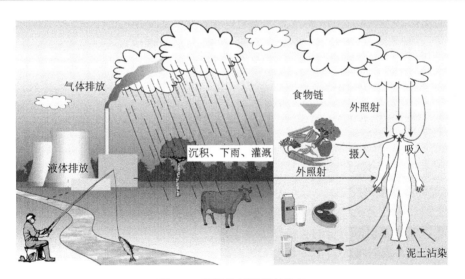

图 1.2　环境放射性照射途径

1. 天然环境放射性

环境中放射性背景情况对环境放射性监测至关重要。环境放射性监测是在较高的放射性背景值之下去探查一个小的附加增量,环境中较高的放射性背景值主要来源于天然放射性的贡献。从事环境放射性监测的人员需要了解对监测有重大影响的天然放射性的状况。

天然放射性射线按其来源可分为两部分：陆生射线和宇生射线（含宇宙射线）。陆生射线主要是指地球上生来就有的射线，来源于地球上的放射性物质所产生的射线；宇宙射线主要来自外层空间和太阳表面；宇生射线就是由宇宙射线与大气层相互作用产生的射线。宇宙射线和宇生射线所产生的辐射统称为宇宙辐射。

地球的形成已经有 45 亿年，经历这么长时间的衰变，目前仍然存在于地球上的放射性物质都是一些长寿命放射性核素及其衰变子体。陆生放射性主要来自于 Th-232 系、U-238 系和 U-235 系的衰变。此外，还有一些半衰期长的单个放射性核素，如 K-40、Rb-87、La-138、Sm-147 和 Lu-176 等。陆地辐射主要存在于地壳、建材、空气、水、食物和人体中的天然放射性核素，包括 Th-232 系、U-238 系和 K-40。

宇生放射性包括：来自外层空间的宇宙射线以及宇宙射线与大气层相互作用产生的次级射线；宇宙射线与大气层相互作用产生的放射性核素。宇宙射线主要来自太阳系，一部分高能宇宙射线可能来自太阳系之外更远的宇宙空间。宇宙射线经与大气层相互作用，不仅强度发生变化，而且能谱也发生变化。在人类生活的地球表面，很难见到高能宇宙射线，近地表的宇宙射线主要是其低能部分。宇宙射线强度随海拔高度的增加而增加，在海拔 10 000 m 以上的高度上，宇宙射线对飞机机组人员及乘客产生的剂量率比海平面高度宇宙射线的贡献可大 100 倍。宇生放射性核素主要包括 H-3、Be-7、C-14 和 Na-22，其年有效剂量（估算）分别为 12 μSv、0.15 μSv、0.01 μSv 和 0.03 μSv。

天然放射性一般不属于辐射环境监测的范围，但是出于以下几种原因，它们同样受到很大的关注。

① 天然放射性无所不在，常常构成对人工放射性监测的一种干扰因素或本底读数，要区分人类活动对环境辐射水平的影响，必须以天然辐射本底为基准。因此，为了环境监测和环境评价工作的需要，也必须弄清该地区天然辐射的情况（本底调查）。

② 天然放射性产生对人类照射的最大部分，因此当需要估算人类所受到的总照射时，要把天然照射也考虑在内。

③ 在少数场合，由于人类活动所引起的工作场所或居住环境中的天然放射性水平的升高，该地区也可能被辐射安全审管部门宣布划入应该管理和监测的范围（如航空、非铀矿），或者需要采取补救措施进行干预。

总之，在讨论辐射环境监测问题以前，了解天然环境中放射性的情况以及它们对环境监测工作的可能影响是十分必要的。

2. 人工环境放射性

了解天然放射性的来源与水平，既是环境放射性监测所需的基础知识，也是评价伴生天然放射性矿物资源开发利用项目的必备知识。了解人工放射性的来源与水平同样是必要的。许多核与辐射设施在运行期间放出人工放射性核素的水平很低，对人工放射性核素的监测常常是在低水平上对与辐射强度接近的量进行区分。以往人为活动产生的人工放射性核素的残留物对环境放射性监测同样产生影响。因此，从事环境放射性监测的人员不仅需要了解天然放射性的来源与水平，同时还需要知晓人工放射性的来源与水平。

人工放射性核素的来源途径包括：核武器生产和试验、核能生产、核技术利用等。

大气层核试验产生的人工放射性核素对公众影响的高峰在 1963 年。现在由核试验落下的灰沉降率已接近于零,仍在环境中残留的主要是 Sr 和 Cs。虽然由于大气层核试验对环境和公众的影响已经很小,但是作为环境监测,特别是针对那些会产生人工放射性核素设施的本底调查,测定出拟评价核与辐射设施附近土壤、环境介质中残余的 Sr 和 Cs 等的放射性核素仍是有必要的。

全世界公开报道的核试验总共 2 000 多次,其中各主要国家核试验次数(括号内为最近一次核试验年份):美国 1 030 次(1992 年)、苏联 715 次(1990 年)、法国 210 次(1996 年)、英国 45 次(1991 年)、中国 45 次(1996 年)、印度 6 次(1998)年、巴基斯坦 6 次(1998 年)、朝鲜 6 次(2017 年)。地下核试验的爆炸当量一般较大气层核试验要小。另外,地下核试验希望能将核裂变产物包容起来。因此,地下核试验较之大气层核试验对环境的辐射影响要小,仅有裂变气体在核试验后排出和扩散,使核试验场附近局部公众受到一些附加辐射照射。但如果地下核试验出现冒顶,则会有较多的裂变产物进入环境。通常,地下核试验后总会有 H-3 和 Kr-85 进入环境。

核武器除了在试验时产生环境污染之外,在生产制造环节,也有放射性流出物进入环境。核武器的生产厂包括铀浓集、钚生产、氚生产、武器加工制造等。在过去几十年中,由于研究生产核武器,美国和苏联产生了大量的放射性废物,并且也出现过严重的放射性污染事故。例如,在 1957 年 9 月 29 日,苏联车里亚宾斯克的一个贮存放射性废液的贮存罐由于冷却系统故障导致了化学爆炸,有接近 7.4×10^{16} Bq 的放射性物质释放到了环境中。其中主要核素是 Ce-144、Zr-95、Sr-90 和 Cs-137 等,放射性污染的区域达 23 000 km^2。我国在核武器生产过程中也形成了一套研发体系,现在许多当年研发核武器的设施正在退役或准备退役;此外,也产生了一定数量的放射性废物,其中一些高、中放射性废液还没有完成处理,仍然是环境放射性污染的潜在因素。

1.1.3　辐射环境监测分类

辐射环境监测是对环境 γ 辐射水平及中子剂量当量率进行监测。

针对核与辐射设施的运行时间顺序,环境监测可分为:① 核与辐射设施运行前的本底调查;② 核与辐射设施运行期间的监测;③ 核与辐射设施退役的终态监测。

特别地,对于含 Ⅰ、Ⅱ 类密封源的设施,其辐射环境监测按时间顺序包括:

① 运行前监测。在装源前进行辐射环境监测,应对工作场所、邻近房间和室外环境的 γ 辐射水平和分布情况进行全面监测。运行前监测的范围是以放射源安装位置为中心,半径为 30~300 m;监测对象包括环境 γ 辐射水平监测及中子剂量当量率的监测;监测布点主要位于放射源安装位置四周室内外;监测任务是提供运行前环境辐射水平本底资料,尽可能获得关键途径和关键居民组的资料,为制订针对性监测计划服务,为运行时监测所需的监测方法和程序提供参考;监测时间为装源前。

② 运行中监测。按使用前环境辐射水平调查方案进行监测,主要监测任务是获得评价关键组平均剂量的相关资料;对于关键途径产生的照射进行常规监测;评价剂量大小,并随时监测 γ 辐射场的变化,以判断源是否处于安全贮存位置或照射位置。

③ 退役监测。对退役过程中及退役后的环境监测可参照运行期间的环境监测,再增加工作场所监测和设备的污染水平监测。

辐射环境监测按监测对象一般可分为:① 针对较大区域内的一般环境质量监测;② 针对

特定核与辐射设施的监测。

辐射环境监测按监测的属性可分为:① 按计划开展的常规监测;② 应对突发情况的应急监测。

针对核与辐射设施监测的实施主体,环境监测可分为:① 由企业组织的监测;② 由政府组织的监督性监测。

1.1.4 辐射环境监测的目的、作用及特点

1. 辐射环境监测的目的

辐射环境监测的目的在于检验核设施的运行在周围环境中造成的辐射和放射性水平是否符合国家和地方的有关规定,并对人为的核活动所引起的环境辐射的长期变化趋势进行监视,其中也包括对由人为活动所造成的天然放射性核素的重新分布所引起的环境辐射水平的变化进行监测。

环境监测具体的目的和意义主要有以下几个方面:

① 评价设施运行释放到环境中的放射性物质或辐射对人产生的实际的或潜在的照射水平,或估计这种照射的上限,并监视和评价其长期趋势,发现问题及时改进;

② 收集设施运行状态与污染物进入环境的历程、产生的环境辐射水平等因素之间的相关性资料,注意发现尚未注意到的照射途径和释放方式,或其他释放源带来的影响;

③ 异常释放或发生事故时,作出迅速响应,通过监测为评价事故后果和应急决策提供依据;

④ 证明向环境的释放符合相应规程的要求,向公众提供相关信息,改善公众关系。

2. 辐射环境监测的作用

辐射环境监测是辐射环境管理的重要手段。辐射环境监测的主要作用包括:① 验证核与辐射设施对环境的实际影响是否处在所控制的范围之内;② 发现核与辐射设施的异常排放;③ 严重事故时可以判定污染的范围和水平;④ 改善公众关系。

3. 辐射环境监测的特点

在核与辐射环境监测工作中,监测具有一定的特点:① 环境中辐射及放射性核素种类繁多,开展辐射环境监测时它们有时彼此相互干扰;② 环境介质复杂,对不同的环境介质需采用不同的监测(取样)方法;③ 辐射环境监测往往是在很高的环境背景值下去探查一个附加的小增量,辐射环境监测受环境放射性背景值及其他环境因素的影响较大,只有在良好的质量保证条件下才能取得准确的监测结果。

1.1.5 环境核辐射监测的内容

在日常工作中,辐射环境监测网络最主要的内容是开展全国辐射环境质量监测、重点核与辐射设施监督性监测、核与辐射事故预警监测和应急监测,以便掌握污染源现状,了解环境质量现状及其变化趋势,分析潜在的辐射环境危险。

辐射环境监测的方式有连续测量和定期测量,除了环境 γ 辐射水平外,其他环境样品主要测量一些与核设施运行有关的关键核素,如 H - 3、C - 14、Sr - 90、Cs - 137 等。辐射环境监测的内容或采样样品包括:

① 环境 γ 辐射:连续 γ 辐射空气吸收剂量率的测量,通过固定的监测站自动测量。

②　空气：在大气环境中采集空气样品，以及气溶胶、沉降物、降水等。

③　水：包括地表水、地下水、饮用水和海水等。

④　水生生物：包括鱼类、虾类、螺蛳类、牡蛎、海蜇等。

⑤　陆生生物：主要是食物链上的食品，如大米、蔬菜、鲜奶、肉类等，采样时会参考当地的膳食结构来选取。

⑥　土壤及岸边沉积物等。

截止到目前，我国辐射环境质量监测国控点包括：151 个辐射环境自动站、328 个陆地辐射点、474 个水样监测点、359 个土壤监测点、85 个电磁辐射环境监测点，基本覆盖了中国大陆主要地级及以上城市、主要江河湖泊，以及重要的国际河流（界河）和近海海域等。

特别地，对于核与辐射设施运行期间的辐射环境监测内容，依据核与辐射设施的性质、规模及可能影响范围的不同而不同。

对于核动力厂，辐射环境监测内容包括：γ 辐射剂量率和环境介质中的放射性核素（特别是可能的关键核素）含量。①　对于 γ 辐射剂量率的测量，要在核电范围布设若干个监测点实施同步、连续监测。γ 辐射剂量率监测点一般布设在距核动力厂几千米的范围内。γ 辐射剂量率仪应足够灵敏，能够反映出天然本底的水平和涨落变化。②　对于环境介质中的放射性核素的测量而言，环境介质包括大气、水、土壤、水生生物、陆生生物等，需要测量的放射性核素包括碘-131、氚、碳-14、铯-137、锶-90、钴-60、银-110 等。

对于铀矿冶和核燃料加工设施，主要包含的放射性核素是铀。因此对于环境介质中的放射性核素的测量主要针对铀及其衰变产物。对于铀矿冶来说，氡的测量是不可缺少的。

对于核技术利用项目，依据使用的放射性核素是密封源还是开放源（开放式操作），辐射环境监测的内容有所不同。使用密封源时重点监测贯穿辐射；开放式操作放射性核素时，主要对环境介质中的放射性核素进行测量。

对于伴生天然放射性矿物资源开发利用项目，辐射环境监测内容依据实际可能伴生的天然放射性种类来确定。

1.1.6　环境核辐射监测机构和职责

我国的辐射环境监测工作起步于 20 世纪 80 年代，经过近 30 多年的发展，已基本建成了由国家、省级、部分地市级组成的三级监测机构，建立了具有相当水平和能力的应急监测队伍。全国辐射环境监测网络是以环境保护部（国家核安全局）为中心，以各省辐射环境监测机构为主体，涵盖部分地市级辐射监测机构的监测网络。

一切源项单位都必须设立或聘用环境核辐射监测机构来执行环境核辐射监测。核设施必须设立独立的环境核辐射监测机构，其他伴有核辐射的单位可以聘用有资格的单位代行环境核辐射监测。

源项单位的核辐射监测机构的规模依据其向环境排放放射性核素的性质、活度、总量、排放方式以及潜在危险而定。源项单位的环境核辐射监测机构负责本单位的环境核辐射监测，包括运行前环境本底调查、运行期间的常规监测以及事故时的应急监测；评价正常运行及事故排放时的环境污染水平；调查污染变化趋势，追踪测量异常排放时放射性核素的转移途径；按规定定期向有关环境保护监督管理部门和主管部门报告环境核辐射监测结果（发生环境污染事故时要随时报告）。

各省、自治区、直辖市的环境保护管理部门要设立环境核辐射监测机构。环境保护监督管理部门的环境核辐射监测机构的规模,依据所辖地区当前及预计发展的伴有核辐射实践的规模而定。环境保护监督管理部门的环境核辐射监测机构负责对本地区的各源项单位实施监督性环境监测;对所辖地区的环境核辐射水平和环境介质中放射性核素含量实施调查、评价和定期发布监测结果;在核污染事故发生时快速提供所辖地区的环境核辐射污染现状报告,并负责审查和核实本地区各源项单位上报的环境核辐射监测结果。

我国政府为保证核安全采取了很多措施,其中一个重要措施就是对国家核安全局的机构进行了调整。目前,国家核安全局下设核设施安全监管司、核电安全监管司以及辐射安全监管司三个业务司。

1. 国家核安全局

国家核安全局相关业务工作主要包括:① 组织拟定核与辐射安全政策、规划、法律、行政法规、部门规章、制度、标准和规范;② 负责核电厂、研究型反应堆、临界装置、核燃料循环设施、放射性废物处理和处置设施等核设施的行政许可和监督检查,以及事件与事故的调查处理;③ 负责核设施退役项目、核技术利用项目、铀(钍)矿和伴生放射性矿、放射性物质运输等核活动的行政许可、监督检查以及事件与事故的调查处理;④ 负责核安全设备设计、制造、安装和无损检验活动的行政许可和监督检查;⑤ 组织辐射环境监测;⑥ 组织核与辐射事故应急准备和响应,参与核与辐射恐怖事件的防范和处置;⑦ 负责核材料管制和核安全监管;⑧ 负责核与辐射安全从业人员的资质管理和相关培训;⑨ 负责放射性污染治理的监督管理;⑩ 负责电磁辐射装置设施的行政许可和监督检查。

在国家核安全监管体系中,除了国家核安全局机关的三个司外,还有其他一些部门和组织发挥着重要作用。

2. 环境保护部地区核与辐射安全监督站

环境保护部地区核与辐射安全监督站是参考公务员管理的事业单位,其职责是根据分工执行相应的监督工作,接受国家核安全局的业务指导。这些机构是由国务院相关监管部门直管,即由环境保护部直管,一般按照大片区(地区)划分,如华东站、华南站等。国家核安全局对其不具有行政管辖权,只对其开展业务指导。

3. 地方辐射环境保护部门

地方辐射环境保护部门由地方监管,如省环境保护厅、市县环境保护局等的下属机构,受地方政府领导,其职责是根据分工执行相应的辐射安全监管工作,接受国家核安全局和地方核安全部门(如省核安全局)的业务指导。

4. 授权提供核安全技术服务的单位

授权提供核安全技术服务的单位是为国家核安全局提供技术服务的企事业单位。国家核安全局的后援单位主要有:环境保护部核与辐射安全中心、浙江辐射环境监测技术中心、苏州核安全中心和机械科学研究院核设备与可靠性中心等。

5. 核安全与环境专家委员会

核安全与环境专家委员会是国家核安全局非常设的审议咨询机构。其职能是协助国家核安全局制定核与辐射安全政策法规、审评和监督民用核设施的核与辐射安全、开展核与辐射安全科学研究,为国家核与辐射安全事业重大决策提供科学依据。

6. 核与辐射安全法规标准审查委员会

核与辐射安全法规标准审查委员会是国家核安全局根据《民用核设施安全监督管理条例》第五条第二款的规定成立的非常设审议机构。其职能是对核与辐射安全政策、规划、法规和标准以及法规标准体系进行技术审查,提出核与辐射安全法规标准建设的建议。核与辐射安全法规审查委员会下设核安全、辐射安全、核安全设备和电磁辐射四个专业组。

1.2　辐射环境监测方法

1.2.1　环境核辐射监测大纲

在实施环境核辐射监测之前,必须制定出切实可行的环境核辐射监测大纲。制定环境核辐射监测大纲,要遵循辐射防护最优化的原则。

制定环境核辐射监测大纲,首先要考虑实施监测所期望达到的目的:① 评价核设施对放射性物质包容和排出流控制的有效性;② 测定环境介质中放射性核素浓度或照射量率的变化;③ 评价公众受到的实际照射及潜在剂量,或估计可能的剂量上限值;④ 发现未知的照射途径和为确定放射性核素在环境中的传输模型提供依据;⑤ 出现事故排放时,保持能快速估计环境污染状态的能力;⑥ 鉴别由其他来源引起的污染;⑦ 对环境放射性本底水平实施调查;⑧ 证明是否满足限制向环境排放放射性物质的规定和要求。

制定环境核辐射监测大纲,还要考虑下列客观因素:① 源项单位排出流中放射性物质的含量、排放量、排放核素的相对毒性和潜在危险;② 源项单位的运行规模,可能发生事故的类型、概率以及环境影响后果;③ 排出流监测现状,对实施环境核辐射监测的要求程度;④ 受照射群体的人数及其分布;⑤ 源项单位周围土地利用和物产情况;⑥ 实施环境核辐射监测的代价和效果;⑦ 实用环境核辐射监测仪器的可获得性;⑧ 环境核辐射监测中可能出现的各种干扰因素。

对于核设施,其环境核辐射监测大纲应包括运行前的环境本底调查大纲和运行期间的环境核辐射监测大纲。

1. 运行前的环境本底调查大纲

运行前的环境本底调查大纲应体现下述目的:鉴别出核设施向环境排放的关键核素、关键途径和关键居民组;确定环境本底水平的变化;对运行时准备采用的监测方法和程序进行检查和模拟训练。

核设施运行前环境本底调查的内容应包括环境介质中放射性核素的种类、浓度、γ辐射水平及其变化;核设施附近的水文、地质、地震和气象资料;主要生物(水生、陆生)种群与分布;土地利用情况;人口分布、饮食及生活习惯等。

核设施运行前放射性水平调查至少要取得运行前连续两年的调查资料,要了解一年内放射性本底的变化情况以及年度间的可能变化范围。运行前环境本底调查的地理范围取决于源项单位的运行规模,对于大型核设施供评价用的环境参数一般要调查到 80 km。

2. 运行期间的环境核辐射监测大纲

核设施运行期间环境核辐射监测大纲的制定要依据监测对象的特点以及运行前本底调查所取得的资料而定。核设施运行期间的环境核辐射监测应考虑运行前本底调查所确定的关键核素、关键途径、关键居民组,测量或取样点必须有一部分与运行前本底调查时的测量或取样位置相同。

对于存在事故排放危险的核设施,运行期间环境核辐射监测大纲必须包括应急监测内容。对于准备退役的核设施,必须制定退役期间以及退役后长期管理期间的环境核辐射监测大纲。对于放射性同位素及伴生放射性矿物资源的利用活动,环境核辐射监测大纲的内容可相应简化:一般不需要进行广泛的运行前本底调查工作,但在运行前应取得可以作为比较基础的环境放射性本底数据;在正常运行条件下,其环境核辐射监测主要应针对放射性排出流的排放口或排放途径进行。

随着情况(源和环境)的变化,以及环境核辐射监测经验的积累,监测大纲要及时调整。一般在积累足够的监测资料后,环境核辐射监测大纲应当从简。

1.2.2 就地测量

1. 就地测量准备

就地核辐射测量之前,必须制订详细的测量计划。在制订计划时,下列因素应予以考虑:
① 测量对象的性质,包括要测量核素的种类、预期活度范围、物理化学性质等;
② 环境条件(地形、水文、气象等)的可能影响;
③ 测量仪器的适应性,包括量程范围、能量响应特性和最小可探测限值等;
④ 设备及测量仪器在现场可能出现的故障及补救办法;
⑤ 测量人员的技术素质;
⑥ 测量的重要性以及资金的保障情况。

就地测量之前必须准备好仪器和设备。对于常规性的就地测量,每次出发前均要清点仪器和设备,检查仪器工作状态。作为应急响应的就地测量,事先必须准备好应急监测箱,应急监测箱内的仪表必须保持随时可以工作的状态。从事就地核辐射监测的人员事先必须经过培训,使之熟悉监测仪器的性能,在现场可以进行简单维修,并应具备判断监测数据是否合理的能力。

2. 就地测量实施

就地核辐射监测必须选在有代表性的地方进行,通常测量点应选择在平坦开阔的地方。在测量现场核对仪器的工作状态,确保仪器工作正常后方可读取数据。当辐射场自身不稳定时,应延长现场测量的时间,以求测出辐射场的可能变化范围。在现场进行放射性污染测量时,一定要防止测量仪器受到污染。

就地测量数据应在现场进行初步分析,判断数据是否有异常,以便及时采取补救措施。就地测量的一切原始数据必须仔细记录,对可能影响测量结果的环境参数应一并记录。所有需要记录的事项,事先均应编印在原始数据记录表中。

1.2.3 实验室分析测量

1. 样品采集

在进行实验室分析测量之前,必须要按规定采集和处理样品,并确保所采集的样品的代表性和样品处理的科学性,以及在样品储存和运输过程中确保样品中目标检测核素没有变化或不受影响。

（1）样品采集的基本原则

环境样品采集必须按照事先制定好的采样程序进行。采集环境样品时必须注意样品的代表性,除了特殊目的之外,采集环境样品时应避开下列因素的影响:① 天然放射性物质可能浓集的场合;② 建筑物的影响;③ 降水冲刷和搅动的影响;④ 产生大量尘土的情况;⑤ 河流的回水区;⑥ 靠近岸边的水;⑦ 不定型的植物群落。

采集环境样品时,参数记载必须齐备,这些参数要包括采样点附近的环境参数、样品性状描述参数以及采样日期和经手人等。采样频度要合理,频度的确定取决于污染源的稳定性、待分析核素的半衰期以及特定的监测目的等。

采样范围的大小取决于源项单位的运行规模和可能的影响区域。对于核设施,采样范围应与其环境影响报告的评价范围相一致。对于放射性同位素及伴生放射性矿物资源的应用实践,采样应在排出流的排放点附近进行。

环境样品的采集量要依据分析目的和采用的分析方法确定,现场采集时要留出余量。采集的环境样品必须妥善保管,要防止在运输及储存过程中损失,防止样品被污染或交叉污染;样品长期存放时要防止由于化学和生物作用使核素损失于器壁上;要防止样品标签的损坏和丢失。

（2）空气取样

确定取样对象,并由此确定出合适的取样方法和取样程序。确定取样时取样元件相对待取样空气的运动方式:主动流气式或被动吸附式。采用主动流气式取样时,流量误差必须予以控制。取样前,要校准流量器件,要对整个取样系统的密封性进行检验。采用被动吸附式取样时,取样材料要放在空气流动不受限制、湿度不是太大的地方,并对取样现场的平均温度和湿度进行记录。

要确保取样效率稳定。采用主动流气式取样时,取样气流要稳定,要防止取样材料阻塞或使取样材料达到饱和而出现穿透现象。采用被动吸附式取样时,要注意湿度对取样效率的影响,必要时需进行温度修正。

（3）大气沉降物收集

沉降物收集的布点。对于特定的核设施,沉降物收集器应布放在主导风向的下风向,沉降物要定期收集并对其活度和核素种类进行分析。监测大范围放射性沉降时,沉降物收集器应该多布放几个,布放成收集网。

采集大气沉降物时,应使用合适的取样设备,要防止已收集到的样品的再悬浮,并尽量减小地面再悬浮物的干扰。大气沉降物取样频度视沉降物中放射性核素活度变化的情况而定。进行大气沉降取样时,必须同时记录气象资料。

（4）水样采集

确定采样对象,并由此确定合适的采样计划和采样程序。若放射性液体排出流的排放量和浓度变化较大,则应在排出流排放口采用连续正比取样装置采集样品。在江、河、湖等放射性流出物的受纳水体采集地表水时,要避免取进水面上的悬浮物和水底的沉渣。对于大型流动水体应在不同断面和不同深度上采集水样。取海水样时,河口淡水、交混水和远离河口的海水应分别采集。

采集水样时,采样管路和容器先要用待取水样冲刷数次。采集到的水样必须进行预处理,以防止因化学或生物作用使水中核素浓度发生变化。对水样的处理和保管要考虑下列因素:

① 在低浓度时,某些核素可能会被器皿构成材料中的特定元素交换;② 容器及采样管路中的藻类植物可以吸收溶液中的放射性核素;③ 酸度较低时,放射性核素有可能吸附在器壁上;④ 酸度过高时,可使悬浮粒子溶解,使可溶性放射性核素含量增加;⑤ 加酸会使碘的化合物变成元素状态的碘,引起挥发;⑥ 酸可以引起液体闪烁液产生猝灭现象,使低能 β 分析失效。

（5）水底沉积物取样

为评价不溶性放射性物质的沉积情况,应对放射性排出流受纳水体的沉积物进行定期取样和分析。采集沉积物样品的时间最好在春汛前。采集沉积物样品时要采用合适的工具和办法,确保不同深度上的样品彼此不受干扰。采集沉积物样品时要同时记录水体情况,对采集到的沉积物样品需及时进行烘干处理,烘干温度要适宜。

（6）土壤样品的采集

下列情况需要采集并分析土壤样品:① 调查土壤中天然放射性水平含量;② 确定核设施运行对其周围土壤的污染情况;③ 评价核事故对土壤的污染情况。

根据分析目的的不同,应选定合适的采样办法。对于天然放射性水平调查,要取能代表基体土壤（基壤）的样品,表层的浮土应铲除。调查人工放射性核素的沉降污染,必须采集表层土壤。评价液体排出流排放点附近的污染,必须取不同深度的土壤。

采集土壤样品时必须对采样点附近的自然条件进行记录。土壤样品若需长期保存,必须进行风干处理。

（7）生物样品的采集

对于确定的源项单位,需要采集的生物样品种类取决于当地的环境条件和评价目的。为评价它对人的影响,要采集与人的食物链有关的生物,并且分析可食部分。进行放射生态研究时,还要采集虽不属于人类食物链但能够浓集（富集）放射性核素的生物。

生物样品要在源项单位液体排出流排放点附近及地面空气中放射性浓度最高的地方采样。生物样品如不能立即分析,则必须进行预处理。

2. 实验室分析测量

（1）放化分析

要采用标准的或已证明是合适的程序处理样品。在对样品进行处理时,要防止核素损失和使样品受到污染。

放化分离要采用标准的或证明是合适的程序。分析时要加进适量的平行样和放射性含量已知的加标样,但不能让分析者识别出哪些是平行样和加标样。放化实验室应定期参加实验室间的比对活动。

在制备供放射性测量的样品时,必须严格操作,要保证样品厚薄均匀、大小一致,要防止样品起皱变形。对于精确的测量,要制备与样品同样形状和质量的本底样品和标准样品。

（2）放射性测量

① 测量仪器选择。要根据待分析核素的种类、样品的活度范围、样品的理化状态选择出合适的仪器。要选用的仪器必须足够灵敏,务必使它的最小可探测限低于推定的管理限值。分析或测量下限估计可采用以下公式方法。设分析或测量的下限为 A,则 A 与其他参数有下列关系:

$$A = \frac{a \cdot (tc)}{V \cdot f \cdot T \cdot \eta \cdot t \cdot e^{-\lambda \Delta T}} \tag{1.1}$$

式中:a ——单位转换因子;

　　V——取样总体积;

　　f——用来测量的样品量占取样总量的份数;

　　T——放化分析中核素的回收率;

　　η——探测器的计数效率;

　　(tc)——探测器在规定时间 t 内的最小可探测的计数数目;

　　λ——待测放射性核素的衰变常数;

　　ΔT——从取样到放射性测量的时间间隔。

② 测量准备。任何测量仪器在进行测量之前必须仔细检查,使之处于正常工作状态。任何严格的测量,在测量样品之前都要用与样品形状、几何尺寸以及质量相同的标准源测定计数效率。对于低本底 α、β 测量,事先必须进行本底检验。严格测量时应该用与样品形状、几何尺寸以及质量相同的本底样品进行本底计数。

③ 放射性测量。在进行放射性测量时,应采用本底—样品—本底,或本底—标准源—样品的程序进行。在用 γ 谱仪时,应定期用标准源进行仪器稳定性检验。在用液体闪烁计数器测低能 β 时,必须注意猝灭校正。对热释光剂量片测量时,须按环境热释光剂量计技术标准进行。

④ 测量结果记录。测量结果记录必须完整,对任何显著影响测量值的因素应一并记录。

1.2.4　放射性本底调查

环境放射性本底调查是以环境辐射水平评价为目的,对特定范围的放射性背景值进行测量和分析并对其他相关资料进行收集和整理的活动。环境放射性本底调查可按调查目的分为两类:大范围环境放射性本底普查和针对特定核与辐射设施周边环境开展的调查。

对于大范围环境放射性本底调查,可以是一个国家或一个地区,例如 20 世纪 80 年代国家环保总局(现环保部)组织开展的全国环境天然放射性本底调查。调查对象既可以是环境介质中所有放射性核素含量和贯穿辐射水平的调查监测,也可以是针对某一特定因素的调查,例如对氡的水平进行普查。针对特定核与辐射设施的放射性本底调查是辐射环境管理中最常见的一种本底调查,例如对于像核动力厂这样的核设施,要求在首次装料前必须完成连续两年以上的本底调查。

1. 本底调查的作用

对于大范围普查性的本底调查,其目的往往是获得平均水平,比如公众平均接受的陆地 γ 剂量率、近地面宇宙射线、环境及室内氡水平等。

针对特定核与辐射设施所开展的本底调查,主要目的有:① 在该核与辐射设施的评价范围内,确定天然放射性本底状况;② 在上述评价范围内,确定由于大气层核试验、切尔诺贝利等核动力厂事故、其他邻近核与辐射设施所产生的人工放射性影响(这种影响包括环境介质中的放射性核素含量以及所引起的辐射剂量);③ 判断本底贡献处于正常范围还是存在异常;④ 确定本底水平(作为基线或基准值),以便为今后运行时的环境影响作比较;⑤ 为核及辐射设施在实施退役的环境影响评价时提供基础资料。

2. 本底调查的地理范围

对于大范围普查性的调查,其范围是由调查目的决定的。

针对核与辐射设施,本底调查范围随设施的性质、规模及可能环境影响范围的不同而变化,一般在以设施为中心、半径几十千米的范围内。对于核技术利用项目,本底调查一般在以设施为中心、半径几百米到几千米的范围内。对于伴生天然放射性矿物资源开发利用项目,本底调查的范围视实际影响程度,半径从几百米到几千米。

以上所述的范围,是以气态流出物的可能影响确定的。对于液态流出物的影响,若上述范围包容不了,则可依据液态流出物的实际影响范围来确定调查范围。

3．本底调查的内容

本底调查,特别是针对特定核与辐射设施的本底调查,最终目的是评价该设施的环境影响。由于评价一个设施引起的环境影响时,除了要考虑该设施向环境可能排放的放射性物质(即流出物)之外,还需考虑气、液流出物在环境中的传输、弥散,要考虑人口分布、食谱和土地利用。因此,放射性本底调查还应对与环境影响评价相关的气象、水文、土地利用、人口分布、饮食习惯等一并调查。

4．运行前环境本底调查的实施

（1）本底调查实施单位

本底调查既是一项独立的调查工作,又是辐射环境管理链条中的一个环节。本底调查是一项专业性很强的任务,应由有资质的单位来开展工作。

（2）本底调查大纲

调查工作开始之前,必须依据核与辐射设施的特点和设施周边的环境条件,并基于调查目的制定出具体的本底调查大纲。本底调查大纲应以文件的形式明确规定拟调查事项,主要包括：调查内容、地理范围、调查方法、监测或取样频次、监测仪器仪表、本底调查的组织管理、本底调查的数据处理、本底调查的资源保证以及本底调查的质量保证等。

（3）本底调查质量保证

要想取得有代表性、可比可信的本底调查结果,必须做好本底调查的质量保证工作。质量保证应贯穿于本底调查的始终,从制定本底调查的大纲起直到整理发布本底调查报告止,都要考虑并执行质量保证要求。

（4）调查资料的甄别和筛选

本底调查的资料可能非常丰富,这些大量的资料是否满足本底调查的需要,应进行甄别和筛选。

对本底调查进行甄别和筛选要及时开展。在对本底调查的资料进行分析判断时,以下两点应予特别关注：① 时效性。有的资料时间久远,随着时间的变迁,情况已发生重大变化或过时,这类资料可能已不具代表性,不宜采用。② 科学性。有的资料记录不完整,或者获取这些资料的当时没有相应的质量保证措施,这些资料的科学性难以判断,一般对这些科学性难以判断的资料也不宜采用。

（5）统计处理

本底调查中搜集或实际测量的资料,在总结调查和整理时常常会发现它们并不一致,经甄别和筛选后往往仍然差别较大。此时不宜把资料简单地罗列或平均,应对数据资料进行统计处理,力求找出合理的平均水平和分布范围。对于明显异常的数据,也不宜轻易舍弃,应力求找出可能的原因。

1.2.5　数据统计学处理

1. 数据可靠性分析

为使环境监测数据可以有效地用于评价和相互比较,对任何监测结果均应给出准确度估计和精密度估计。准确度估计是给出监测数据最大可能的误差,它应包括取样、放化分离和放射性测量等各个环节所致的误差。精密度估计是给出一组监测数据(至少是 10 个)相对均值的偏差。

2. 数据分布检验

在对一组监测数据进行平均之前,应首先进行统计学检验,以确定是否属于同一整体。对任何可疑数据的剔除均应进行统计分布检验。

3. 中心值和分散度估计

如果监测数据服从正态分布,则应计算算术平均值和标准差。如果服从对数正态分布,则应计算几何平均值和几何标准差;如果进行剂量评价,则应同时给出算术平均值和标准差。在计算中心值时必须排除异常数据,以求平稳的平均值。整筛平均值是一种可获得平稳平均值的方法。当环境放射性水平非常低,数据有一多半小于仪器的探测限时,可用概率图外推法确定中心值和偏差。

整筛法求中值(算术平均值),先设 $x_1, x_2, \cdots, x_n$ 是一组按由小到大排列的测量结果,则整筛平均值 T_a 为

$$T_a = \frac{p x_{[an]+1} + x_{[an]+2} + \cdots + x_{n-[an]-1} + p x_{n-[an]}}{n(1-2a)} \tag{1.2}$$

式中:$p = 1 + [an] - an$;

an——以 an 表示的最大整数;

a——把一组数据按由小到大的顺序排列后,在计算平均值时序列两端删去的百分数,通常取 $a = 25\%$;

n——一组数据的总个数;

T_a——算术平均值,由于在计算 T_a 时删去了两端过大和过小的数据,因而这种平均值是平稳平均值。

经由实验室测量得到的数据在最后上报之前要仔细检查,使之符合有效值、均值和标准差的表示规范。

1.2.6　环境监测结果评价与质量保证

1. 评　价

环境监测结果的评价要按事先确定的监测目的进行。为评价公众接受到的照射剂量,必须根据有关模式、参数估算出公众剂量,并将计算得到的剂量与有关剂量限值进行比较。如果监测的目的是估计放射性物质在环境中的积累情况,则监测结果应以比活度表示,并且将之与运行前的调查以及以往监测结果相比较,评价变化趋势。如果监测的目的是检查源项单位向环境的排放是否满足所规定的排放限值,则监测结果应同时给出排放浓度和排放总量,并与规定的排放导出限值和总量限值进行比较。

2. 报　告

各源项单位上报的环境监测报告的内容、格式及频度应根据报告的目的决定。各源项单

位向主管部门和环境保护监督管理部门上报的监测报告的内容应包括:① 取样或现场测量地点的几何位置;② 核素种类;③ 分析方法;④ 测量方法;⑤ 监测结果及其误差;⑥ 简单评价。

3. 质量保证

质量保证必须贯穿于环境核辐射监测的整个过程。

环境核辐射监测所用的仪器仪表必须可靠,在选购时就需考虑其技术指标能否满足环境监测的要求。测量仪器必须定期校准,校准时所用的标准源应能追踪到国家标准。当有重要元件更换或工作位置变动或维修后,必须重新进行校准,并做记录。环境核辐射监测仪在开始测量前,应检查本底计数率和探测效率,并且将它们记入质量控制图中。环境核辐射监测仪必须执行日志登记制度。环境样品的采集必须由有经验的人员按照事先制定的程序进行。

放化实验室必须建立严格的质量控制体系。从事环境监测的人员必须经过专业训练,不经考试合格不能独立从事环境核辐射监测工作。监测数据必须经复核或复算并签字。环境核辐射监测机构应建立并保存好完整的有关质量保证文件。

1.3 工作场所电离辐射监测

开展电离辐射环境工作场所日常运行过程中的辐射状态监测,对于保护操作人员身体健康具有重要意义。因此,有必要针对非事故状态下的电离辐射工作场所,开展常规监测和操作监测,并规定其监测的原则和要求;同时,也可供其他监测参照使用。

1.3.1 工作场所监测的基本原则

依据国家辐射防护规定(EJ 381—1989《电离辐射工作场所监测的一般规定》)划定的电离辐射工作场所,必须按有关要求进行场所监测。工作场所监测的目的是:

① 确认工作环境的安全程度,及时发现辐射安全上的问题和隐患;
② 鉴定操作程序及辐射防护大纲的效能是否符合规定要求;
③ 估计个人剂量可能的上限,为制订个人监测计划提供依据;
④ 为辐射防护管理提供依据,也可为医学诊断提供参考资料。

非事故状态下的场所监测分为常规监测、操作监测和特殊监测。常规监测适用于重复性操作,操作监测是为了提供有关特定操作的资料。场所内的常规监测与操作监测可同时进行,也可分别单独进行。

工作场所监测项目主要包括:外照射监测、表面污染监测、空气污染监测,以及场所污染监测、场所防护设施效能监测及场所本底调查。

工作场所监测的完整程序包括:制订监测计划、就地测量或取样测量、数据处理、评价测量结果、处理与保存监测记录。

1.3.2 监测计划的制订

监测计划是决定场所监测质量的重要环节,监测计划的内容包括:
① 监测的目的和要求;
② 测量的数量、估算量及估算模式与参数;
③ 相应的评价标准或限值;

④ 测量频度与取样、分析程序(包括测量仪器与设备);

⑤ 监测结果的评价;

⑥ 对记录的要求与监测记录的管理;

⑦ 对监测计划生产与修改的程序;

⑧ 质量保证措施。

　　监测计划的制订应体现最优化原则,应不断提高监测计划的有效性和经济性。应根据场所内操作的辐射源的类型与水平,并结合辐射防护设施的现状及管理水平,确定常规监测项目及频度。能否实现监测目的是判别监测计划有效性的唯一标准。有时,为提高监测结果的可靠性,可同时选择几个平行的监测项目进行监测。监测计划每隔适当的时间(一般为一年)应进行修订。应对监测项目、监测频度以及估算模式等进行全面审查,以利于实现监测目的和提高监测效率。

　　表1.2对常规监测计划的制订推荐了若干指导原则。不同场所监测计划的制订应结合本场所的具体情况参照使用。

表 1.2　制订常规监测计划的指导原则

监测项目	辐射源类型	场所等级或工作条件分类[①]	监测的必要程度	常规监测的推荐频度
外照射监测	开放源	甲级	必要或有时必要	连续监测或周期监测
		乙级	有时必要	周期监测或巡测
		丙级	一般不必要	一般不需要
	密封源	甲类	必要	连续监测并有报警系统
		乙类	必要	周期监测
表面污染监测	开放源	甲级	必要	巡测并每班普查一次
		乙级	必要	巡测并每周或每月普查一次
		丙级	必要	巡测并每月或每季度普查一次
空气污染监测	开放源	甲级	必要	连续监测或周期监测[②]
		乙级	必要	周期监测
		丙级	有时必要	周期监测
密封源泄漏监测	易泄漏	各类	必要	每半年一次
	不易泄漏	—	有时必要	每年一次
防护设施效能检查	开放源	甲级	必要	每季度一次
		乙级	必要	每半年一次
		丙级	必要	每年一次
	密封源	甲类	必要	每季度一次
		乙类	有时必要	每年一次

　　① 开放型放射工作场所,按所用放射性核素的最大等效日操作量(日操作量毒性组别系数)分为3级:甲级 $>1.85\times10^{10}$ Bq,乙级 $1.85\times10^{7}\sim1.85\times10^{10}$ Bq,丙级 $3.7\times10^{4}\sim1.85\times10^{7}$ Bq。

　　② 必要时使用个人空气取样器。

　　每年度的监测计划应于当年一季度与上年度工作场所监测报告同时上报辐射防护主管部门审查。为实现辐射防护整体监测的最优化,在制订场所监测计划时,应注意与个人监测、环境监测的互相衔接与配合。

1.3.3 工作场所的本底与外照射监测

1. 本底调查

辐射工作场所在使用之前,必须进行辐射本底调查。辐射工作场所在竣工验收时,必须对场所防护设施的效能进行检查和监测;在其后的使用过程中,这些检查和监测也须定期进行或根据需要随时进行。检查和监测的内容一般包括:场所通风换气的一般指标及特殊指标;密封设备的密封性及负压要求;辐射屏蔽的效能;放射性废气、废水处理系统的净化效率;某些特殊使用的场所防护设备(报警系统、安全连锁装置等)和个人防护用具的效能。

对辐射工作场所中开放源的放射性核素等效年用量、最大等效日操作量及密封源的放射性活度,应进行调查和测量,并将结果记入场所监测档案。

2. 外照射监测

外照射监测的主要目的包括:检查场所外照射控制的效能;估计个人剂量可能的上限,为制订个人监测计划提供依据;鉴定操作程序的合理性,控制工作人员在场所内的活动空间与时间。

下列情况必须对场所的外照射进行监测:

① 任何能够产生贯穿辐射的新设施和新装置投入使用;

② 当工作场所的辐射水平已经发生或可能发生任何重大变化时,如反应堆或临界装置的启动,以及使用新的医用放射学程序等。

应根据场所内存在的辐射类型、辐射水平与能量,选择测量仪器和方法。测量仪器必须定期按使用条件进行校准,并在使用前检验仪器的工作状态是否正常。常规监测的频度取决于辐射场的预期变化,可分为三种情况:

① 辐射场不易变化的,只需进行一般性的巡测;

② 辐射场容易变化的,应对预先确定的监测点进行周期性的测量;

③ 辐射水平可能迅速增加并造成严重后果的,需设置报警系统进行连续测量。

操作监测计划的制订取决于操作程序对辐射场的影响程度。当影响不大时,只需一般性巡测;当影响较大时,应进行连续测量。β外照射受操作程序影响很大,对存在β辐射的混合辐射场的监测必须重视。

由于辐射的性质与水平随空间、时间而变化,加之工作人员在辐射场内活动的方式也难以控制,因而由场所外照射监测结果来评价工作人员所受的照射是极其复杂的,可以引入下述一些简化假设来评价监测结果。

① 当工作场所中被测量的量能够近似给出工作人员所受照射的剂量当量时,可由辐射场的时空分布估算工作人员接受的剂量当量。

② 对辐射水平足够低的场所,可以假定工作人员在整个工作时间内始终处于辐射场中剂量当量率最大的地方,由此确定工作人员可能接受的剂量当量上限。此时不需要限制工作人员在工作场所内的活动时间。如果辐射水平不是足够低,则必须估定,并且有时还要限制在高辐射水平区域活动的时间。

③ 对于操作监测,评价往往是针对特定的工作时间进行的。这就需要了解在特定的时间内工作人员还接受其他附加照射的情况,以控制在此期间内工作人员接受的总剂量不会超过某一限值。

应根据场所外照射监测的结果来评价与提高场所外照射防护设施的效能,以减少工作人员所受的外照射。

1.3.4　工作场所的表面污染监测

1. 表面污染监测的目的与原则

表面污染监测的主要目的在于:检查场所污染控制的有效性,防止污染的扩散;检查是否有违反规定的操作程序;把表面污染限制在一定的水平,以满足管理上的要求;为制订个人和空气污染监测计划及修改操作程序提供资料。

表面污染控制的有效性通常表明场所辐射控制与管理的水平。虽然表面污染与工作人员所受的照射未必相关,但一切开放型辐射工作场所,均应以不同的方式与频度进行表面污染监测。

表面污染的常规监测,可用经验确定的频度去直接或间接测量场所内有代表性的表面。对缓慢扩散的污染,定期检查清洁工具、工作鞋、手套等代表性物品的污染,可以给出污染水平的一般指示。对于可能发生大量或急剧扩散污染的场所,可以在场所出口的两侧进行人员污染监测,作为常规监测的补充。此时,非清洁一侧的测量可作为场所污染的常规检查,而清洁一侧的测量可确保工作人员离开场所之前是清洁的。

表面污染的操作监测可作为常规监测的重要补充,在操作过程中及结束时,测量与操作有关的表面,有助于控制污染的扩散。操作监测还应包括检查离开辐射工作场所的物件。

对于使用密封源的场所,一般不需要进行场所的表面污染监测。但如果密封源可能出现泄漏,则必须定期地检查源的密封性。检查周期要根据源的等级和使用情况决定。检查方式可以是擦拭检验源表面或源容器内表面,也可探测源泄漏的气载物质。对表面污染测量结果的评价应包括:

① 可由表面污染的导出限值确定相应的管理限值,以此来评价常规监测结果,管理限值的高低取决于场所的正常工作条件及污染监测仪器的灵敏度。

② 在很少发生污染的区域,一旦发现污染就应引起足够重视,应调查并控制污染源;在污染较为普遍的区域,污染趋势的变化可反映场所污染控制的程度,可在达到管理限值之前采取措施。

③ 对高水平的开放型场所,应估算污染表面的放射性活度,这可为空气污染的预测及场所辐射性物质的平衡提供资料。

我国现行的与放射性表面污染监测相关的国家标准和行业标准如下:

GB/T 14056.1—2008　表面污染测定　第 1 部分:β 发射体($E_{\beta max} > 0.15$ MeV)和 α 发射体;

GB/T 5202—2008　辐射防护仪器 α、β 和 α/β (β 能量大于 60 keV)污染测量仪与监测仪;

JJG 478—1996　α、β 和 γ 表面污染仪检定规程;

GB/T 8997—2008　α、β 表面污染测量仪与监测仪的校准。

2. 表面污染测量的区域划分

在开展表面污染测量前,应先察看现场,了解生产工艺,分析可能存在污染的场地。首先判断是否存在 β 污染,再确定是否为表面污染。表面污染测量中,根据可能存在的污染程度,一般将测量区域划分为 3 类:控制区、监督区和非限制区。

（1）控制区

它是指任何需要或可能需要特殊防护措施或安全条件的区域,该区域被划为控制区。在其中连续工作的人员一年内受到的照射剂量可能超过年限值的 3/10。核医学的控制区包括可能用于制备、分装放射性核素和药物的操作室、放射性药物给药室、放射性核素治疗的床位区等。

（2）监督区

它是指未被定为控制区的区域,在其中通常不需要专门的防护手段或安全措施,但需要经常对这些照射条件进行监督和评价。核医学的监督区包括标记实验室、显像室、诊断病人的床位区、放射性废物贮存区等。

（3）非限制区

它是指除了控制区和监督区以外的区域。在此区域内不需要专门的防护手段和措施,也不需要对职业照射条件进行监督和评价,可以自由出入,包括办公室、电梯和走廊等。在其中连续工作的人员一年内受到的照射剂量一般不超过年限值的 1/10。

测量时先选择在非限制区测量,并以某不受影响的监测点作为本底。对于核医学而言,重点关注区域包括:控制区和监督区,即核素可能撒漏的地方;职业人员工作或途经的区域和患者停留的地方;污染物或废物暂存区。

3. 表面污染的测量方法

表面放射性污染主要包含 α、β 和 γ 三种污染类型。放射性污染的方式包括表面污染和非表面污染,其中,表面污染又包括松散污染和固定污染。表面污染的测量方法包括直接测量法和间接测量法。

直接测量法是指用仪器在待测物（场所）的表面适当距离进行测量。通过同样测试条件下的已知源活度来确定表面污染测量值。其中,已知源应当与被测点可能污染核素相同或其发射的 β 射线能量相近。该方法属于定量测量。

间接测量法是通过擦拭或去污等方式将待测物（场所）一定面积上的污染物转移至实验室固定的仪器设备上进行测量。该方法需要确定擦拭面积和转移（去污）系数两个因子,才能根据固定实验设备测得值计算表面污染值。该方法属于半定量测量,主要用于定性是否为表面污染。

比较而言,间接测量法更适合表面有非放射性液体或固态的沉淀物,或有干扰辐射场存在,可能影响辐射监测仪工作的情况;以及因测定目标场所相对位置局限,直接测量不易接近测量表面的情况。间接测量法不能测量固定污染,去除因子有较大的不确定性,只适合于可去除（松散）污染的测量。两种方法同时使用,可保证测量结果更好地满足监测的目的。

在实际工作中要选用合适的仪器与方法。首先判断是否存在 β 污染,再确定是否为表面污染。若采用直接测量法,测量时间要足够长,保证探测限小于标准规定的限值;若采用间接测量法,要给出取样过程、测量仪器和计算过程（参数）。

4. 表面污染控制水平

工作场所的表面污染控制水平如表 1.3 所列。应用这些控制水平时应注意:

① 表 1.3 中所列数值系指表面上固定污染和松散污染的总数。

② 手、皮肤、内衣、工作袜被污染时,应及时清洗,尽可能清洗到本底水平。当其他表面污染水平超过表 1.3 中所列数值时,应采取去污措施。

③ 设备、墙壁、地面经采取适当的去污措施后,仍超过表 1.3 中所列数值时,可视为固定污染,经审管部门或审管部门授权的部门检查同意,可适当放宽控制水平,但不得超过表 1.3 中所列数值的 5 倍。

④ β粒子最大能量小于 0.3 MeV 的 β 放射性物质的表面污染控制水平,可为表 1.3 中所列数值的 5 倍。

⑤ Ac-227、Pb-210、Ra-228 等 β 放射性物质,按 α 放射性物质的表面污染控制水平执行。

⑥ 氚和氚化水的表面污染控制水平,可为表 1.3 中所列数值的 10 倍。

⑦ 表面污染水平可按一定面积上的平均值计算:皮肤和工作服取 $100\ cm^2$,地面取 $1\ 000\ cm^2$。

表 1.3　工作场所的放射性表面污染控制水平

Bq/cm^2

表面类型	所属区域	α 放射性物质		β 放射性物质
		极毒性	其　他	
工作台、设备、墙壁、地面	控制区①	4	40	40
	监督区	0.4	4	4
工作服、手套、工作鞋	控制区、监督区	0.4	0.4	4
手、皮肤、内衣、工作袜	控制区、监督区	0.04	0.04	0.4

① 该区域的高污染子区除外。

工作场所中的某些设备与用品,经去污使其污染水平降低到表 1.3 中所列设备类的控制水平的 1/50 以下时,经市管部门或审管部门授权的部门确认同意后,可当作普通物品使用。

1.3.5　工作场所的空气污染监测

由于吸入气载放射性物质是工作人员接受内照射的主要途径,因此场所空气污染的监测是防止工作人员体内污染的重要措施。空气污染监测的目的包括:发现意外的气载污染,对工作人员进行防护并采取措施改进场所的污染控制;空气污染监测不能代替个人内照射监测,但可为估算工作人员群体摄入量提供资料;为制订个人内照射监测计划提供依据。

一般低水平开放型辐射工作场所,在正常操作与管理情况下,只进行表面污染监测并以此作为污染控制的常规手段是可行的。当操作水平较高时,就需要进行常规的空气污染监测了。如下列几种情况:操作放射性气体或挥发物质,其等效日操作量为该核素年摄入量限值的数千倍,如大规模生产氚及其化合物;经验表明,经常污染工作场所空气的操作,其污染浓度超过导出空气浓度的 1/10,如反应堆燃料的制造和后处理,天然铀和浓缩铀的加工等;操作钚、超铀核素、钋、镭或其他高比活度的 α 放射性核素;铀的开采、冶炼和精炼;热室、反应堆和临界装置的运行;医院中治疗量级的开放型放射性物质的操作。

空气污染监测计划的制订,在很大程度上依赖于操作的性质与程序、场所空气污染及其控制设施的现状以及场所管理与坚持的水平。完善的检查计划还依赖于场所管理与监测方面的

长期经验。在制订监测计划时,可依据下述原则:

① 对于常规监测,应在场所内若干能合理代表工作人员呼吸带的位置上,使用固定取样器或可移动的取样器,在不同的运行阶段以不同的频度进行区域取样,获取短期样品。

② 对于操作监测,为了反映操作程序对污染的影响,应在若干呼吸带的位置上,在不同的操作阶段,获取相应的样品,如果需要得到更具有代表性的呼吸带空气样品,则应使用个人空气采样器。

③ 在空气污染水平有可能发生急剧变化的场所,必须进行连续监测,并对空气污染浓度的异常变化报警。在很多情况下,这种监测针对污染源附近的空气要比呼吸带更为有效。

④ 在对空气污染进行核素浓度定量监测的同时,必须对污染物的物理化学性质及其可转移性、污染物的粒度分布进行调查或测量。

对空气污监监测结果的评价通常要做一些简化的假设,以便于将监测结果与导出空气浓度(DAC)或年摄入量限值(ALI)相比较。不同类型的样品,可采用下述不同的评价方法。

区域样品的代表性依赖于取样速率、取样器粒度选择性及工作人员在场所中的活动情况。不能将区域样品的监测结果简单地等同工作人员的吸入浓度,两者可能有两或三个数量级的差别。应通过个人空气取样器与区域取样器监测结果的比较或其他方法制定区域样品的管理限值。可采用这样的假设,即工作人员实际吸入平均浓度等于区域样品长期平均值与校正因子的乘积,校正因子应由实验测定,这样可由吸入平均浓度估算工作人员群体摄入量。当区域样品长期平均值超过管理限值时,应使用个人空气取样器。个人空气取样器样品的单次测量值(取样时间在一周以下)受空气中热粒子的影响十分敏感,不适于估算摄入量。对单次测量也可制定一个管理限值,如若超过,就需要个人内照射监测。个人空气取样器样品的长期平均值可用来估算摄入量,或直接与导出空气浓度进行比较。操作监测结果对应于操作程序的特定时间与空间,因此有较好的代表性。可由不同操作阶段的多次平均结果估算工作人员在操作期间内的总摄入量。在应用导出空气浓度和年摄入量限值评价空气污染监测结果时,应考虑实际气溶胶活性中值空气动力学直径(AMAD)与标准气溶胶的偏离,还应考虑空气取样器对粒子大小的选择性。对这些因素,必须引入校正因子。

当气载污染引起的外照射和通过其他非吸入途径引起的内照射不能忽略时,在空气污染监测结果的评价中应对这些问题给予专门考虑。

1.3.6 监测记录的要求与质量保证

1. 监测记录的要求

工作场所辐射监测的记录可为评价辐射防护大纲的效能和质量提供依据,同时亦可作为个人剂量监测数据的重要补充。获取监测数据的全过程必须要有详细、准确的记录,记录内容一般包括:监测项目与目的;监测日期、时间;工作场所和监测位置;监测时密封源的类型、活度及所处状况,开放源的操作内容及等效操作量;监测设备及仪器的型号、性能和编号;监测过程中的有关参数;监测结果、结论和建议;监测人员、监测结果审核人签名及签名日期。

对于偏离正常值的异常结果,应及时向技术负责人报告,并在规定的职责范围内进行核查。监测数据的使用及上报,必须经单位技术负责人签发。各单位年度工作场所监测报告应于下一年的第一季度上报辐射防护主管部门备查。场所监测档案应该由其所在单位的辐射防护部门统一保存,当场所隶属关系变化时,场所监测档案应跟随转移。场所监测原始记录至少应该保存5年。下述几种记录应长期保存:各种调查、测量和监测的结果;监测计划;解释和评价监测数据所采用的程序和方法;场所异常事件的细节和有关监测结果。重要记录的保存要防止由于异常事件(火灾、放射性污染等)造成损失。

2. 质量保证

为了保证监测结果达到适当的置信度,场所监测计划中应制定质量保证的具体措施。对场所监测人员的资格应予规定,他们应在通过培训考核取得合格证之后方能进行工作。为了检查和鉴别场所监测的质量,必须对场所监测的实际状况进行有计划的、定期的核查,核查应该由上级主管部门及被核查方设有直接职务的有资格的人员共同进行。核查结果应由核查负责人签字并给予证书。

1.4　核辐射环境质量评价

为了提高核辐射环境质量评价工作的科学性,改善环境质量,保证公众的辐射安全,十分有必要规范核辐射环境质量评价的一般原则和应遵循的技术规定。根据 GB 11215—1989《核辐射环境质量评价一般规定》的要求,应进行核辐射环境质量评价的企事业单位包括:核燃料循环系统的各个单位;陆上固定式核动力厂和核热电厂;拥有生产或操作量相当于甲、乙级实验室(或操作场所)并向环境排放放射性物质的研究、应用单位。

1.4.1　专用名词与术语

(1) 环境质量

它一般是指在一个具体环境内,环境的总体或某些环境要素(大气、水质、土壤、生态等)对人群的生存、繁衍以及社会经济发展的适宜程度。它是反映人类的具体要求而形成的对环境评定的一种概念。环境质量的优劣表示环境遭受污染的程度。

(2) 环境质量评价与环境影响评价

环境质量评价是指按照一定的评价标准和评价方法,对一定区域内的环境质量进行评估和预测。按时间因素可分为环境质量回顾评价、环境质量现状评价和环境质量预判评价。

环境影响评价是指在一项工程动工兴建以前对它的选址、设计以及在建设施工过程中和建成投产、退役后可能对环境造成的影响进行分析、评估和预测。

(3) 核辐射环境质量评价

按照剂量标准和最优化原则,对释放到环境一定区域内的放射性物质对环境质量的影响进行评定和预测。

(4) 源　项

释放到环境中的放射性污染物的数量、成分以及物化形态。

(5) 环境监测与环境监测质量保证

环境监测是指间断或连续地测定环境中污染物的浓度,观察分析其变化和对环境影响的过程。而环境监测质量保证是指保证环境监测数据可靠性的全部活动和措施。其目的是为了避免由于错误的监测数据造成环境保护的失误。

(6) 生物监测、指示生物与放射性污染指示生物

生物监测指利用生物个体、种群或群落对环境污染或变化所产生的反应,阐明环境污染状

况,从生物学角度为环境质量的监测和评价提供依据。

指示生物指不同生物对环境因素的变化都有一定的适应范围和反应特点。生物的适应范围越小,反应越典型,对环境因素的指示越有意义。

放射性污染指示生物是指对放射性污染比较敏感的指示生物。该种生物对某种或某几种放射性核素具有很高的浓集因子,而且伴随有某些特征生物学指标的变异。

(7)剂量当量与有效剂量当量 H_e

组织中某点处的剂量当量 H 是 D、Q 和 N 的乘积:

$$H = DQN \tag{1.3}$$

式中:D——吸收剂量;

Q——品质因数;

N——其他修正因数的乘积。目前国际放射防护委员会(ICRP)指定 $N = 1$。

当所考虑的效应是随机性效应时,在全身受到非均匀照射的情况下,受到危险的各组织的剂量当量与相应的权重因子的乘积的总和,称为有效剂量当量 H_e。其公式如下:

$$H_e = \sum_T W_T H_T \tag{1.4}$$

式中:H_e——有效剂量当量;

H_T——组织和器官 T 所受的剂量当量;

W_T——权重因子。

对单个器官的照射剂量(或个人有效剂量当量),应按照器官相应的相对危险度权重因子 W_T 与组织或器官的年剂量当量 H_T(mSv)的乘积求和,即 $\sum_T W_T H_T$。其中,W_T 的取值见表 1.4。

表 1.4 器官的相对危险度权重因子

组织或器官	W_T	组织或器官	W_T
性腺	0.25	甲状腺	0.03
乳腺	0.15	骨表面	0.03
红骨髓	0.12	其余组织[①]	0.03
肺	0.12	全身	1.00

① 指其余 5 个接受最高剂量当量的组织或器官,每一个的相对危险度权重因子 W_T 取 0.06,所有其他剩下的组织所受的照射可忽略不计。

(8)集体剂量当量与关键人群组

集体剂量当量是指受照群体的各人群组平均每人所受剂量当量 $\overline{H_i}$(全身或任一特定器官或组织的剂量当量)与各组成员数 N_i 的乘积的总和:

$$S = \sum_i \overline{H_i} N_i \tag{1.5}$$

关键人群组是指某一给定时间受到的照射在一定程度内是均匀的且高于受照射群体中其他成员的人群组,称为关键人群组。他们受到的照射可用以量度该时间所产生的个人剂量的上限。

(9)关键核素与关键照射途径

在某一给定时间所涉及到的各种照射途径中,对人体的照射来说,当其中的某一种核素比其他的核素有更为重要的意义时,该核素称作关键核素。

在某一给定时间所涉及到的各种照射途径中,对人体的照射来说,其中的某一照射途径比其他的照射途径有更为重要的意义时,该照射途径称为关键照射途径。

(10) 大气稳定度等级与混合层高度

大气稳定度等级是在污染气象学中,表征大气湍流扩散状态的一个基本系数。混合层高度是在污染气象学中,地面上空某一给定区域污染物可发生混合的垂直距离。

1.4.2　评价区域与评价子区

1. 评价区域

对于核燃料循环系统的各个单位和陆上固定式核动力厂和核热电厂应以主要放射性污染物排放点为中心、半径 80 km 的范围作为评价区域。评价半径的圆心应以向环境释放放射性的主要排放点为中心来确定。核电站以及核燃料循环的大、中型企业以 80 km 半径为评价区域。

2. 评价子区

子区划分原则:评价子区应以释放到环境中的放射性核素的运输途径(气途径、水途径),结合单位所在地的环境特性来划分。

子区划分方法:在评价范围内按一定距离划分同心圆,再按 16 个方位划分扇形区,两相邻同心圆与两相邻方位线围成的小区域作为评价子区。

1.4.3　评价的剂量基本标准、指标和方法

1. 核辐射环境质量评价的剂量基本标准

根据《辐射防护规定》中对公众成员的年有效剂量当量的基本限值,核辐射环境质量评价的剂量基本标准规定如下:全身为 1 mSv(某些年份允许 5 mSv/a)。

对于陆上固定式核动力厂和核热电厂,其潜在的关键组个人年平均有效剂量当量,在正常工况下不得大于 0.25 mSv。对于核燃料循环系统的各个单位和拥有生产或操作量相当于甲、乙级实验室(或操作场所)并向环境排放放射性物质的研究、应用单位,在使用剂量基本标准时要考虑合理的分配份额。

2. 评价指标

核辐射环境质量评价采用的剂量评价指标为关键人群组的个人年有效剂量当量以及评价范围内集体剂量当量。

对于向环境释放放射性碘和稀有气体的核设施和放射性操作场所,除上述所列的评价指标外,尚需考虑甲状腺和皮肤的器官、组织剂量,不应超过 GB 8703《辐射防护规定》中对公众成员的器官、组织所规定的剂量限值。

对大、中型核设施的环境影响评价,除估算上述所列的量值外,还要预测设施对生态系统、社会经济、文化古迹、自然保护区、旅游风景区、温泉疗养区等的影响。应重视对生态系统的影响分析,特别要注意分析那些可能造成环境不可逆转的有害影响,评价可能采取的减缓有害影响的工程措施及其效能。

对核电站的环境影响评价,应考虑化学污染物和温排水的环境影响分析,其评价标准按国家相应的有关规定执行。

3. 评价方法

把环境的辐射照射减到可合理达到的最低水平是核辐射环境评价和管理的基本原则,应贯穿在整个核辐射环境质量评价工作中,特别是评价结论的分析和建议中。

核辐射环境影响评价系预断评价,应选用合适的模式和参数以估算正常工况和事故工况下关键人群组的个人年有效剂量当量和评价范围内集体剂量当量两种剂量的量值。核辐射环境质量现状评价应以模式计算为主,并结合环境监测资料估算正常工况和事故工况下关键人群组的个人年有效剂量当量和评价范围内集体剂量当量两种剂量的量值。

退役核设施的核辐射环境影响评价内容,应包括核设施拆除过程和核设施封存后的辐射环境质量评价。前者采用模式计算为主的方法估算剂量,后者采用模式估算的方法估算剂量。

对核电站的环境影响评价,应按照核电站环境影响报告书的内容和格式的规定执行。

1.4.4 辐射环境基础资料

1. 概　况

概述单位名称、用水来源、职工人数、主要原料、主要产品、生产规模。概述单位的主要设施及其位置,提供单位总平面布置图(含生活区)。概述与放射性物质排放、处理、贮存有关的主要设施和主要工艺。

2. 放射性废物处理设施

概述气态、液态和固态放射性废物处理系统的主要技术参数、处理净化能力,提供三废处理工艺流程图。列表给出液态、气态、固态放射性废物产生量、贮存量和排放量。

3. 放射性物质的运输

应给出运输放射性物质的种类、形态、总量、活度(或比活度)、包装方式、装运路线等资料。提供放射性物质卸载后车辆的残留放射性的测定数据、沾污状况、沿途居民受照时间及人数的资料。

4. 固体废物贮存场(库)和液体废物贮存罐

概述废物设计贮存场或库的位置、建筑面积、贮存方式、与生物圈隔离的程度。概述固体废物的收集包装、埋藏和贮存情况。概述临时废物(库)场的位置、周围地域的环境特点、废物中核素成分和数量。提供废物贮存(库)场和(或)液体废物贮存大罐寿命及其周围土壤、岩石对核素滞留影响的典型分析结果。调查和分析放射性物质可能渗漏的情况。

5. 区域自然环境

① 地形。简介单位周围的地形、地貌特征,提供必要的地形图。提供单位的区域图,标出单位排放点位置及其距居民点的距离。

② 水文。必须调查和收集废水受纳水体的水文学和水力学参数,包括河宽、河深、河道分布、水力坡度、水温、流速、流量(平均月流量、全年枯水期及丰水期的流量)、泥沙含量等资料。对有可能造成地下水污染的单位,评价中必须至少收集 5 km 范围内地下水分布状况,以及水位、流速、流向、流量的资料。提供废水受纳水体的主要水化学特征(水质分类、pH 值、硬度、化学需氧量(COD)、生化需氧量(BOD)、溶解氧(DO)、硫酸根、碳酸根等)的有关资料。

③ 气象。收集单位所在地气象概况资料,包括年均、月均气温、湿度、降水量以及数年中气温、湿度、降水量的极端值变化资料。至少应收集一年以上的单位附近或当地气象台(站)的地面逐时观测资料,按照帕斯奎尔天气类型分类方法列表给出 16 个方位、不同大气稳定度条

件下长期的平均风速、风向的联合频率。提供风玫瑰图和降水量玫瑰图,给出不同大气稳定度下混合层高度的资料。对需要进行事故工况下剂量估算的单位,应给出事故时的气象参数。

6. 区域社会环境

① 人口分布。列表给出各评价子区的人口数、人口增长率和规划人口数,以及相应的各年龄组[婴儿(小于 1 岁)、幼儿(1~4 岁)、少年(5~15 岁)、成人(大于 16 岁)]的人口数。在适当比例尺的地图上标出 10~15 km 范围内的重要城镇、工矿企业和水域娱乐场所(游泳、钓鱼)等;标出评价范围内 10 万人口以上城市,自然保护区、风景旅游区、疗养区的位置。

② 生态资源。采用图示的方法标出单位边界,水源分布,森林、植被、农田、水利设施,交通线路和公园等。必须收集评价范围内陆生和水生生物的种类、数量、生长期、销售地域和销售数量等资料。应给出陆生作物(粮食、蔬菜、瓜果类、动物饲料),主要水生生物(鱼、虾、食用藻类)单位面积产量、总产量、销售地域和销售数量。应收集评价范围内主要食用家畜及家禽(猪、牛、羊、鸡、鸭)的商品(肉、奶、蛋)提供量、销售地域和销售数量。对放射性排放量较大的企、事业单位,必须对周围供奶系畜饲料的来源、品种、消费量和产自评价范围内的份额进行调查。应提供评价范围内各年龄组人群对上述产品的年消费量及其产自评价范围内的份额。

③ 土地和水资源利用。提供评价范围内现有土地利用状况以及规划土地利用状况的统计资料。必要时应收集对土地利用状况的历史变迁资料。概述评价范围内的水系分布,调查单位附近水系的人工利用状况。收集 5 km 范围内居民饮用水源分布、水位、饮水人数、饮水量等资料。收集评价范围内农田、森林、牧场灌溉用水来源、水量,灌溉作物种类、面积等资料。收集评价范围内动物饮用水来源、饮水量的有关资料。在适当的图上标出排水沟、废物排放口、废物库的位置。概述评价范围内的水体(地表水、地下水)污染概况、主要污染物及其数量。

1.4.5　环境监测与流出物监测

1. 环境监测

(1) 一般规定

应按照环境质量评价的要求制订环境监测计划。制订环境监测计划应充分利用本单位运行前的本底资料,充分考虑到厂址的大气和水传输途径的特点,尽可能做到科学上先进,技术上合理,经济上合算,体现环境监测的最优化。

监测介质应以空气、水、土壤和食用动植物(陆生和水生)为主要介质,结合评价的需要可适当扩大。监测点的布置应体现“鉴别监测”(来源于本单位以外同种核素对人体的剂量贡献为最小)和“三关键”(关键核素、关键途径和关键人群组)的原则,以保证监测数据的可用性。监测频度应根据放射性核素的半衰期、环境介质的稳定性、污染源的特性、核素在环境中的迁移规律来具体确定。采样、监测分析方法应采用标准方法或国内的成熟方法,其最小探测限应保证至少低于相应的排放限值的 1/10。在环境监测的全过程(从采样到给出结果)中,必须实行质量保证。质量控制样品的数量应不少于样本总数量的 10%。

对环境监测的原始数据和监测结果必须按规定的统一格式整理,建立档案,长期保存。

(2) 辐射本底资料

对大、中型核企业必须提供运行前的天然贯穿辐射水平和主要环境介质中重要核素含量的本底资料。为使调查结果能反映出本底的变化规律,至少应获得两年的调查数据。

提供核设施运行后逐年的 γ 照射量率和主要环境介质中重要核素含量的变化资料。提供核设施运行时环境监测对照点的位置。

（3）监测技术

① 采样监测。给出实验室所采用的分析方法，描述测量装置及其性能（探测限、能量相依性等）。提供分析测量的样品名称、取样量、采样地点、频度、样品数目、核素及其浓度（范围、均值、标准误差）。

② 就地监测。描述所使用的测量仪表、装置及其性能。提供监测点分布及其监测结果，绘制必要的图表。

③ 生物监测。描述所采用的放射性污染指示生物的名称及其对污染物的反应特性。提供放射性污染指示生物的检验结果。

2. 流出物监测

辐射环境流出物一般包括气态流出物、液态流出物和固体废物。

① 气态流出物。提供正常工况下气态流出物的流量、核素成分、物化形态、年产生量和年排放量。提供事故工况下，气态流出物的核素成分、物化形态、释放方式、持续时间、释放量。

② 液态流出物。提供正常工况下液态流出物的流量、浓度（范围和均值）、核素成分、年产生量、年排放量。提供事故工况下，液态流出物的核素成分、释放方式、持续时间、释放量。

③ 固体废物。列表给出固体放射性废物的种类、数量、活度或比活度。必须调查和监测本单位固体废物库或贮存场所与生物圈的隔离程度，分析可能的渗漏情况及其核素成分、核素释放途径。

流出物监测过程中，取样分析监测方法应采用标准方法或经实践检验过的成熟方法。描述监测装置及其性能（探测限、能量相依性、测量方法、刻度方法、流量、效率等）。测定仪器采用国家计量传递系统发放的标准源或经有关计量单位核定的标准源标定，以保证有足够的准确度。

在核设施运行时，气态流出物烟囱和液态流出物主要排放口的监测应采用连续取样（或累积）监测，其最小探测限应满足核辐射环境质量评价的一般要求。烟囱监测取样头的设计和安装应考虑气流流速、取样代表性、气载放射性粒子的吸附等因素。液态流出物连续取样（或累积）监测中应考虑水流速度、取样代表性和探测器的交叉污染等因素。提供气态流出物各监测点的位置、监测频度、核素及其年释放率。提供采样头设计示意图。提供液态流出物各监测点的位置、监测频率、核素成分及其年排放率。

1.4.6 剂量评价

1. 正常工况下放射性物质释放的环境影响

① 气途径照射的环境影响。气态流出物的浸没外照射（β、γ）和地面沉积外照射；吸入污染空气的内照射；气载流出物经食物链转移途径的内照射。

② 水途径照射的环境影响。岸边照射；污染水域的水浸没照射；饮用污染水产生的内照射；食用污染水中水产品的内照射；食用污染作物的内照射。

③ 其他途径照射的环境影响。固体废物的外照射及其他途径的照射；含放射性物质固体废料的再利用；放射性物质的运输。

2. 事故工况下放射性物质释放的环境影响

概述本单位发生的放射性释放到环境的事故、事故分类、事故排放方式、事故持续时间。

列表给出释放到环境的核素成分、状态及其总量。分析各类事故发生的频度、照射途径以及造成的损害环境的后果(包括生态损害后果)。

3. 剂量估算

① 气途径。结合本单位自然环境特点和气象条件,选用合适的大气扩散模式和环境转移参数,估算地面沉积率、大气扩散因子。采用年平均气象条件,估算正常运行工况下放射性物质释放经气途径造成的个人年有效剂量当量、集体年有效剂量当量。对事故工况下放射性物质释放经气途径的剂量估算,应采用事故时气象参数或本地区短期最不利于扩散的气象条件,根据事故排放方式,选用合适的扩散模式,估算最大个人有效剂量当量、集体有效剂量当量。

② 水途径。结合单位所在地水体的特点,选用合适的扩散模式,提供废水受纳水体的稀释因子和有关参数。必要时给出水体中主要核素的沉积因子。采用废水受纳水体年平均流量,计算放射性核素在不同河段水体中的平均浓度,估算核设施正常运行工况下放射性物质释放经水途径造成的人群组年有效剂量当量。根据当地水域的水生物资源,结合照射途径,选用合适的计算模式、生物浓集因子和有关参数,估算废水受纳水域中有意义的水生动、植物体内重要核素的浓度和辐照剂量。采用事故性液态排放的受纳水体水文调查资料,计算放射性核素在不同河段水体中的平均浓度,估算核设施事故工况下放射性物质释放经水途径造成的人群组的有效剂量当量。

③ 其他途径。对于固体废物,第一,根据本单位固体废物收集、贮存、运输的实际状况,估算固体废物对人所致的外照射剂量;第二,固体废物经淋溶或其他过程可能进入环境介质和地下水的,应估算其对人所造成的剂量;第三,估算由含放射性物质的废料(铀、钍废矿石、废渣、煤灰渣等)的再利用对人所造成的剂量;第四,提供含放射性物质的废料中的核素成分、最大比活度、利用方式、计算模式和剂量转换因子。对于放射性物质的运输,应估算放射性物质运输过程对人产生的外照射剂量。

④ 剂量估算结果的表征。按照前述所列的各种途径,汇总给出气途径、水途径和其他途径对公众成员中关键人群组的年平均有效剂量当量。按内、外照射的有效剂量当量,汇总给出本单位正常运行工况下和事故工况下放射性物质释放对公众成员中关键人群组的年有效剂量当量。给出评价范围内集体有效剂量当量。

4. 评价结论和建议

按照国家规定的核辐射环境剂量基本标准,结合本单位合理的分配份额,对上述剂量估算结果进行分析评价。分析并预测核辐射环境质量的发展趋势,作出本单位核辐射环境质量的结论。确定关键人群组、关键核素、关键照射途径。此外,还应对上述估算的剂量结果与本地区天然本底辐照剂量进行比较。依据把环境的辐射照射减到可合理达到的最低水平的原则,提出适合于本单位的剂量管理目标值,进行环境治理的最优化分析。

在充分搜集国内外同类型单位核辐射环境管理、核辐射环境影响评价资料的基础上,通过上述剂量估算结果分析,应找出本单位污染环境的主要途径及管理上的薄弱环节,提出明确的环境治理和加强管理的有效措施以及对核辐射环境治理工程上的建议。

通过事故环境影响的分析,应提出减少和防止事故的预防措施,制定切实可行的事故应急环保措施。

5. 核辐射环境质量评价工作的管理

对拟建核设施的环境影响评价报告,应按国家基本建设项目环境影响报告书的编制要求和审批程序进行。

　　大、中型核设施退役前应编制退役设施的环境影响评价报告,经主管部门的环保机构审核签署意见后,报国家环境保护局审批,同时抄报核设施所在地的省级环境保护部门。小型核设施的退役环境影响报告,报省级环境保护部门审批。对已批准投产的操作放射性物质的企事业单位,由本单位组织或委托有资格承担核辐射环境评价工作的单位编制核辐射环境质量现状评价报告,定期报给环境保护部门和本系统上级环境保护机构。

　　根据国家经济建设和全国环境规划的需要,国家和各省、自治区、直辖市环境保护部门有权要求国家各主管部门的环保机构提交本系统的核辐射环境质量评价报告。各系统主管部门应负责组织实施并提交报告。国家各主管部门的环保机构,有权要求其所管辖的各营运单位提交本单位的核辐射环境质量评价报告。各营运单位的主管部门应负责组织实施并提交报告。

1.5　放射源的豁免

1.5.1　豁免准则

　　根据国标 GB 18871—2002《电离辐射防护与辐射源安全标准》(以下简称《基本标准》),放射源或放射实践豁免的一般准则是:

　　① 被豁免实践或源对个人造成的辐射危险足够低,以至于再对它们加以管理是不必要的;

　　② 被豁免实践或源所引起的群体辐射危险足够低,在通常情况下再对它们进行管理控制是不值得的;

　　③ 被豁免实践和源具有固有安全性,能确保上述准则始终得到满足。

　　如果经审管部门确认在任何实际可能的情况下下列准则均能满足,则可不作更进一步的考虑而将实践或实践中的源予以豁免:

　　① 被豁免实践或源使任何公众成员一年内所受的有效剂量预计为 $10\ \mu Sv$ 量级或更小;

　　② 实施该实践一年内所引起的集体有效剂量不大于约 1 人·Sv,或防护的最优化评价表明豁免是最优选择。

1.5.2　可豁免的源与豁免水平

　　根据上述豁免准则,下列各种实践中源经审管部门认可后可被要求豁免:

　　① 符合下列条件并具有审管部门认可的形式的辐射发生器和符合下列条件的电子管件(如显像用阴极射线管):正常运行操作条件下,在距设备的任何可达表面 0.1 m 处所引起的周围剂量当量率或定向剂量当量率不超过 $1\ \mu Sv/h$;或所产生辐射的最大能量不大于 5 keV。

　　② 符合以下要求的放射性物质,即任何时间段内在进行实践的场所存在的给定核素的总活度或在实践中使用的给定核素的活度浓度不超过表 1.5(见 1.5.5 小节)(GB 18871—2002)表 A1 所给出的或审管部门所规定的豁免水平。

　　表 1.5 给出的放射性核素的豁免活度浓度和豁免活度,是根据某些可能还不足以可无限制使用的照射情景和模式、参数推导得出的,仅可作为申报豁免的基础。考虑豁免时,审管部

门应根据实际情况逐例审查,某些情况下,也可以要求采用更为严格的豁免水平。

应用表 1.5 所给出的豁免水平时,还应注意以下各点:

① 这些豁免水平原则上只适用于在组织良好、人员训练有素的工作场所对小量放射性物质和源的工业应用及实验室或医学应用,例如,利用小的密封点源校准仪器,将小量非密封放射性溶液装进容器工业示踪,一瓶低活度气体的医用等;

② 对于未被排除的天然放射性核素豁免的应用,仅限于引入到消费品中的天然放射性核素,或是将它们作为一种放射源使用(如 ^{226}Ra、^{210}Po),或是利用它们的元素特性(如钍、铀)等情况;

③ 如果存在一种以上的放射性核素,仅当各种放射性核素的活度或活度浓度与其相应的豁免活度或豁免活度浓度之比的和小于 1 时,才可能考虑给予豁免;

④ 除非有关的照射已被排除,否则,对于较大批量放射性物质的豁免,即使其活度浓度低于表 1.5 给出的豁免水平,也需要由审管部门作更进一步的考虑;

⑤ 严禁为申报豁免而采用人工稀释等方法来降低放射性活度浓度。

遵循审管部门规定的条件(例如与放射性物质的物理或化学形态有关的条件和与放射性物质的使用或处置有关的条件等)时,可以给予有条件的豁免。

对于符合下列条件的内装按照前述第②项未予豁免的放射性物质的设备,可以给予这种有条件的豁免:

① 具有审管部门认可的形式;

② 其放射性物质呈密封源形式,能有效地防止与放射性物质的任何接触或能有效地防止放射性物质的泄漏;

③ 正常运行操作条件下,在距设备的任何可达表面 0.1 m 处所引起的周围剂量当量率或定向剂量当量率不超过 1 μSv/h;

④ 审管部门已明确规定了处置时必须满足的条件。

1.5.3　豁免备案与管理

按照环境保护部第 18 号令《放射性同位素与射线装置安全与防护管理办法》(以下简称 18 号令),我国目前对豁免实行的是两级管理。对于含放射源设备的有条件豁免,由环境保护部办理,其他由省级环境保护部门办理。

1. 省级环境保护部门备案

按 18 号令规定,省级以上人民政府环境保护主管部门依据《基本标准》及国家有关规定负责对射线装置、放射源或者非密封放射性物质管理的免出具备案证明文件。

已经取得辐射安全许可证的单位,使用低于《基本标准》规定豁免水平的射线装置、放射源或者少量非密封放射性物质的,因为在许可证审批时,已对其人员资质、辐射安全与防护等进行了审查,原则上认为满足《基本标准》要求的"在组织良好、人员训练有素的工作场所对小量放射性物质和源的使用"。因此,用户只要提交其使用的射线装置、放射源或者非密封放射性物质辐射水平低于《基本标准》豁免水平的证明材料,经所在地省级人民政府环境保护主管部门备案后,即可以被豁免管理。

未取得辐射安全许可证,使用低于《基本标准》规定豁免水平的射线装置、放射源以及非密封放射性物质的,由于无法判断是否满足《基本标准》要求的"在组织良好、人员训练有素的工作场所对小量放射性物质和源的使用";以及已取得辐射安全许可证,使用较大批量低于《基本标准》规定豁免水平的非密封放射性物质的,除提交其使用的射线装置、放射源或者非密封放射性物质辐射水平低于《基本标准》豁免水平的证明材料外,还应当提交射线装置、放射源或者非密封放射性物质的使用量、使用条件操作方式以及防护管理措施等情况的证明,报请所在地省级人民政府环境保护主管部门备案认可后,可以被豁免管理。

2. 环境保护部备案

对装有超过《基本标准》规定豁免水平放射源的设备,经检测符合《基本标准》确定的有条件豁免辐射水平的,提交如下资料,并由设备的生产或者进口单位向环境保护部报请备案后,该设备相关转让、使用活动可以被豁免管理。

① 辐射安全分析报告,包括活动正当性分析,放射源在设备中的结构,放射源的核素名称、活度、加工工艺和处置方式,对公众和环境的潜在辐射影响,以及可能的用户等内容。

② 有相应资质的单位出具的证明设备符合《基本标准》有条件豁免要求的辐射水平检测报告。

3. 豁免申请

不同省市对于放射性源和实践的豁免申请所要求提交的材料不尽相同,但基本上相差不多。一般而言,依据是否取得辐射安全许可证,可以分以下两种情况。

未取得辐射安全许可证的单位,一般需要提交以下申请材料:

① 放射性同位素与射线装置管理豁免申请表。

② 企业法人营业执照正、副本,或事业单位法人证书正、副本及法定代表人身份证复印件。

③ 申请豁免的射线装置、放射源或者非密封放射性物质辐射水平低于《基本标准》豁免水平的证明材料:申请放射性同位素豁免的,出具出厂活度证明;申请射线装置豁免的,出具产品说明书和有资质的辐射环境监测机构出具的射线装置辐射剂量水平监测及评估报告。

④ 射线装置、放射源或者非密封放射性物质的使用量、使用条件、操作方式以及防护管理措施等情况的证明。

已取得辐射安全许可证的单位,一般应提交以下申请材料:

① 放射性同位素与射线装置管理豁免申请表。

② 辐射安全许可证正副本复印件。

③ 申请豁免的射线装置、放射源或者非密封放射性物质辐射水平低于《基本标准》豁免水平的证明材料:申请放射性同位素豁免的,出具出厂活度证明;申请射线装置豁免的,出具产品说明书和有资质的辐射环境监测机构出具的射线装置辐射剂量水平监测及评估报告。

④ 使用较大批量低于《基本标准》规定豁免水平的非密封放射性物质的,还应提供非密封放射性物质的使用量、使用条件、操作方式以及防护管理措施等情况的证明。

4. 豁免效力

为了简化行政审批,18 号令规定:省级人民政府环境保护主管部门应当将其出具的豁免备案证明文件报环境保护部。环境保护部对已获得豁免备案证明文件的活动或者活动中的射线装置、放射源或者非密封放射性物质定期公告。经环境保护部公告的活动或者活动中的射线装置、放射源或者非密封放射性物质,在全国有效,可以不再逐一办理豁免备案证明文件。

1.5.4　含多种放射性核素物质的豁免

《基本标准》要求：如果存在一种以上的放射性核素，仅当各种放射性核素的活度或活度浓度与其相应的豁免活度或豁免活度浓度之比的和小于或等于 1 时，才可能考虑给予豁免，即应当满足下列公式：

$$\sum_i \frac{nC_i}{C_{iE}} \leqslant 1$$

式中，C_i 为第 i 种核素的活度或活度浓度；C_{iE} 为第 i 种核素的豁免活度或豁免活度浓度。

上述公式的应用有两种情况：一是某种放射性物料（如 γ 谱刻源和天然放射性物料）中含有多种放射性核素；另一种是一批源（可能是同种核素多个源，也可能是不同核素多个源）的豁免。有些放射源销售单位拟申请对销售给不同用户的不同核素刻度源申请豁免，此时只需要看销售给某一用户的源是否在豁免水平以下即可，除非是一批不同核素的刻度源销售给同一用户，才需用上述公式核算能否满足豁免条件。

1.5.5　放射性核素的豁免活度浓度与豁免活度

作为申报豁免基础的豁免水平，表 1.5 列出了放射性核素的豁免活度浓度与豁免活度。

表 1.5　放射性核素的豁免活度浓度与豁免活度（四舍五入为整数）

核　素	活度浓度/(Bq·g^{-1})	活度/Bq	核　素	活度浓度/(Bq·g^{-1})	活度/Bq
H - 3	1 E+06	1 E+09	K - 43	1 E+01	1 E+06
Be - 7	1 E+03	1 E+07	Ca - 45	1 E+04	1 E+07
C - 14	1 E+04	1 E+07	Ca - 47	1 E+01	1 E+06
O - 15	1 E+02	1 E+09	Sc - 46	1 E+01	1 E+06
F - 18	1 E+01	1 E+06	Sc - 47	1 E+02	1 E+06
Na - 22	1 E+01	1 E+06	Sc - 48	1 E+01	1 E+05
Na - 24	1 E+01	1 E+05	V - 48	1 E+01	1 E+05
Si - 31	1 E+03	1 E+06	Cr - 51	1 E+03	1 E+07
P - 32	1 E+03	1 E+05	Mn - 51	1 E+01	1 E+05
P - 33	1 E+05	1 E+08	Mn - 52	1 E+01	1 E+05
S - 35	1 E+05	1 E+08	Mn - 52m	1 E+01	1 E+05
Cl - 36	1 E+04	1 E+06	Mn - 53	1 E-04	1 E+09
Cl - 38	1 E+01	1 E+05	Mn - 54	1 E+01	1 E+06
Ar - 37	1 E+06	1 E+08	Mn - 56	1 E+01	1 E+05
Ar - 41	1 E+02	1 E+09	Fe - 52	1 E+01	1 E+06
K - 40	1 E+02	1 E+06	Fe - 55	1 E+04	1 E+06
K - 42	1 E+02	1 E+06	Fe - 59	1 E+01	1 E+06

续表 1.5

核　素	活度浓度/(Bq·g⁻¹)	活度/Bq	核　素	活度浓度/(Bq·g⁻¹)	活度/Bq
Co－55	1 E＋01	1 E＋06	Rb－86	1 E＋02	1 E＋05
Co－56	1 E＋01	1 E＋05	Sr－85	1 E＋02	1 E＋06
Co－57	1 E＋02	1 E＋06	Sr－85m	1 E＋02	1 E＋07
Co－58	1 E＋01	1 E＋06	Sr－87m	1 E＋02	1 E＋06
Co－58m	1 E＋04	1 E＋07	Sr－89	1 E＋03	1 E＋06
Co－60	1 E＋01	1 E＋05	Sr－90*	1 E＋02	1 E＋04
Co－60m	1 E＋03	1 E＋06	Sr－91	1 E＋01	1 E＋05
Co－61	1 E＋02	1 E＋06	Sr－92	1 E＋01	1 E＋06
Co－62m	1 E＋01	1 E＋05	Y－90	1 E＋03	1 E＋05
Ni－59	1 E＋04	1 E＋08	Y－91	1 E＋03	1 E＋06
Ni－63	1 E＋05	1 E＋08	Y－91m	1 E＋02	1 E＋06
Ni－65	1 E＋01	1 E＋06	Y－92	1 E＋02	1 E＋05
Cu－64	1 E＋02	1 E＋06	Y－93	1 E＋02	1 E＋05
Zn－65	1 E＋01	1 E＋06	Zr－93*	1 E＋03	1 E＋07
Zn－69	1 E＋04	1 E＋06	Zr－95	1 E＋01	1 E＋06
Zn－69m	1 E＋02	1 E＋06	Zr－97*	1 E＋01	1 E＋05
Ga72	1 E＋01	1 E＋05	Nb－93m	1 E＋04	1 E＋07
Ge71	1 E＋04	1 E＋08	Nb－94	1 E＋01	1 E＋06
As－73	1 E＋03	1 E＋07	Nb－95	1 E＋01	1 E＋06
As－74	1 E＋01	1 E＋06	Nb－97	1 E＋01	1 E＋06
As－76	1 E＋02	1 E＋05	Nb－98	1 E＋01	1 E＋05
As－77	1 E＋03	1 E＋06	Mo－90	1 E＋01	1 E＋06
Se－75	1 E＋02	1 E＋06	Mo－93	1 E＋03	1 E＋08
Br－82	1 E＋01	1 E＋06	Mo－99	1 E＋02	1 E＋06
Kr－74	1 E＋02	1 E＋09	Mo－101	1 E＋01	1 E＋06
Kr－76	1 E＋02	1 E＋09	Tc－96	1 E＋01	1 E＋06
Kr－77	1 E＋02	1 E＋09	Tc－96m	1 E＋03	1 E＋07
Kr－79	1 E＋03	1 E＋05	Tc－97	1 E＋03	1 E＋08
Kr－81	1 E＋04	1 E＋07	Tc－97m	1 E＋03	1 E＋07
Kr－83m	1 E＋05	1 E＋12	Tc－99	1 E＋04	1 E＋07
Kr－85	1 E＋05	1 E＋04	Tc－99m	1 E＋02	1 E＋07
Kr－85m	1 E＋03	1 E＋10	Ru－97	1 E＋02	1 E＋07
Kr－87	1 E＋02	1 E＋09	Ru－103	1 E＋02	1 E＋06
Kr－88	1 E＋02	1 E＋09	Ru－105	1 E＋01	1 E＋06

续表 1.5

核 素	活度浓度/(Bq·g^{-1})	活度/Bq	核 素	活度浓度/(Bq·g^{-1})	活度/Bq
Ru－106*	1 E＋02	1 E＋05	I－125	1 E＋03	1 E＋06
Rh－103m	1 E＋04	1 E＋08	I－126	1 E＋02	1 E＋06
Rh－105	1 E＋02	1 E＋07	I－129	1 E＋02	1 E＋05
Pd－103	1 E＋03	1 E＋08	I－130	1 E＋01	1 E＋06
Pd－109	1 E＋03	1 E＋06	I－131	1 E＋02	1 E＋06
Ag－105	1 E＋02	1 E＋06	I－132	1 E＋01	1 E＋05
Ag－110m	1 E＋01	1 E＋06	I－133	1 E＋01	1 E＋06
Ag－111	1 E＋03	1 E＋06	I－134	1 E＋01	1 E＋05
Cd－109	1 E＋04	1 E＋06	I－135	1 E＋01	1 E＋06
Cd－115	1 E＋02	1 E＋06	Xe－131m	1 E＋04	1 E＋04
Cd－115m	1 E＋03	1 E＋06	Xe－133	1 E＋03	1 E＋04
In－111	1 E＋02	1 E＋06	Xe－135	1 E＋03	1 E＋10
In－113m	1 E＋02	1 E＋06	Cs－129	1 E＋02	1 E＋05
In－114m	1 E＋02	1 E＋06	Cs－131	1 E＋03	1 E＋06
In－115m	1 E＋02	1 E＋06	Cs－132	1 E＋01	1 E＋05
Sn－113	1 E＋03	1 E＋07	Cs－134m	1 E＋03	1 E＋05
Sn－125	1 E＋02	1 E＋05	Cs－134	1 E＋01	1 E＋04
Sb－122	1 E＋02	1 E＋04	Cs－135	1 E＋04	1 E＋07
Sb－124	1 E＋01	1 E＋06	Cs－136	1 E＋01	1 E＋05
Sb－125	1 E＋02	1 E＋06	Cs－137*	1 E＋01	1 E＋04
Te－123m	1 E＋02	1 E＋07	Cs－138	1 E＋01	1 E＋04
Te－125m	1 E＋03	1 E＋07	Ba－131	1 E＋02	1 E＋06
Te－127	1 E＋03	1 E＋06	Ba－140*	1 E＋01	1 E＋05
Te－127m	1 E＋03	1 E＋07	La－140	1 E＋01	1 E＋05
Te－129	1 E＋02	1 E＋06	Ce－139	1 E＋02	1 E＋06
Te－129m	1 E＋03	1 E＋06	Ce－141	1 E＋02	1 E＋07
Te－131	1 E＋02	1 E＋05	Ce－143	1 E＋02	1 E＋06
Te－131	1 E＋02	1 E＋05	Ce－144*	1 E＋02	1 E＋05
Te－131m	1 E＋01	1 E＋06	Pr－142	1 E＋02	1 E＋05
Te－132	1 E＋02	1 E＋07	Pr－143	1 E＋04	1 E＋06
Te－133	1 E＋01	1 E＋05	Nd－147	1 E＋02	1 E＋06
Te－133m	1 E＋01	1 E＋05	Nd－149	1 E＋02	1 E＋06
Te－134	1 E＋01	1 E＋06	Pm－147	1 E＋04	1 E＋07
I－123	1 E＋02	1 E＋07	Pm－149	1 E＋03	1 E＋06

核　素	活度浓度/(Bq·g^{-1})	活度/Bq	核　素	活度浓度/(Bq·g^{-1})	活度/Bq
Sm－151	1 E＋04	1 E＋08	Pt－197	1 E＋03	1 E＋06
Sm－153	1 E＋02	1 E＋06	Pt－197m	1 E＋02	1 E＋06
Eu－152	1 E＋01	1 E＋06	Au－198	1 E＋02	1 E＋06
Eu－152m	1 E＋02	1 E＋06	Au－199	1 E＋02	1 E＋06
Eu－154	1 E＋01	1 E＋06	Hg－197	1 E＋02	1 E＋07
Eu－155	1 E＋02	1 E＋07	Hg－197m	1 E＋02	1 E＋06
Gd－153	1 E＋02	1 E＋07	Hg－203	1 E＋02	1 E＋05
Gd－159	1 E＋03	1 E＋06	Tl－200	1 E＋01	1 E＋06
Tb－160	1 E＋01	1 E＋06	Tl－201	1 E＋02	1 E＋06
Dy－165	1 E＋03	1 E＋06	Tl－202	1 E＋02	1 E＋06
Dy－166	1 E＋03	1 E＋06	Tl－204	1 E＋04	1 E＋04
Ho－166	1 E＋03	1 E＋05	Pb－203	1 E＋02	1 E＋06
Er－169	1 E＋04	1 E＋07	Pb－210*	1 E＋01	1 E＋04
Er－171	1 E＋02	1 E＋06	Pb－212*	1 E＋01	1 E＋05
Tm－170	1 E＋03	1 E＋06	Bi－206	1 E＋01	1 E＋05
Tm－171	1 E＋04	1 E＋08	Bi－207	1 E＋01	1 E＋06
Yb－175	1 E＋03	1 E＋07	Bi－210	1 E＋03	1 E＋06
Lu－177	1 E＋03	1 E＋07	Bi－212*	1 E＋01	1 E＋05
Hf－181	1 E＋01	1 E＋06	Po－203	1 E＋01	1 E＋06
Ta－182	1 E＋01	1 E＋04	Po－205	1 E＋01	1 E＋06
W－181	1 E＋03	1 E＋07	Po－207	1 E＋01	1 E＋06
W－185	1 E＋04	1 E＋07	Po－210	1 E＋01	1 E＋04
W－187	1 E＋02	1 E＋06	At－211	1 E＋03	1 E＋07
Re－186	1 E＋03	1 E＋06	Rn－220*	1 E＋04	1 E＋07
Re－188	1 E＋02	1 E＋05	Rn－222*	1 E＋01	1 E＋08
Os－185	1 E＋01	1 E＋06	Ra－223*	1 E＋02	1 E＋05
Os－191	1 E＋02	1 E＋07	Ra－224*	1 E＋01	1 E＋05
Os－191m	1 E＋03	1 E＋07	Ra－225	1 E＋02	1 E＋05
Os－193	1 E＋02	1 E＋06	Ra－226*	1 E＋01	1 E＋04
Ir－190	1 E＋01	1 E＋06	Ra－227	1 E＋02	1 E＋06
Ir－192	1 E＋01	1 E＋04	Ra－228*	1 E＋01	1 E＋05
Ir－194	1 E＋02	1 E＋05	Ac－228	1 E＋01	1 E＋06
Pt－191	1 E＋02	1 E＋06	Th－226*	1 E＋03	1 E＋07
Pt－193m	1 E＋03	1 E＋07	Th－227	1 E＋01	1 E＋04

续表 1.5

核　素	活度浓度/(Bq·g⁻¹)	活度/Bq	核　素	活度浓度/(Bq·g⁻¹)	活度/Bq
Th-228*	1 E+00	1 E+04	Pu-239	1 E+00	1 E+04
Th-229*	1 E+00	1 E+03	Pu-240	1 E+00	1 E+03
Th-230	1 E+00	1 E+04	Pu-241	1 E+02	1 E+05
Th-231	1 E+03	1 E+07	Pu-232	1 E+00	1 E+04
Th-天然 (包括 Th-232)	1 E+00	1 E+03	Pu-243	1 E+03	1 E+07
			Pu-244	1 E+00	1 E+04
Th-234*	1 E+03	1 E+05	Am-241	1 E+00	1 E+04
Pa-230	1 E+01	1 E+06	Am-242	1 E+03	1 E+06
Pa-231	1 E+00	1 E+03	Am-242m*	1 E+00	1 E+04
Pa-233	1 E+02	1 E+07	Am-243*	1 E+00	1 E+03
U-230*	1 E+01	1 E+05	Cm-242	1 E+02	1 E+05
U-231	1 E+02	1 E+07	Cm-243	1 E+00	1 E+04
U-232*	1 E+00	1 E+03	Cm-244	1 E+01	1 E+04
U-233	1 E+01	1 E+04	Cm-245	1 E+00	1 E+03
U-234	1 E+01	1 E+04	Cm-246	1 E+00	1 E+03
U-235*	1 E+01	1 E+04	Cm-247	1 E+00	1 E+04
U-236	1 E+01	1 E+04	Cm-248	1 E+00	1 E+03
U-237	1 E+02	1 E+06	Bk-249	1 E+03	1 E+06
U-238*	1 E+01	1 E+04	Cf-246	1 E+03	1 E+06
U-天然	1 E+00	1 E+03	Cf-248	1 E+01	1 E+04
U-239	1 E+02	1 E+06	Cf-249	1 E+00	1 E+03
U-240	1 E+03	1 E+07	Cf-250	1 E+01	1 E+04
U-240*	1 E+01	1 E+06	Cf-251	1 E+00	1 E+03
Np-237*	1 E+00	1 E+03	Cf-252	1 E+01	1 E+04
Np-239	1 E+02	1 E+07	Cf-253	1 E+02	1 E+05
Np-240	1 E+01	1 E+06	Cf-254	1 E+00	1 E+03
Pu-234	1 E+02	1 E+07	Es-253	1 E+02	1 E+05
Pu-235	1 E+02	1 E+07	Es-254	1 E+01	1 E+04
Pu-236	1 E+01	1 E+04	Es-254m	1 E+02	1 E+06
Pu-237	1 E+03	1 E+07	Fm-254	1 E+04	1 E+07
Pu-238	1 E+00	1 E+04	Fm-255	1 E+03	1 E+06

＊ 长期平衡中的母核及其子体如下所列：

Sr-90　　　　Y-90

Zr-93　　　　Nb-93m

Zr－97	Nb－97
Ru－106	Rh－106
Cs－137	Ba－137m
Ba－140	La－140
Ce－134	La－134
Ce－144	Pr－144
Pb－210	Bi－210,Po－210
Pb－212	Bi－212,Tl－208(0.36),Po－212(0.64)
Bi－212	Tl－208(0.36),Po－212(0.64)
Rn－220	Po－216
Rn－222	Po－218,Pb－214,Bi－214,Po－214
Ra－223	Rn－219,Po－215,Pb－211,Bi－211,Tl－207
Ra－224	Rn－220,Po－216,Pb－212,Bi－212,Tl－208(0.36),Po－212(0.64)
Ra－226	Rn－222,Po－218,Pb－214,Bi－214,po－214,Pb－210,Bi－210,Po－210
Ra－228	Ac－228
Th－226	Ra－222,Rn－218,Po－214
Th－228	Ra－224,Rn－220,Po－216,Pb－212,Bi－212,Tl－208(0.36),Po－212(0.64)
Th－229	Ra－225,Ac－225,Fr－221,Ar－217,Bi－213,Po－213,Pb－209
Th－天然	Ra－228,Ac－228,Th－228,Ra－224,Rn－220,Po－216,Pb－212,Bi－212,Tl－208(0.36), Po－212(0.64)
Th－234	Pa－234m
U－230	Th－226,Ra－222,Rn－218,Po－214
U－232	Th－228,Ra－224,Rn－220,Po－216,Pb－212,Bi－212,Tl－208(0.36),Po－212(0.64)
U－235	Th－231
U－238	Th－234,Pa－234m
U－天然	Th－234,Pa－234m,U－234,Th－230,Ra－226,Rn－222,Po－218,Pb－214,Bi－214, Po－214,Pb－210,Bi－210,Po－210
U－240	Np－240m
Np－237	Pa－233
Am－242m	Am－242
Am－243	Np－239

第 2 章　辐射环境监测技术规范

随着核技术的发展和社会对环境要求的逐渐提高,辐射环境监测技术规范也更加完善。从监测工作的原则到具体的技术规范,从正常情况下的常规监测到应急情况下的监测,相关的规范更加完善。例如,IAEA 于 1996 年推出的"核或辐射应急情况下的通用监测程序"(IAEA - TECDOC - 1092,1996.6),对应急情况下的监测原则和各种具体监测方法,作了相当全面的介绍。在常规监测方面,各国的相应技术规范也更加完善。例如我国于 2001 年颁布了环境保护行业标准 HJ/T 61—2001《辐射环境监测技术规范》。

从监测目的来看,更加重视对公众心理和要求的考虑;从方案设计上看,更加重视把事故早期报警和常规监测结合起来。此外,我国还非常重视监测和信息的网络化和及时性,监测网、信息管理和传输技术也随之快速发展。同时,就监测技术本身而言,测量分析技术方面也取得了较大进展。随着环境保护的对象从只考虑人类到向其他生物种扩展,也将对今后环境监测工作的发展产生影响。

辐射环境监测主要是监测特定范围、特定场所的辐射环境各项指标,并用于描述、比较和评判辐射环境质量的优劣程度。依据 HJ/T 61—2001《辐射环境监测技术规范》规定,本章重点阐述辐射环境质量监测、辐射污染源监测、放射性物质安全运输监测以及辐射设施退役废物处理和辐射事故应急监测等监测项目、监测布点、采样方法、数据处理、质量保证,同时还给出监测报告的编写格式与内容等。

2.1　辐射环境质量监测

辐射环境监测是指对操作放射性物质的设施周界之外的辐射和放射性水平所进行的与该设施运行有关的测量。辐射环境质量监测则是指在一个有限的环境内,以描述、比较与评判该环境内辐射质量优劣程度为目标,针对不同的环境状态,选择一些具有可比性的关键辐射参数作为衡量辐射环境质量的指标所开展的监测活动。

2.1.1　辐射环境质量监测的目的、原则与内容

1. 监测目的

辐射环境质量监测的目的包括:积累环境辐射水平数据;总结环境辐射水平变化规律;判断环境中放射性污染及其来源;报告辐射环境质量状况。

2. 监测原则

辐射环境质量监测的原则在于:① 辐射环境质量监测的内容,因监测对象的类型、规模、环境特征等因素的不同而变化;② 在进行辐射环境质量监测方案设计时,应根据辐射防护最优化原则,进行优化设计,随着时间的推移和经验的积累,可进行相应的改进。

3. 监测内容

辐射环境质量监测的内容包括:陆地 γ 辐射剂量、空气、水、底泥、土壤和生物。

① 空气环境监测涉及到气溶胶、沉降物和氚三个方面。气溶胶监测,即监测悬浮在空气中微粒态固体或液体中的放射性核素浓度;沉降物监测,即监测空气中自然降落于地面上的尘埃、降水(雨、雪)中的放射性核素含量;氚监测,即主要监测空气中氚化水蒸气中氚的浓度。

② 水环境监测包括地表水监测、地下水监测、饮用水监测和海水监测,其中,地表水监测,主要监测江、河、湖泊和水库中的放射性核素浓度;地下水监测,主要监测地下水中放射性核素的浓度;饮用水监测,主要监测自来水和井水及其他饮用水中的放射性核素浓度;海水监测,主要监测沿海海域、近海海水中的放射性核素浓度。

③ 底泥监测主要指监测江、河、湖、水库及近岸海域沉积物中放射性核素的含量。

④ 土壤监测是指监测土壤中的放射性核素含量。

⑤ 生物监测包括陆生生物监测和水生生物监测。陆生生物监测,主要监测谷类、蔬菜、牛(羊)奶、牧草等中的放射性核素含量;水生生物监测,主要监测淡水和海水中的鱼类、藻类和其他水生生物中的放射性核素含量。

4. 监测频次

辐射环境质量监测的项目和频次见表2.1。

表 2.1 辐射环境质量监测的项目和频次

监测对象	分析测量项目	监测频次
陆地 γ 辐射	γ 辐射空气吸收剂量率	连续监测或 1 次/月
	γ 辐射累积剂量	1 次/季
氚	氚化水蒸气	1 次/季
气溶胶	总 α、总 β、γ 能谱分析	1 次/季
沉降物	γ 能谱分析	1 次/季
降水	^3H、^{210}Po、^{210}Pb	1 次降雨(雪)期/年
水	U、Th、^{226}Ra、总 α、除 K 总 β、^{90}Sr、^{137}Cs	1 次/半年
土壤和底泥	U、Th、^{226}Ra、^{90}Sr、^{137}Cs	1 次/年
生物	^{90}Sr、^{137}Cs	1 次/年

2.1.2 辐射环境质量监测的分类

辐射环境质量指环境中辐射品质的优劣程度。具体就是在一个有限的环境内,针对不同的环境状态,选择一些具有可比性的关键辐射参数作为衡量辐射环境质量的指标,以实现对辐射环境质量进行描述、比较与评判的目的。在辐射环境监测中,存在不同类型的监测,主要包括以下几种。

1. 辐射监测

与在辐射源所在场所的边界以外环境中进行的辐射环境监测不同,辐射监测是指为了评估和控制辐射或放射性物质的照射,对剂量或污染所完成的测量及对测量结果所作的分析和解释。核电厂辐射监测一般包括工艺辐射监测、流出物监测和场所监测三大部分,可以实现对核电厂屏蔽完整性、设备工作状态、人员受照剂量的有效监测和控制,并具有防止核电厂工作人员受辐射照射、防止广大居民受辐射照射、屏蔽监测以及自动启动隔离设备或其他系统四大功能。

① 工艺辐射监测,即对核电厂设置的多层屏障的完整性进行放射性监测,具有其他常规监测方法所不具备的反应灵敏、响应快、判断准确等优点。同时,对于其他工艺环节进行的监测,还可以实现不同的功能,及时发现工艺操作上的事故或设备故障等。如通过对化学和容积控制系统(RCV)和回收系统(TEP)前端过滤器上的 γ 放射性累积情况的监测,可以及时通知运行人员更换过滤器芯;通过对固体废物处理系统(TES)废树脂槽内废树脂和蒸发器浓缩液槽内废液的放射性活度进行监测,可以确定应采用的废物装桶方法和应使用的废物桶的种类,检查是否符合放射性物质的安全运输标准。

② 流出物监测。开始运行后的核电厂,不可避免地要向外环境排放一定的放射性物质。核电厂废气的排放一般通过烟囱来进行,废液的排放通过核岛废液排放系统(TER)和常规岛废液排放系统(SEL)排出。流出物监测就是通过核电厂辐射监测系统对排出流通道中的这两类流出物进行监测,其监测结果用于控制排放和计算排出的放射性总活度。

③ 场所辐射监测。整个核电厂的系统设备复杂繁多,厂房房间和区域也同样众多。其中许多房间和区域是电厂工作人员要经常出入工作的地方,这些地方多数都存在着一定的放射性,或者其放射性水平有可能发生突变。对这些房间或区域的放射性水平进行连续的监测,掌握其放射水平情况,可以有效地防止工作人员免受过量辐射的照射。为此,核电厂设计了控制室进风空气 γ 剂量监测系统、工作场所 γ 剂量率监测系统和区域剂量率放射性监测系统,以开展场所辐射监测。

2. 本底调查

本底辐射是指人类生活环境本来存在的辐射,其主要来自于宇宙射线和自然界中天然放射性核素发出的射线。生活在地球上的人都受到天然本底辐射,不同地区、不同居住条件下的居民,所接受的天然本底辐射的剂量水平有很大差异。通过对天然本底辐射的组成和地区差异的讨论,可以更好地理解实践中辐射防护体系的剂量限值和核事故情况下干预水平值的含义,以及它们包含的危险概念。本底辐射主要有外照射与内照射两种,产生的原因有锅炉燃煤、工业废料利用、铀与钍矿工业以及其他因素,具有一定的潜在的危害,需要对其进行监测与防护。公众一直生活在辐射环境之中,在一般情况下,天然辐射的剂量最大。这些天然辐射源主要包括:宇宙射线、室内外地表层的 γ 贯穿辐射,以及放射性氡气体和摄入天然放射性物质的辐射。前两者基本构成外照射,后两者主要构成内照射。据联合国原子辐射效应科学委员会估计,全世界人均天然辐射的剂量约为 2.4 mSv/年,我国人均剂量约为 2.3 mSv/年。

本底调查主要针对本底辐射开展监测调查,是指在新建设施投料(或装料)运行之前,或在某项设施实践开始之前,对特定区域环境中已存在的辐射水平、环境介质中放射性核素的含量,以及为评价公众剂量所需的环境参数、社会状况所进行的全面调查。

按照规定,核电厂在首次装料运行前必须完成至少两年的辐射环境本底调查,以取得核电厂周围环境的本底监测数据,包括环境 γ 辐射水平、陆地介质中的放射性核素含量、海洋介质中的放射性核素含量,并作为核电厂装料运行前辐射环境状况的基础资料。其中,需要调查的陆地介质包括空气、地表水、地下水、土壤、陆上动植物等;需要调查的海洋介质包括海水、海洋生物、海洋沉积物等。该基础资料对于核电厂后续工作的开展具有非常重要的意义和价值。

① 在核电厂正式运行前,核电厂辐射环境本底监测数据是营运单位向国家主管部门申请反应堆首次装料许可证的必要条件之一,也是核电机组反应堆首次装料前环境影响报告书(运

行阶段)的重要组成部分。

② 在核电厂运行期间,需要利用辐射环境本底调查数据判断核电厂对周围辐射环境的影响情况。

③ 在核电厂事故状态下,需要利用辐射环境本底调查数据作为参考,来判断事故的影响范围和程度。

④ 在核电厂退役后,需要以辐射环境本底调查数据作为参考,来判断核电厂退役治理措施的效果和评价核电厂退役后对环境的最终影响。

3. 常规监测

常规监测是指在预定场所按预定的时间间隔进行的监测。在核电厂机组运行期间,受机组运行状态变化、设备状态变化、腐蚀活化产物、检修活动等因素的影响,辐射控制区内各区域的辐射状态可能存在一定的变化。为评价辐射控制区内各区域的辐射状态,为工作人员作业风险分析、人员防护及职业照射评价等提供数据支持,需开展辐射工作场所辐射常规监测活动。

核电厂运行期间的主要辐射来源包括:外照射、表面污染和空气污染。其中,外照射主要辐射来源于放射性设备、管道、废物及放射源等;表面污染主要来源于空气中放射性微尘的沉降、检修时开启带放射性的系统、放射性系统的泄漏及对放射性零部件的机加工等;空气污染主要来源于打开一回路相关系统的作业、一回路相关系统泄漏、放射性零部件的机加工、不良工作习惯导致放射性污染转移等。

因此,核电厂运行期间辐射控制区内场所监测项目应当包括:外照射监测、表面污染监测、空气污染监测,以及场所污染源监测、场所设施效能监测及场所本底调查。各核电厂运行期间,对场所辐射常规监测的要求存在一定的差异,但测量的基本内容及基本原则是一致的。表 2.2 为国内某核电厂辐射控制区内场所辐射常规监测的周期、对象、内容及方式。

表 2.2 常规监测的周期、对象、内容及方式

测量周期	测量对象	测量内容	测量方式
日测量	人员及物品经常通过的区域和表面污染主要出入口	表面污染	直接测量
周测量	剂量率水平可能产生较大变化的设备和房间	设备接触剂量率、场所剂量率	直接测量
月测量	主要放射性设备间及操作间	场所剂量率、接触剂量率;表面直接测量污染;空气污染	取样测量
年测量	低辐射水平区域(周、月测量中已有的测量点之外)	场所剂量率	直接测量

在核电厂运行期间,对于辐射控制区内场所辐射的常规监测,一般的工作流程包括以下几点:

① 制订监测计划;

② 确定测量任务,明确测量人员;

③ 检定仪表及相关物品;

④ 测量及记录工作;

⑤ 物品归位及废物处理;

⑥ 数据整理、分析评价及记录存档。

4. 应急监测

应急是指需要立即采取某些超出正常工作程序的行动,以避免事故的发生或减轻事故后果的状态,有时也称紧急状态。在应急情况下,为查明放射性污染情况和辐射水平而进行的监测叫做应急监测,详见第 3 章。

5. 放射性流出物监测

放射性流出物指实践中的源所造成的以气体、气溶胶、粉尘或液体等形态排入环境的放射性物质。通常情况下,排放的目的是使放射性物质在环境中得到稀释和弥散。为说明从该设施排放到环境中的放射性流出物的特征,在排放口对流出物进行采样、分析或其他测量工作即为流出物监测,详见第 3 章。

2.1.3　辐射环境质量监测点的布设原则

1. 监测点的布设原则

与辐射环境监测的采样点(监测点)布设类似,辐射环境质量监测对于监测点布设也根据监测对象的不同进行分类开展。

(1) 陆地 γ 辐射

陆地 γ 辐射监测点应相对固定,连续监测点可设置在空气采样点处。

(2) 空　气

空气(气溶胶、沉降物、氡)的采样点要选择在周围没有树木、没有建筑物影响的开阔地,或没有高大建筑物影响的建筑物的无遮盖平台上。

(3) 水

地表水:在确定地表水采样点时,尽量考虑国控、省控监测点。

饮用水:在城市自来水管末端和部分使用中的深井设饮用水监测采样点。

海水:在近海海域设置海水监测采样点。

(4) 土　壤

土壤监测点应相对固定,设置在无水土流失的原野或田间。

(5) 生　物

陆生生物样品采集区和样品种类应相对固定,应考虑到:① 采集的谷类和蔬菜样品均应选择当地居民摄入量较多及种植面积较大的种类;② 牧草样品应选择当地有代表性的种类;③ 采集的牛(羊)奶均应选择当地饲料饲养的奶牛(羊)所产的奶汁。

水生生物监测采样点应尽量和地表水、海水的监测采样区一致。

2. 辐射环境质量采样

在采样过程中,采集代表性样品是准确开展后续检测的必要保障。所谓代表性样品,就是与被取样介质相同的一部分,具有被取样介质的限值和特征。不同类型样品的采集规定可见第 1 章相关内容。

(1) 采样的重要性

确保样品的代表性需要注意以下几个方面:样品必须是被取样介质的一部分;样品所具有的性质和特点与整个介质的相同;采用合理的采样方法;整个采样过程应避免核素的损失,包括采集、储存、运输和预处理过程等;及时对样品进行预处理。

采样往往与样品的预处理联系在一起。严格地讲,采样也包括了样品的预处理。除了采样以外,在辐射环境监测分析测量工作中制样也是一个十分重要的环节。监测数据的准确、可靠,制样的权重是最大的,是关系到分析测量结果和由此得出的结论是否正确的一个先决条件。实践表明,采样误差对结果的影响往往大于分析误差,在产生数据的各个环节中,它产生的误差是决定性的。

（2）采样原则

样品的采集应遵从如下原则：

① 从采样点的布设到样品分析前的全过程都必须在严格的质量控制措施下进行。

② 采集代表性样品与选用分析方法同等重要,必须给予足够的重视。

③ 根据监测目的和现场具体情况确定采样项目、采样容器、设备、方法、方案、采样点的布置和采样量。采样量除保证分析测定用量外,应留有足够的余量,以备复查。

④ 采样器必须符合国家技术标准规定,使用前须经检验,保证采样器和样品容器的清洁,防止交叉污染。

3. 采样器具

（1）计量器具

指能用以直接或间接测出被测对象量值的装置、仪器仪表、量具和用于统一量值的标准物质。

（2）器具的检定

指为评定计量器具的计量特征,确定其是否符合法定要求所进行的全部工作,一般简称计量检定或检定。计量检定工作必须按国家计量检定系统表的规定进行,必须执行计量检定规程的技术规定,必须接受县级以上人民政府计量行政部门的法制监督。因此,计量检定也称为法制检定。

（3）刻度（标定、校准）

指在规定条件下,为确定计量器具示值误差的一种操作。刻度主要是确定计量器具的示值误差,以便调整仪器或对示值给出修正值。刻度又称校准或标定。

（4）器具的检验

指在规定条件下,为判断计量器具特征是否保持恒定的一种操作,亦称计量器具稳定性检验。检验主要是确定计量器具的工作参数与刻度值的变化程度,以便确定是否需重新进行刻度。

2.2　辐射污染源监测规范

2.2.1　辐射环境污染源监测的目的和原则

对辐射污染源进行监督性监测的主要目的是监测污染源的排放情况,核验排污单位的排放量,检查排放单位的监测工作及其效能,为公众提供安全信息。

在对辐射环境污染源进行监测时,应注意以下一些原则：

① 凡是不能被国家法规所豁免的辐射源和实践,均应按法规要求进行适当和必要的流出物监测和环境监测；

② 流出物监测和环境监测的内容,应视伴有辐射设施的类型、规模、环境特征等因素的不

同而不同;

③ 在制定流出物监测和环境监测方案时,应根据辐射防护最优化原则和辐射环境污染源的具体特征,有针对性地进行优化设计,并随着时间的推移,在经验反馈的基础上进行相应的改进;

④ 凡是有多个污染源的伴有辐射的设施都应遵循统一管理和统一规划的原则。

2.2.2 核设施与放射源应用环境监测

核设施周围辐射环境监测包括运行前环境辐射水平调查、运行期间环境监测,以及流出物监测、事故场外应急监测和退役监测。

1. 核电厂辐射环境监测

核设施运行前环境辐射水平调查主要包括以下几个方面。

① 调查内容:调查环境 γ 剂量水平和主要环境介质中重要放射性核素的比活度。

② 调查时间:环境辐射水平调查的时段连续,不得少于两年,并应在核电厂投入运行前一年完成。

③ 调查范围:环境 γ 辐射剂量水平调查范围以核电厂为中心、半径 50 km。环境介质中放射性核素比活度调查范围以核电厂为中心、半径 10 km。

④ 监测项目与频次:由于各核电厂的自然环境、气象因素及所选堆型不同,监测方案理应有所差别。监测方案可参照表 2.3 压水堆核电厂辐射环境监测方案制定。

表 2.3 压水堆核电厂辐射环境监测方案

监测对象	布点原则**	采样频次	分析测量项目
气溶胶	厂区边界;厂外地面最高浓度处*;主导风下风向距厂区边界<10 km 的居民区;对照点	连续采样	总 α、总 β 或 α/β 比值
		累积采样:1 次/月,采样体积约为 10 000 m³	总 α、总 β、γ 核素分析
气体	厂区边界;厂外地面最高浓度处*;主导风下风向距厂区边界<10 km 的居民区;对照点	1 次/月	^{3}H、^{14}C
沉降物	厂区边界;厂外地面最高浓度处*;主导风下风向距厂区边界<10 km 的居民区;对照点	累积样/月	^{90}Sr、γ 核素分析,总 α,总 β
地表水	排放口下游混合均匀处;预计受影响的地表水;排放口上游对照点	1 次/半年	^{3}H、γ 核素分析
地下水	可能受影响的地下水源;对照点	1 次/半年	^{3}H、γ 核素分析
饮用水	可能受影响的饮用水源;对照点	1 次/季	总 α、总 β、^{3}H、γ 核素分析
海水	排放口附近海域;对照点	1 次/半年	^{3}H、γ 核素分析
水生物	排放口下游水域或海域;对照点	1 次/年	γ 核素分析
底泥	与地表水(海水)采样点同	1 次/年	^{90}Sr、γ 核素分析
陆生植物	主导风下风向或排水口下游灌溉区;对照点	收获期	γ 核素分析

续表 2.3

监测对象	布点原则**	采样频次	分析测量项目
家畜、家禽器官	主导风下风向厂外最近的村镇;对照点	1次/年	γ核素分析
牛(羊)奶	主导风下风向厂外最近的奶场;对照点	1次/半年	^{131}I
指示生物	厂外地面最高浓度处;排放水域	1次/年	按指示生物浓集度作用定的特征核素
土壤、岸边沉积物	<10 km 16个方位角内(主导风下风向适当加密);对照点	1次/年	^{90}Sr、γ核素分析
潮间带土	排放口附近潮间带土;对照点	1次/年	^{90}Sr、γ核素分析
陆地γ辐射	厂外地面最高浓度处;厂界周围按半径2、5、10、20、50 km,8个方位角间隔交叉布点	1次/季	γ辐射空气吸收剂量率
	同气溶胶采样点	连续	γ辐射空气吸收剂量率
γ累积剂量	厂外地面最高浓度处;厂界周围按半径2、5、10、20 km,8个方位角间隔交叉布点	1次/季	γ辐射空气吸收剂量

　* 指按大气扩散试验地面最大浓度处。

　** 布点数应满足统计学的要求。

核电厂运行期间的环境监测范围应在以核设施为中心、半径为20~30 km的区域。运行期间的环境监测范围、项目、频次与运行前环境辐射水平调查时基本相同。

对于运行期间的核电厂,以压水堆为例,其气载流出物和监测内容、液态流出物和监测内容分别列于表2.4和表2.5。

表 2.4　核电厂气载流出物监测

监测项目	取样方式	测量方式
惰性气体	连续	连续
^{131}I	累积	定期
气溶胶	累积	定期
氚	累积	定期
^{14}C	累积	定期

表 2.5　核电厂液态流出物监测

监测对象	取样方式	监测项目
贮存槽	排放前采样	^{3}H、γ核素分析、β活化产物
排放口	定期采样	^{3}H、γ核素分析、β活化产物

对于核事故场外应急监测,按地方核事故应急机构制订的应急监测计划,实施应急监测。应急监测分早期、中期和晚期监测。

对于退役核电厂,应根据核电厂退役时的放射性废物源项调查,酌定监测范围、项目和频次,实施退役监测。

对于其他类型反应堆的环境监测,可参考一般压水堆核电厂辐射环境监测,根据堆型、流出物排放量和核素种类决定监测范围、项目和频次。

2. 铀矿山及水冶系统环境辐射监测

对于铀矿山及水冶系统运行前和运行期间的环境辐射水平监测,均应在厂(场)界外10 km 以内开展,其监测方案见表 2.6。运行期间堆浸时,应增测堆浸场附近土壤,地浸时增测监控点。

表 2.6　铀矿山及水冶系统运行前环境辐射水平监测方案

监测对象	取样点	采样方式及频次	测量项目
气溶胶、沉降物	下风向厂区边界处;厂区周围最近居民点;预计污染物浓度最大处;对照点	累积采样 1 次/半年	U、Th、^{226}Ra、^{210}Pb、^{210}Po
空气	拟建尾矿库、废石场;气溶胶取样布点处	1 次/季	^{222}Rn 及子体
地下水	尾矿坝下游地下水;废水流经地区的地下水;厂矿周围 2 km 内饮用水井;对照点	1 次/半年	U、Th、^{226}Ra、^{210}Pb、^{210}Po
地表水	各排放口下游第一个取水点;下游主要居民点;对照点	1 次/半年	U、Th、^{226}Ra、^{210}Pb、^{210}Po
废泥	同地表水	1 次/年	U、Th、^{226}Ra、^{210}Pb、^{210}Po
土壤	污水灌溉的农田及其作物区;对照点	1 次/年	U、Th、^{226}Ra、^{210}Pb、^{210}Po
陆生生物	预计污染物浓度最大点处;3 km 内受废水污染区;对照点	收获期	U、Th、^{226}Ra、^{210}Pb、^{210}Po
水生生物	受废水或污染区渗漏及地表径流影响的湖泊、河流;对照点	1 次/年	U、Th、^{226}Ra、^{210}Pb、^{210}Po
陆地 γ 辐射	以厂区为中心 5 km、8 个方位内;气溶胶取样布点处;尾矿库;废石场矿处;易洒落矿物的公路处	1 次/半年	γ 辐射空气吸收剂量率

对于铀矿山及水冶系统运行期间流出物监测可见表 2.7。

对于因出现事故而进行的监测,按照铀矿山及水冶系统应急计划,实施应急监测或事故监测。当设施退役后,根据源项调查结果,参照表 2.5 和表 2.6 对原作业场所、尾矿库、废石场进行监测,监测频次为每年 1 次。

表 2.7　铀矿山及水冶系统运行期间流出物监测

监测对象	监测点	监测频次	分析测量项目
气溶胶	作业场所排气口	定期	U、^{226}Ra、^{210}Pb、^{210}Po
废气	作业场所排气口	定期	氡及其子体
废水	排放口	定期	总 α、总 β、U、^{226}Ra、^{210}Pb、^{210}Po
废渣	尾矿库、废石场	定期	γ 辐射空气吸收剂量率、氡及其子体、氡析出率、U、Th、^{226}Ra、^{210}Pb、^{210}Po

3. 核燃料后处理设施辐射环境监测

运行前环境辐射水平调查的主要是环境 γ 外照射剂量水平及主要环境介质中关键放射性核素的比活度,调查范围则分别在以后处理厂为中心、半径 50 km 和 30 km 的区域。监测布点主要为 5 km 之内的近区和厂区下风方向,并以上风向的远区作对照点,监测对象、频次及项目见表 2.8。

表 2.8　核燃料后处理系统周围环境辐射监测方案

监测对象	监测频次	监测项目
气溶胶	1 次/月	总 α、总 β、^{90}Sr、^{137}Cs、^{239}Pu、^{86}Kr、^{129}I、^{99}Tc
沉降物	1 次/月	总 α、总 β、^{90}Sr、^{137}Cs、^{239}Pu、^{86}Kr、^{129}I、^{99}Tc
水	1 次/半年	总 α、总 β、^{90}Sr、^{137}Cs、^{239}Pu、^{86}Kr、^{129}I、^{63}Ni、U
动植物	1 次/年	^{90}Sr、^{129}I、^{137}Cs、^{239}Pu
土壤	1 次/年	^{90}Sr、^{129}I、^{137}Cs、^{239}Pu
γ 辐射剂量	1 次/季度	γ 外照射剂量率

在后处理厂运行的前 3～5 年中,运行期间的环境监测范围、项目、频次与运行前环境辐射水平调查基本相同。除配置 γ 辐射剂量率连续监测外,在取得足够运行经验核环境监测数据后,可适当调整监测范围、频次及项目。

运行期间气态流出物监测点设置在废气排放口,主要监测项目为 ^{85}Kr、^{90}Sr、^{99}Tc、^{129}I、^{137}Cs、^{239}Pu。运行期间液态流出物监测点设置在放射性废水排放口,主要监测项目为 ^{63}Ni、^{90}Sr、^{99}Tc、^{129}I、^{137}Cs、^{239}Pu、U。

对于应急监测,应根据事故类型,按事故应急机构制订的应急监测计划进行监测。

核燃料后处理厂退役后,根据其退役时的放射性废物源项调查,酌定监测对象和频次,主要监测项目为 ^{14}C、^{63}Ni、^{90}Sr、^{99}Tc、^{129}I、^{137}Cs、^{239}Pu。

4. 应用辐射源环境监测

(1) 应用开放源的环境监测

应用前的环境辐射监测范围应以工作场所为中心、半径在 50～500 m 以内。监测对象与项目主要涉及表 2.9 中应用开放型放射源环境监测的前四项。

对于应用开放源事故监测包括:监测事故场所的放射性污染水平和污染范围;监测事故场地去污后残留污染程度;监测去活过程中产生的放射性污染物的比活度。

对于工作场所退役监测,则在表 2.9 的基础上增加监测工作场所和设备的污染水平。

表 2.9　应用开放型放射源环境监测

监测对象	监测点	监测频次/（次·年$^{-1}$）	监测项目
γ 辐射剂量	以工作场所为中心、半径 50～300 m 以内	1～2	γ 辐射空气吸收剂量率
土壤	以工作场所为中心、半径 50～300 m 以内	1	应用核素
地表水	废水排放口上、下游 500 m 处	1～2	应用核素
底泥	废水排放口外	1	应用核素

监测对象	监测点	监测频次/ (次·年⁻¹)	监测项目
废水	废水贮存池或排放口	1～2	应用核素
废气	排放口	1	应用核素
放射性固体废物	贮存室或贮存容器外表面	1～2	γ辐射空气吸收剂量率,α、β表面污染水平

（2）应用密封型放射源（密封源）环境监测

对于 γ 辐照装置运行前环境辐射水平调查,应当在装源前以辐照室为中心、半径 50～500 m 以内进行监测,监测频次按每年 1 次进行。调查方案见表 2.10。

表 2.10　含贮源井水的辐照装置环境监测

监测对象	采样(测量)布点	监测项目
γ辐射剂量	辐照室四周的建筑物内外	γ辐射空气吸收剂量率、累积剂量
贮源井水	贮源井	辐照装置所用核素
地表水	废水排放口中下游 500 m 处	辐照装置所用核素
地下水	辐照装置附近饮用水井	辐照装置所用核素
土壤	辐照装置建筑物外围 10～30 cm 土壤	辐照装置所用核素

辐照装置运行期间环境监测按表 2.10 进行,其中换装源前后需要增加测定贮源井水所用核素的浓度。一旦发现贮源井水受所用核素的污染,应立即停止排水,并定期分层取样测定所用核素的浓度,同时针对污染原因及时进行事故处理。事故处理后进行场所和污染物表面放射性污染水平监测。

对于含密封源的设施,使用前环境辐射水平调查应在装源前以密封源安装位置为中心、半径 30～300 m 范围内,通过在密封源安装位置四周室内、外进行布点,监测环境 γ 辐射空气吸收剂量率,每年监测 1 次。

在含密封源设施使用期间,辐射环境监测与使用前相同,只是对含中子放射源的设施应增加监测中子剂量当量率。

当密封源破坏造成环境污染时,应进行污染事故监测,监测内容包括:① 污染区及其周围 γ 辐射剂量率,表面放射性污染水平;② 污染区及其周围相关环境介质中使用源放射性核素的含量;③ 仪器设备放射性污染水平;④ 事故处理过程中产生的液体和固体污染物的放射性污染水平。

（3）应用粒子加速器与 X 射线机的环境监测

X 射线机(包括 CT 机)在运行前及运行中,对屏蔽墙外的 X 射线辐射剂量率和累计剂量进行监测,每年 1～2 次。

应用粒子加速器的辐射环境监测方案见表 2.11。

表 2.11 应用粒子加速器的环境监测

监测对象	监测项目	监测频次/（次·年$^{-1}$）	
		运行前	运行期间
屏蔽墙外	外照射剂量率	1	1,2
循环冷却水	总β	1	1,2
固体废物外表面	外照射剂量率	——	1,2

2.2.3 伴生和非伴生放射性矿物资源开发利用中的环境监测

1. 伴生放射性矿物资源开发利用中的环境监测

伴生放射性矿物资源采选前、采选期间和冶炼过程中的环境监测方案均应按照表 2.12 进行。其中，采选前监测方案应遵循表 2.12 前四项；冶炼过程中的监测方案在参照表 2.12 的基础上，增测原料库和成品库的 γ 辐射空气吸收剂量率，必要时对原料和成品取样监测天然放射性核含量。

表 2.12 伴生矿采选的环境监测

监测对象	监测点位	监测频次/（次·年$^{-1}$）	监测项目
陆地 γ 辐射剂量	矿区周围 3～5 km 以内	1,2	γ 辐射空气吸收剂量率
土壤	矿区周围 3～5 km 以内	1	U、Th、^{226}Ra、^{40}K
土表水	纳污河上下游各 1～3 km	1,2	U、Th、^{226}Ra、总 α、总 β
地下水	最近居民点井水水源	1,2	U、Th、^{226}Ra、总 α、总 β
废水	排放口	1,2	U、Th、^{226}Ra、总 α、总 β
废渣	堆放场	1,2	氡、U、Th、^{210}Po、γ 辐射空气吸收剂量率

对伴生放射性矿物资源利用过程中，环境监测应对原料和产品测量其表面 γ 辐射空气吸收剂量率和天然放射性核素含量。频次为每年 1～2 次。

2. 非伴生矿物资源开发利用中的辐射环境监测

非伴生矿物资源在开发利用中因其所含天然放射性核素含量较高，其对环境的污染也应重视和监测。主要监测环境介质中 ^{226}Ra、^{232}Th、^{40}K 和室内氡的 γ 辐射空气吸收剂量率。视非伴生矿物资源开发利用情况制定监测方案：

① 工业废渣作建筑材料可采用 GB 6763—1986《掺工业废渣建筑材料用工业废渣放射性物质限制标准》中附录 A、B、C 的方法。

② 掺工业废渣建材产品可采用 GB 9196—1988《掺工业废渣建材产品放射性物质控制标准》中第 4、5 节的方法。

③ 天然石材产品可采用 JG 518—1993《天然石材产品放射防护分类控制标准》第 5 节的方法。

④ 利用非伴生矿物资源建造房屋,室内氡可采用 GB/T 16146—1995《住房内氡浓度控制标准》中第 4 节的方法。

⑤ 地下建筑氡可采用 GB 16356—1996《地下建筑氡及其子体控制标准》中第 5 节的方法。

⑥ 磷肥、磷矿石可采用 GB 8921—1988《磷肥放射性镭-226 限量卫生标准》中第 4 节的方法或 γ 能谱法。

2.2.4　放射性物质运输与失控源辐射环境监测

1. 放射性物质运输辐射环境监测

在放射性物质运输过程中,包括出发地、中转站、到达地均须进行辐射环境监测,一般涉及运输工具、货包、工作场所等表面污染水平,环境 γ 辐射水平,污染介质中运输物资中主要放射性核素的比活度等。

对于放射性物质运输中的事故监测,需监测的对象包括:运输容器、运输工具;事故地段现场的地表和其他物品;运输、装卸的有关工作人员;事故处理过程中所用的工具和产生的废物、废水等。监测项目包含:外照射剂量;表面污染水平;污染介质所运输装置中主要放射性核素的比活度。

2. 失控源进入环境后的辐射环境监测

失控源一般指在运输、使用和贮存过程中,由于丢失、被盗或违规处置等原因而失去控制并进入环境的放射源。为减少辐射源对环境的污染和保障人身健康,需对失控源所进入的环境进行辐射环境监测。监测步骤如下:

① 调查放射源失控的原因、过程,初步确定失控源所处的位置;

② 了解失控源的种类、源强、包装情况等;

③ 根据失控源的核素种类、射线类别、包装(或埋深)情况、所处的可疑位置及可要求的探测限等,确定监测方案,选择监测仪器;

④ 失控源被找到和取走后,对失控源所处位置的附近地区应进行仔细监测,确认无残留放射源为止;

⑤ 因失控源破损造成土壤、水体等环境污染时,除进行污染水平监测外,对去污后的环境质量仍需进行监测,并达到审管部门的管理限值要求。

2.2.5　放射性废物暂存库和处理场的辐射环境监测

1. 放射性废物暂存库

放射性废物暂存库运行前的辐射环境监测,应在以库为中心、半径 1~3 km 以内,对陆地 γ 辐射剂量率和主要环境介质中的暂存废物所含的主要放射性核素进行监测。

放射性废物暂存库运行前和运行期间的环境监测均按表 2.13 执行。

2. 放射性废物处置场

废物处置场在启用前、运行期间及关闭后都必须进行辐射环境监测。监测范围应以处置场为中心、半径 3~5 km 以内。监测方案应参照表 2.13 放射性废物暂存库的环境监测方案,监测项目可根据处置场涉及的主要放射性核素情况适当调整。

表 2.13　放射性废物暂存库和环境监测

监测对象	监测点位	监测频次/（次·年$^{-1}$）	监测项目
γ 辐射剂量	库墙壁外、库周围四个方位、库界外主要居民点	1,2	γ 辐射空气吸收剂量率
气溶胶	主导风下风向	1,2	总 β
土壤	库区四个方位主要居民点	1,2	γ 核素分析
地下水	库区监测井水、主要居民点饮用井水	1,2	总 α、总 β
地表水	上下游各取 1 点	1,2	总 α、总 β
废水	贮存池	1,2	总 α、总 β
生物	同土壤	收获期	γ 核素分析

2.3　辐射环境监测样品的采集与测定方法

2.3.1　样品的采集原则与方法

1. 样品采集原则

样品的采集应遵从如下原则：

① 从采样点的布设到样品分析前的全过程都必须在严格的质量控制措施下进行。

② 采集代表性样品与选用分析方法同等重要，必须给予足够的重视。

③ 根据监测目的和现场具体情况确定监测项目、采样容器、设备、方法、方案、采样点的布置和采样量。采样量除保证分析测定用量外，应留有足够的余量，以备复查。

④ 采样器必须符合国家技术标准的规定，使用前须经检验，保证采样器和样品容器的清洁，防止交叉污染。

2. 样品采集方法

（1）空气——气溶胶

空气气溶胶采样器（也叫大气颗粒物采样器），一般由滤膜（纸）夹具、流量调节装置和抽气泵三部分组成。应根据监测工作的实际需要，确定采样流量，选择表面收集特性和过滤效率较好的过滤材料。采样器的采样口应高出基础面 1.5 m。

采样器的流量计、温度计、湿度计、气压表必须经过计量检定，确认其性能良好后，方可采样。采样总体积 $V(\text{m}^3)$ 应换算为标准状态下的体积，换算方法如下：

$$V = \frac{Q_1 + Q_0}{2}(t_1 - t_0) + \frac{Q_2 + Q_1}{2}(t_2 - t_1) + \cdots + \frac{Q_n + Q_{n-1}}{2}(t_n - t_{n-1})$$

$$= \sum_{i=1}^{n} \frac{Q_i + Q_{i-1}}{2}(t_i - t_{i-1}) \tag{2.1}$$

同时记录温度 t_i、气压 P_i、湿度、风向和风速。因采样时实时的气象条件与标准状态可能不一致，故应对流量调节装置中的流量计记录的流量进行修正：

$$Q_{nb} = Q_i \cdot \frac{T}{T_i} \cdot \frac{P_i - P_{bi}}{P} \tag{2.2}$$

式中：Q_{nb}——标准状态下的流量，m^3/min；

$\quad Q_i$——在 P_i 和 T_i 条件下的流量，m^3/min；

$\quad P_i$——采样时的大气压力，Pa；

$\quad P$——标准状态下的大气压力，Pa；

$\quad P_{bi}$——在 T_i 时的饱和水蒸气压力，Pa；

$\quad T_i$——采样时的热力学温度，K；

$\quad T$——标准状态下的热力学温度，K。

（2）空气——沉降物

空气中沉降物采样设备（即采样盘）的接受面积为 $0.25~m^2$ 的不锈钢盘，盘深 30 cm。采样盘安放在距地面一定高度、周围开阔、无遮盖的平台上，盘底面要保持水平，上口离基础面 1.5 m。

湿法采样：采样盘中注入蒸馏水，水深经常保持在 $1\sim2$ cm。收集样品时，将采样盘中采集的沉降物和水一并收入塑料或玻璃容器中封存。

干法采样：在采样盘内表面底部涂一薄层硅油（或甘油），用以粘结沉降物。收集样品时，用蒸馏水冲洗干净，将样品收入塑料或玻璃容器中封存。

当降雨量大时，无论是湿法采样还是干法采样，为防止沉降物随水从盘中溢出，应及时收集水样，待采样结束后合并处理。

（3）空气——降水

空气中降水采集装置（即受水器）应安放在周围至少 30 m 内没有树林和建筑物的开阔平坦地上。受水器边沿上缘离地面高 1 m，采取适当措施防止扬尘的干扰。

采样过程中应注意：① 贮水瓶要每天定时更换。在降暴雨的情况下，应随时更换，以防发生外溢。② 采集好的样品，充分搅拌以后用量筒量出总量。③ 采集完样品后，贮水瓶用蒸馏水充分清洗，以备下次使用。采集的雪样，要移至室内自然融化。

（4）水

地表水：地表水采样一般用自动采水器或塑料桶采集水样，但分析氚的样品不可用塑料桶采集。在江河控制断面采样，断面水面宽≤10 m 时，在主流中心采样；断面水面宽＞10 m 时，在左、中、右三点采样。湖泊、水库采样须多点采样，水深≤10 m 时，在水面下 50 cm 处采样；水深＞10 m 时，增加中层采样。采样前洗净采样设备，采样时用样水洗涤三次后采集。

饮用水和地下水：饮用水和地下水采样一般也用自动采水器或塑料桶采集水样。自来水水样取自来水管末端水，井水水样采自饮用水井，泉水水样采自出水量大的泉水。凡用泵或直接从干管采集水样时，必须先排尽管内的积水，方可采集水样。

海水：海水采样一般也用自动采水器或塑料桶采集水样。在潮间带外采集样品。

底泥：深水部位的底泥用专用采泥器采集的底泥，浅水处可用塑料勺直接采集。采集的底泥置于塑料广口瓶中，或装在食品袋内再置于同样大小的布袋中。

（5）土 壤

在相对开阔的未耕区，利用土壤采集器或采样铲采取垂直深 10 cm 的表层土。一般在 $10~m \times 10~m$ 范围内，采用梅花形布点或根据地形采用蛇形布点（采点不少于 5 个）进行采样。将多点采集的土壤除去石块、草根等杂物，现场混合后取 $2\sim3$ kg 样品装在双层塑料袋内密封，再置于同样大小的布袋中保存。

（6）陆生生物

谷类：以当地居民消费较多和（或）种植面积较大的谷类为采集对象,于收获季节现场采集种植区的谷类干籽实。

蔬菜类：以普通蔬菜或者当地居民消费较多或种植面积较大的蔬菜为采集对象,在蔬菜生长均匀的菜地选 5~7 处采集样品。

牧草：在有代表性的畜牧区内均匀划分 10 个等面积区域,在每个区域中央部位取等量的样品。

牛（羊）奶：在奶牛（羊）场取新鲜的原汁奶。

（7）水生生物

淡水生物采集食用鱼类和贝类;海水生物采集浮游生物、底栖生物、海藻类和附着生物。在捕捞季节于养殖区直接采集或从渔业公司购买确知捕捞区的海产品。

2.3.2 各环节样品的管理

（1）现场记录

采样人员要及时真实地填写采样记录表和样品卡（或样品标签）,并签名。记录表和样品卡须由他人复核,且签名。保持样品卡字迹清楚,不得涂改。样品卡不得与样品分开。

（2）样品的保存

① 水样采集后,用浓硝酸酸化到 pH＝1~2（监测氚、碳-14 或碘-131 的水样不酸化;监测铯-137 的水样用盐酸酸化;当水中含泥沙量较高时,待 24 小时后取上清液再酸化）,尽快分析测定。水样保存期一般不得超过 2 个月。

② 密封的土壤样品必须在 7 天内测其含水率,晾干保存。

③ 生物样品采集后,及时处理,注意保鲜。牛（羊）奶样品采集后,立即加适量甲醛,防止变质。

④ 采集的样品要分类保存,防止交叉污染。

（3）样品的运输

运输前,认真填写送样单,并附上采样现场记录,对照送样单和样品卡认真清点样品,检查样品包装是否符合要求。运输中的样品要有专人负责,以防发生破损和洒漏,发现问题及时采取措施,确保安全送至实验室。

（4）样品交接、验收和领取

质保人员和送样人员按送样单和样品卡认真清点样品,确认无误后,双方在送样单上签字。样品验收后,存放在样品贮存间或实验室内,由质保人员妥善保管,严防丢失和交叉污染。分析人员持测定任务书（表）,按规定程序领取样品。

（5）建立样品库

进库的样品须适合长期保存。样品库由质保人员负责,调动或调离岗位时须办理移交手续。

2.3.3 样品的预处理方法

（1）水　样

水样运到实验室,对要求分析澄清的水样通过过滤或静置使悬浮物下沉后,取上清液。

（2）土壤及底泥样品

样品运到实验室，立即除去沙石、杂草等异物，称重。置于搪瓷盘中摊开晾干，研碎，过120 目筛，105 ℃恒温干燥至恒重，计算样品失水量。于已编号的广口瓶中密封保存，备用。

（3）生物样品

对于谷类鲜样，如稻和麦等谷类的籽实，应风干、脱壳、去沙石等杂物，然后称鲜（干）重。对于蔬菜类鲜样，采集的样品除去泥土，取可食部分用水冲洗，晾干或擦干表面洗涤水，称鲜重。对于水生生物：① 鱼类，采集的新鲜样品，用水洗净、擦干、去鳞、去内脏，然后称重（骨肉分离后分别称重）；② 贝壳，采集的活贝在原水内浸泡，使其吐出泥沙，取可食部分称重；③ 藻类，采集的样品洗净根部，晾干表面水，取可食部分称重。

对于采集和预处理完成的样品，还需要进行干燥处理。叶菜、根菜、果实、鱼肉、贝肉等切成碎片，放入搪瓷盘内摊开，于干燥箱内 105 ℃烘至恒重，计算样品失水量，密封保存。牛（羊）奶定量移入蒸发皿，缓慢加热蒸发至干。

干燥后的样品还需要进一步进行灰化处理。把干样放入蒸发皿中，加热使之充分炭化（防止出现明火）；然后移入马弗炉内，根据待测项目的要求选择合适的温度进行灰化，冷却称重，计算灰鲜（干）比，密封保存。

（4）沉降物

样品运至实验室后，用光洁的镊子将落入采样盘中的树叶、昆虫等异物取出，并用去离子水将附着在异物上面的细小尘粒冲洗下来，合并冲洗液于样品中，弃去异物。将样品溶液与尘粒全部定量转入 500 mL 烧杯中，在电热板上蒸发，使体积浓缩至 50 mL 后，将样品分数次转入已于 105 ℃恒重的瓷坩埚中（必要时用去离子水清洗烧杯，确保样品转移完全），在电热板上小心蒸发至干（防止崩溅），于 105 ℃烘干至恒重。根据待测项目要求，准确称取部分或全部样品进行分析。

（5）气溶胶

根据滤膜的大小、材质，结合待测项目要求选择合理的处理方式。一般能用于直接测量时可不必经预处理步骤；对于纤维素滤膜，可结合待测项目要求选择合适的温度进行炭化、灰化处理；对于玻璃纤维滤膜，可结合待测项目要求选择合适的溶剂进行提取处理。

2.3.4　样品的测量分析方法

在选定测量分析方法时，凡有国家标准的，一律选用国家标准；没有国家标准的，优先选用行业标准；选用其他方法需报国家环保部批准。有修订的标准，应采用修订后的最新版本。标准测量分析方法见表 2.14。

表 2.14　辐射环境监测标准分析方法

监测项目	监测对象	标准编号	标准名称
γ 辐射空气吸收剂量率	地表	GB/T 14583—1993	环境地表 γ 辐射剂量率测定规范
表现污染	污染表面	GB/T 14056.1—2008	表面污染测定　第 1 部分　β 发射体（最大 β 能量大于 0.15 MeV）和 α 发射体
		GB/T 14056.2—2011	表面污染测定　第 2 部分　氚表面污染

续表 2.14

监测项目	监测对象	标准编号	标准名称
氡	空气	GB/T 14582—1993	环境空气中氡的标准测量方法
氚	水	GB/T 12375—1990	水中氚的分析方法
钾-40	水	GB/T 11338—1989	水中钾-40 的分析方法
钴-60	水	GB/T 15221—1994	水中钴-60 的分析方法
镍-63		GB/T 14502—1993	水中镍-63 的分析方法
锶-90	水	GB/T 6764—1986	水中锶-90 放射化学分析方法发烟硝酸沉淀法
		GB/T 6765—1986	水中锶-90 放射化学分析方法离子交换法
		GB/T 6765—1986	水中锶-90 放射化学分析方法二-(2-乙基己基)磷酸苯取色层法
	生物	GB/T 11222.1—1989	生物样品灰中锶-90 放射化学分析方法二-(2-乙基己基)磷酸酯萃取色层法
		GB/T 11222.2—1989	生物样品灰中锶-90 放射化学分析方法离子交换法
碘-131	空气	GB/T 14584—1993	空气中碘-131 的取样与测定
	水	GB/T 13272—1991	水中碘-131 的分析方法
	生物	GB/T 13273—1991	植物、动物甲状腺中碘-131 的分析方法
	牛奶	GB/T 14674—1993	牛奶中碘-131 的分析方法
铯-137	水	GB/T 6767—1986	水中铯-137 的放射化学分析方法
	生物	GB/T 11221—1989	生物样品灰中铯-137 放射化学分析方法
钋-210	水	GB/T 12376—1990	水中钋-210 的分析方法　电镀制样法
铀	水	GB/T 6768—1986	水中微量铀分析方法
	土壤	GB/T 11220.1—1989	土壤中铀的测定　CL-5209 萃淋树脂分离 2-(5-溴-2 吡啶偶氮)-5-二乙氨基苯酚分光光度法
		GB/T 11220.2—1989	土壤中铀的测定　三烷基氧膦萃取-固体荧光法
	生物	GB/T 11223.1—1989	生物样品灰中铀的测定　固体荧光法
		GB/T 11223.2—1989	生物样品灰中铀的测定　激光液体荧光法
	空气	GB/T 12377—1990	空气中微量铀的分析方法　激光荧光法
		GB/T 12378—1990	空气中微量铀的分析方法　TBP 萃取荧光法
钍	水	GB/T 11224—1989	水中钍的分析方法
镭-226	水	GB/T 11214—1989	水中镭-226 的分析测定
镭	水	GB/T 11218—1989	水中镭的 α 放射性核素的测定
钚	水	GB/T 11225—1989	水中钚的分析方法
	土壤	GB/T 11219.1—1989	土壤中钚的测定　萃取色层法
		GB/T 11219.2—1989	土壤中钚的测定　离子交换法

续表 2.14

监测项目	监测对象	标准编号	标准名称
γ核素	可转化为固液态的均匀样品	GB/T 11713—2015	高纯锗 γ 能谱分析通用方法
	土壤	GB/T 11743—2013	土壤中放射性核素的 γ 能谱分析方法
	生物	GB/T 16145—1995	生物样品中放射性核素的 γ 能谱分析方法

2.4　数据处理与质量保证

2.4.1　数据处理

1. 有效数字和修约规则

一个量值的有效数字的位数是其准确程度的粗略反映;一个有 n 位有效数字的量值,它的相对误差限的范围在 $5 \times 10^{-n} \sim 5 \times 10^{-(n+1)}$ 之间,即有 1、2 和 3 位有效数字的量值,其相对误差限分别是 5%~50%、0.5%~5% 和 0.05%~5%。

运算中有效数字的修约规则都是为了简化计算而又使结果能满足有效数字位数与相对误差限关系的要求而确定的。随着现代计算机的普遍应用,计算过程的简化已不必要了,一般已不必采用以往出版的一些标准和教材中推荐的运算中的修约规则,而应遵守以下原则:

① 在计算过程中一般可多留几位数字,而不必拘泥于通常的规则。

② 最终报告结果的有效数字位数,须限制在合理的范围内,即实际的相对误差与有效数字位数反映的相对误差限要相当;对一般环境水平的测量结果,有效数字取 2~3 位,误差的有效数字位数取 1~2 位。

2. 探测下限

探测下限不是某一测量装置的技术指标,而是用于评价某一测量(包括方法、仪器和人员的操作等)的技术指标。给出探测下限必须同时给出与这一测量有关的参数,如:测量效率、测量时间(或测量时间的程序安排)、样品体积或重量、化学回收率、本底及可能存在的干扰成分。

对于计量率、活度或活度浓度的探测下限,均可由最小可探测样品净计数 LLD_N 算得。一般采用近似满足正态分布的 LLD_N 大多是可以接受的,其计算公式为

$$LLD_N = (K_\alpha + K_\beta) \cdot S_N \tag{2.3}$$

式中: K_α——显著性水平等于犯第 I 类错误的概率 α 时的标准正态变量(即 u 统计量)的上侧分位数;

K_β——显著性水平等于犯第 II 类错误的概率 β 时的标准正态变量的上侧分位数;

S_N——样品净计数的标准差。

常用的 K_α、K_β 值见表 2.15。

在一般环境监测中,带有净计数比本底计数小得多,而使样品及计数标准差 S_N 等于本底计数标准差 S_b,即可得 $S_N = \sqrt{2} S_b$。如果 $\alpha = \beta = 0.05$,即 $K_\alpha = K_\beta = 1.645$,则 LLD_N 为

$$LLD_N = 2\sqrt{2} K_\alpha \cdot S_b = 4.65 S_b \tag{2.4}$$

S_b 可以是多次重复测量的高斯分布的本底计数标准差,也可以是平均本底计数算得的泊

松分布标准差,但需明确声明所采用的是按哪一类分布计算的标准差。

表 2.15　常用 K 值表

α 或 β	$1-\beta$	$K(K_a$ 或 $K_\beta)$	$2\sqrt{2}K$
0.002	0.98	2.054	5.81
0.05	0.95	1.645	4.65
0.10	0.90	1.282	3.63
0.20	0.80	0.842	2.38
0.50	0.50	0	0

当样品测量时间 t 和本底测量时间 t_b 相等时,采用泊松分布标准差;当统计置信水平为 95％ 时,净计数率 LLD_N 由下式计算:

$$LLD_N = 4.65\sqrt{\frac{n_b}{t_b}} \tag{2.5}$$

式中,n_b 是 t_b 时间内平均本底计数率。

3. 小于探测限数据的处理

活度或活度浓度是没有负值的,但一个样品在重复测量中出现净计数为负值的情况是合理而允许的,这是统计涨落所致,所以在一个样品的重复测量中出现小于 LLD_N 或小于零的净计数,仍要按其实际测量值参与平均,给出其最终的活度或活度浓度值,不能为负值。当其小于探测限时,则报 LLD 的 1/10。

对几个不同地点或不同时间的环境样品进行平均时,测量结果小于探测限的样品以其探测限的 1/10 参与平均。若样品数较多,如大于 15,且小于探测限的样品数所占比例不很大,如小于 1/3,则可用对数正态分布概率值,求其均值。

4. 可疑数据的剔除

在未经对取样、测量、记录、计算等各环节是否存在差错的仔细审查前,不得轻易剔除可疑数据;在仔细审查未发现有导致数据偏离一般范围的原因后,建议采用 Grubbs 准则,作统计判断。

Grubbs 准则剔除可疑值的检验步骤如下:

首先,计算统计量。设有一组测量数据:$x_1,x_2,\cdots,x_n$。计算该组数据的平均值 $\overline{x}$:

$$\overline{x} = \frac{1}{n}\sum_{i=1}^{n}x_i$$

计算单次测量标准差 S:

$$S = \sqrt{\frac{\sum\limits_{i=1}^{n}(x_i-\overline{x})^2}{n-1}}$$

计算统计量 T:

$$T = \frac{|x_i-\overline{x}|}{S}$$

式中:x_i 为待查的第 i 个数据。

然后,进行检验。当计算的统计量值大于检验临界值(即 $T > T(n,a)$)时,以有 α 概率的风险从统计学上可剔除此数据；当 $T \leqslant T(n,a)$ 时，此数据不予以剔除。检验临界值 $T(n,a)$ 如表 2.16 所列。

表 2.16　Grubbs 检验临界值 $T(n,a)$ 表

n	显著性水平 a				n	显著性水平 a			
	0.05	0.025	0.01	0.005		0.05	0.025	0.01	0.005
3	1.153	1.155	1.155	1.155	30	2.745	2.908	3.103	3.236
4	1.463	1.481	1.492	1.496	31	2.759	2.924	3.119	3.253
5	1.672	1.715	1.749	1.764	32	2.773	2.938	3.135	3.270
6	1.822	1.887	1.944	1.973	33	2.786	2.952	3.150	3.286
7	1.938	2.020	2.097	2.139	34	2.799	2.965	3.164	3.301
8	2.032	2.126	2.221	2.274	35	2.811	2.979	3.178	3.316
9	2.110	2.215	2.323	2.387	36	2.823	2.991	3.191	3.330
10	2.176	2.290	2.410	2.482	37	2.835	3.003	3.204	3.343
11	2.234	2.355	2.485	2.564	38	2.846	3.014	3.216	3.356
12	2.285	2.412	2.550	2.696	39	2.857	3.025	3.228	3.369
13	2.331	2.462	2.607	2.699	40	2.866	3.036	3.240	3.381
14	2.371	2.507	2.659	2.755	41	2.877	3.046	3.251	3.393
15	2.409	2.549	2.705	2.806	42	2.887	3.057	3.261	3.404
16	2.443	2.585	2.747	2.852	43	2.896	3.067	3.271	3.415
17	2.475	2.620	2.785	2.894	44	2.905	3.075	3.282	3.425
18	2.504	2.651	2.821	2.932	45	2.914	3.085	3.292	3.435
19	2.532	2.681	2.854	2.968	46	2.923	3.094	3.302	3.445
20	2.557	2.709	2.884	3.001	47	2.931	3.103	3.310	3.455
21	2.580	2.733	2.912	3.031	48	2.940	3.111	3.319	3.464
22	2.603	2.758	2.939	3.060	49	2.948	3.120	3.329	3.474
23	2.624	2.781	2.963	3.087	50	2.956	3.128	3.336	3.483
24	2.644	2.802	2.987	3.112	60	3.025	3.199	3.411	3.560
25	2.663	2.822	3.009	3.135	70	3.082	3.257	3.471	3.622
26	2.681	2.841	3.029	3.157	80	3.130	3.305	3.521	3.673
27	2.698	2.859	3.049	3.178	90	3.171	3.347	3.563	3.716
28	2.714	2.876	3.068	3.199	100	3.207	3.383	3.600	3.754
29	2.730	2.893	3.085	3.218					

5. 宇宙射线响应值的扣除

在测量的 γ 辐射剂量率中，所包含仪器对宇宙射线的电离成分响应值（包括仪器自身本底值），在报出结果中应予以扣除。扣除该响应值的方法是在广阔的湖（水库）水面上测得使用仪器对宇宙射线的响应值，其计算公式为

$$D'_c = K_1 \cdot K_2 \cdot \frac{A_0}{A_1} \cdot \overline{X}_c \tag{2.6}$$

式中：K_1——照射量换算成吸收剂量的换算系数，取 0.873；

$\quad\quad K_2$——仪器量程刻度因子，由国家计量部门检定时给出；

$\quad\quad A_0$——仪器刻度时对检验源的响应值，由国家计量部门检定时给出；

$\quad\quad A_1$——仪器在测量宇宙射线响应值时对检验源的响应值；

$\quad\quad \overline{X}_c$——水面上仪器多次读数的平均值。

在环境监测时，测点的海拔高度和经纬度与湖（水库）水面不同，必须对湖（水库）水面测得的 D_c 值进行修正，得到测点处仪器对宇宙射线的响应值 D_c。

宇宙射线响应值修正方法的修正公式如下：

$$D_c = \frac{D_宇}{D'_宇} \cdot D'_c \tag{2.7}$$

式中：D'_c——仪器在湖（水库）水面上对宇宙射线的响应值；

$\quad\quad D_c$——仪器在测点处对宇宙射线的响应值；

$\quad\quad D_宇$、$D'_宇$——分别为测点处和湖（水库）水面处宇宙射线电离成分在低大气层中产生的空气吸收剂量率，单位为 nGy/h。由以下经验公式计算：

$$D_宇 = \begin{cases} (I_0 + a)\exp(7.27 \times 10^{-5} \cdot h^{1.184}) \times 15.0 \\ a = \begin{cases} 0.009\,8\lambda_m, & \lambda_m > 13\ °N \\ 0.127, & \lambda_m \leqslant 13\ °N \end{cases} \end{cases} \tag{2.8}$$

式中：I_0——当 $\lambda_m = 0$、$h = 0$ 时的宇宙射线电离量值，单位为 I(离子对/(cm^3·s))，它随太阳 11 年活动周期而变化，1984—1989 年 6 年实测的平均值为(1.70±0.07)离子对/(cm^3·s)。

$\quad\quad h$——计算点的海拔高度，m。

$\quad\quad \lambda_m$——计算点的地磁纬度，°N；由计算点的地理纬度 λ 和地理经度 ϕ 按下式计算：

$$\sin \lambda_m = \sin \lambda \cdot \cos 11.7° + \cos \lambda \cdot \sin 11.7° \cdot \cos(\phi - 291°)$$

2.4.2 质量保证

1. 环境辐射监测质量保证机构

国家环保总局建立辐射环境监测质量保证制度：制备、分发标准物质；组织各实验室间的比对；对各实验室定期考核和核查，组织国内实验室参加国际的实验室比对工作；组织培训操作和管理人员；向各省实验室提供监测质量的技术服务。

各省环保局设立相应的质量保证小组，其任务是：定期检查本规范的落实情况，提出整改意见，并将实施情况报告国家环保质量保证机构；具体组织、落实国家质量保证机构下达的任务。

2. 监测人员素质要求

① 热爱辐射环境监测事业，具备良好的敬业精神，廉洁奉公，忠于职守。认真执行国家环境保护法规和标准。坚持实事求是的科学态度和勤奋学习的工作作风。

② 所有从事辐射环境监测的人员应掌握辐射防护的基本知识，正确熟练地掌握辐射环境监测中操作技术和质量控制程序，掌握数理统计方法。

③ 所有从事辐射监测的人员应执行环境监测合格证制度，参加国家环保总局组织的监

测、分析项目考试,合格者发给证书。做到持证上岗。

3. 计量器具和测量仪器的检定和检验

(1) 计量器具的检验

为保证监测数据的准确可靠,认真执行国家计量法,应对计量器具定期检验,实行标识管理。

(2) 监测仪器的检定

所有监测仪器每年应至少在国家计量部门或其授权的计量站检定一次。仪器检修后要重新检定,每次测量前后均须用检验源进行检验,误差在 15％ 以内时,对测量结果进行检验源修正;误差超过 15％ 时,应检查原因,进行重新检定。

4. 监测方法的适用和验证

原则上按 2.5.2 小节推荐的标准分析方法进行分析测量,如使用 HJ/T 61—2001《辐射环境监测技术规范》(即本章介绍的)以外的方法,必须做方法验证和对比实验,以证明该方法的主要技术参数、方法检出活度、精密度、准确度、干扰影响等与标准方法有等效性,并报国家环保总局批准后,方可作为监测方法。

5. 采样质量保证

严格按 2.3 节的要求进行布点、采样和对样品的管理。

6. 实验室内分析测量的质量控制

(1) 实验室基本要求

实验室应建立并严格执行的规章制度包括:监测人员岗位责任制;实验室安全防护制度;仪器管理使用制度;放射性物质管理使用制度;原始数据、记录、资料管理制度等。实验室应设有操作开放型放射性物质的基本设施和辐射防护的基本设备。实验室应保持整洁、安全的操作环境,应有正确收集和处置放射性"三废"的措施,严防交叉污染。

(2) 放射性标准物质及其使用

放射性标准物质是指经过国家计量监督部门发放或认定过的放射性标准物质;或者经过国际权威实验室发放或认定的放射性标准物质;抑或某些天然放射性核素的标准,可用高纯度化学物质来制备,如总 β 或 γ 射线谱仪测量的 ^{40}K 标准可用优级纯氯化钾制备。

用标准溶液配制工作溶液时,应作详细记录,制备的工作溶液形态和化学组成应与未知样品的相同或相近。在使用高活度标准溶液时,应防止其对低本底实验室的污染。

(3) 放射性测量装置的性能检验

放射性测量系统的工作参数(本底、探测效率、分辨率和能量响应等),按仪器使用要求进行性能检验,测量系统发生某些可能影响工作灵敏度的改变、做了某些调整或长期闲置后,必须进行检验。当发现某参数在预定的控制值以外时,应进行适当的校正或调整。

一个放射性计数装置,其本底计数满足泊松分布是它工作正常的必要条件,一旦明显偏离泊松分布,则其必然不处于正常工作状态。因此,要定期进行本底计数是否满足泊松分布的检验。这种检验每年至少进行一次,在用仪器进行批量测量前,以及新仪器或检修后正式使用前的仪器也应做此检验。对低水平测量装置进行泊松分布的检验方法是:首先计算统计量 X^2 值,可选一个工作日或一个工作单位(如完成一个或一组样品测量所需的时间)为检验的时间区间,在该时间区间内,测量 10～20 次相同时间间隔的本底计数。按下式计算统计量 X^2:

$$X^2 = \frac{(n-1)S^2}{N} \tag{2.9}$$

式中:n——所测本底的次数;

　　S——按高斯分布计算的本底计数的标准差;

　　N——n 次本底计数的平均值,也是按泊松分布计算的本底计数的方差。

将算得的 X^2 与 X^2 分布的 a 显著水平的分位数 $X^2_{(1-a/2),df}$ 和 $X^2_{a/2,df}$(a 为选定的显著性水平,如 $a=0.05$ 或 0.01;df 为 X^2 的自由度,为 $n-1$)进行比较,如 $X^2_{(1-a/2),df} \leqslant X^2 \leqslant X^2_{a/2,df}$,则表示可以按 $1-a$ 置信区间判断:未发现该装置本底计数不满足泊松分布,没有理由怀疑该装置工作不正常;如 $X^2 < X^2_{(1-a/2),df}$ 或 $X^2 > X^2_{a/2,df}$,则表示可以按 $1-a$ 置信水平判断,该装置本底计数不满足泊松分布,有理由怀疑该装置工作不正常,应进一步检查原因。X^2 分布的上侧分位数表见表 2.17。

表 2.17　X^2 分布的上侧分位数表

df ＼ a	0.995	0.99	0.975	0.95	0.05	0.025	0.01	0.005
1	0.039 3	0.015 7	0.098 2	0.003	3.84	5.02	6.63	7.88
2	0.100	0.020 1	0.050 6	0.103	5.99	7.38	9.21	10.60
3	0.717	0.115	0.216	0.352	7.81	9.35	11.34	12.84
4	0.207	0.297	0.484	0.711	9.49	11.14	13.28	14.86
5	0.412	0.554	0.831	1.145	11.07	12.83	15.09	16.75
6	0.676	0.872	1.237	1.635	12.59	14.45	16.81	18.55
7	0.989	1.239	1.690	2.17	14.07	16.01	18.48	20.3
8	1.344	1.646	2.18	2.73	15.51	17.53	20.1	22.0
9	1.735	2.09	2.70	3.33	16.92	19.02	21.7	23.6
10	2.16	2.56	3.52	3.94	18.31	20.5	23.2	25.2
11	2.60	3.05	3.82	4.57	19.68	21.9	24.7	26.8
12	3.07	3.57	4.40	5.23	21.0	23.3	26.2	28.3
13	3.57	4.11	5.01	5.89	22.4	24.7	27.7	29.8
14	4.07	4.66	5.63	6.57	23.7	26.1	29.1	31.3
15	4.50	5.23	6.26	7.26	25.0	27.5	30.6	32.8
16	5.14	5.81	6.91	7.96	26.3	28.8	32.0	34.3
17	5.70	6.41	7.55	8.67	27.6	30.2	33.4	35.7
18	6.26	7.01	8.23	9.39	28.6	31.5	34.8	37.2
19	6.84	7.63	8.91	10.12	30.0	32.9	36.2	38.6
20	7.43	8.26	9.59	10.85	31.4	34.2	37.6	40.0
21	8.03	8.90	10.28	11.59	32.7	35.5	38.9	41.4
22	8.64	9.54	10.98	12.34	33.9	36.8	40.3	42.8
23	9.26	10.20	11.69	13.09	35.2	38.1	41.6	44.2
24	9.89	10.86	12.40	13.85	36.4	39.4	43.0	45.6

续表 2.17

df \ a	0.995	0.99	0.975	0.95	0.05	0.025	0.01	0.005
25	10.52	11.52	13.12	14.61	37.7	40.6	44.3	46.9
26	11.16	12.20	13.84	15.38	38.9	41.9	45.6	48.3
27	11.81	12.88	14.57	16.15	40.1	43.2	47.0	49.6
28	12.46	13.56	15.31	16.93	41.3	44.5	48.3	51.0
29	13.12	14.26	16.05	17.71	42.6	45.7	49.6	52.3
30	13.79	14.59	16.79	18.49	43.8	47.0	50.9	53.7
40	20.7	22.2	24.4	26.5	55.8	59.3	63.7	66.8
50	28.0	29.7	32.4	34.8	67.5	71.4	76.2	79.5
60	35.5	37.5	40.5	43.2	79.1	83.3	88.4	92.0
70	43.3	45.4	48.8	51.7	90.5	95.0	100.4	104.2
80	51.2	53.5	57.2	60.4	101.9	106.6	112.3	116.3
90	59.2	61.8	65.6	69.1	113.1	118.1	124.1	128.3
100	67.3	70.1	74.2	77.9	124.3	129.5	135.8	140.2

也可以利用 1994 年第 41 期《辐射防护》李德平先生所写的"置信区间与探测下限"中的 σ/S_{n-1} 置信区间表,其中 σ 就是泊松分布标准差 $=N^{1/2}$,N 为本底的平均计数;S_{n-1} 是 n 次本底计数测量的单次高斯分布标准差,若 σ/S_{n-1} 值落在表中的置信区间内,则该装置本底计数满足泊松分布;若 σ/S_{n-1} 值落在表中的置信区间外,则表示可以按 $1-a$ 置信水平判断,该装置本底计数不满足泊松分布。

取自正常工作条件下代表实际的定时或定数计数的常规测量的本底或效率测量值 20 个以上(不要仅在一两天的一系列重复测量中收集的),由这些数据计算平均值和标准差,绘制质控图。之后每收到一个相同测量条件下的新数据,就把它点在图上,如果它落在两条控制线之间,则表示测量装置工作正常;如果它落在控制线之外,则表示装置可能出了一些故障,但不是绝对的,此时需要立即进行一系列重复测量,予以判断和处理。如果大多数点落在中心线的同一侧,则表明计数器的特性出现了缓慢的漂移,需对仪器状态进行调整,重新绘制质控图。

(4)放化分析过程的质量控制

实验室内的质量控制是通过质量控制样品实施的,质量控制样品一般包括平行样、加标样和空白样。质量控制样品的组成应尽量与所测量分析的环境样品相同,其组分的浓度尽量与环境样品相近,其待测组分浓度应波动不大。

一次平行测量至少测定两个空白实验值,平行测量的相对偏差一般不得＞50％,应将所测两个空白实验值的均值点入质控图中进行控制。

有质量控制样品并绘有质控图的项目,根据分析方法和测定仪器的精度、样品的具体情况以及分析人员的水平,随机抽取 10％～20％的样品进行平行双样测定。当同批样品数量较少时,应适当增加班样测定率。将质量控制样品的测定结果点入质量控制图中进行判断。无质量控制样品和质量控制图的监测项目,应对全部样品进行平行双样测定。环境样品平行测定所得相对偏差不得大于标准分析方法规定的相对标准偏差的 2 倍。全部平行双样测定中的不合格者应重新做平行双样测定;部分平行双样测定的合格率＜95％时,除对不合格者应重新做平行双样测定外,还应增加测定 10％～20％的平行双样,如此累进,直至总合格率≥95％为止。

根据分析方法、测定仪器、样品情况和操作水平,随机抽取 10％～20％的样品进行加标回收率测定。满足下列条件的认为合格:① 有准确度控制图的监测项目,将测定结果点入图中进行判断;无此控制图者其测定结果不得超出监测分析方法中规定的加标回收率范围。② 监测分析方法无规定范围的,则可规定其目标值为 95％～105％。

在分析测量样品时,还可由质控人员在待测样品中加上分析测量人员不知道的已知含量的样品("盲样"),与待测样品同步分析。质控人员根据报出的测量结果与加入的已知量比较,根据符合程度估计该批样品分析结果的准确度。

7. 实验室间的质量控制

实验室间质量控制的目的是为了检查各实验室是否存在着系统误差,找出误差来源,提高实验室的监测分析水平。

为了减少各实验室的系统误差,使所获数据具有可比性,在进行环境监测及实施质量控制中,推荐使用统一规定的分析方法。对各实验室,应以统一方法中规定的检测限、精密度和准确度为依据,控制和评价实验室间的分析质量。

由国家环境保护总局认可的高级实验室负责实验室质量考核,根据所要考核项目的具体情况和有关内容制定出具体的实施方案。考核方案一般应包括参加单位、测定项目、分析方法、统一程序以及结果评定。通过考核,各实验室可以从中发现所存在的问题,以便及时纠正。分析测量人员持考核合格证上岗。

为了检查实验室间是否存在系统误差,还可不定期地组织有关实验室进行对比,如发现问题,应及时采取必要的改正措施。

8. 数据处理中的质量控制

每个样品从采样、预处理、分析测量到结果计算的全过程,都要按本规范规定的格式和内容,清楚、详细、准确地记录,不得随意涂改。

着手分析数据以前,要对原始数据进行必要的整理。先逐一检查原始记录是否按规定的要求填写完全、正确。如发现有计算或记录错误的数据,要反复核算后予以订正。

在数据处理中,必须按本规范规定的方法,对假设、计算方法、计算结果进行复审。复审是由两人独立地进行计算或者由未参加计算的人员进行核算。审核无误后,由审核人签字。

计算机程序的验证材料、操作人员的资格、质量保证计划的核查等资料应全部归档。所有的监测记录和质量保证编制文件都应妥善保存,一般应保存到核设施停止运行后十年至几十年,环境监测的结果应长期保存。

2.4.3 辐射环境质量报告

1. 辐射环境质量年报

各省、自治区、直辖市辐射环境监测(监理)机构每年编报本辖区内的辐射环境质量年报,并于次年 2 月底前上报国家环境保护总局。

辐射环境质量年报有相对固定的格式,主要包括前言、概况、辐射环境监测方案、质量保证、监测结果、辐射环境质量监测结论等几个方面。辐射环境质量年报的一般格式如下:

一、前　言

二、概　况

　　1. 辐射环境监测机构

　　2. 监测仪器设备

　　3. 辐射环境监测内容

三、辐射环境监测方案

　　1. 辐射污染监测方案

　　2. 辐射环境质量监测方案

四、质量保证

五、监测结果

　　1. 辐射污染源监测结果

　　2. 辐射环境质量监测结果

六、辐射环境质量监测结论

其中应包括辐射环境监测结果的评价、环境辐射水平变化趋势分析、存在问题的探讨等。

辐射环境质量年报对于监测方案、质量保证、监测结果及样品数量等各个方面都给出了具体的要求,主要如下:

（1）监测方案

用表格等方式列出监测方案,其中包括监测对象、项目、频次、采样点数、监测方法、仪器设备和探测限等。绘出监测采样点位分布示意图。

（2）质量保证措施

用文字详细叙述环境监测质量保证的主要措施,并用具体统计数字、表格等形式给出实施质量保证措施取得的成绩。

（3）监测结果

对监测结果需列出样品数、测值范围、平均值、标准差和置信区间;单个样品的测量值需给出单次测量的标准差。在给出拟合曲线图、不同时间或不同地点的环境样品比活度的比较图上,均要画出各点或各样品测量值的置信区间。

（4）结果异常

发现监测结果有异常时应分析其原因并说明处理结果。

此外,在表达环境辐射水平的最终结果时,除给出平均值外,还应给出其置信区间和样品数。给出所测样品比活度的置信区间,既包括了测量结果与本底或某一其他时间或地点测量结果的显著性检验结果,又能示出真值的上、下置信限,与某一设定值（如管理限值或长期多次测量得到的本底平均值）差异的程度,称为总体均值的置信区间。

能包含在置信区间中的总体参数的概率称为置信水平,通常以 $1-a$ 表示,a 为一很小的概率,称为显著性水平。置信水平取值的大小反映了置信区间估计的精度,应根据专业知识、实际经验以及被研究对象的位置确定置信水平。在环境监测中,最常用的置信水平为 0.95,根据不同情况,有时也用 0.90 与 0.99。

总体（遵从正态分布）均值的区间估计可按以下步骤进行:

① 计算一组测量值的平均值 $\overline{X}$,按高斯分布计算标准差 S 和自由度 $f=n-1$,n 是样品数。

② 确定置信水平为 $1-a$，由 a 从表2.18中查得临界值 $t_a(f)$。

③ 计算 δ：$\delta = \dfrac{t_a(f)S}{\sqrt{n}}$。

④ 在 $1-a$ 的置信水平下，总体均值 μ 的置信区间为 $[X-\delta, X+\delta]$。

表 2.18　t 分布的双侧分位数 t_a 表

f \ a	0.20	0.10	0.05	0.02	0.01	0.001
1	5.078	5.314	12.706	63.657	63.657	636.619
2	1.886	2.920	4.303	9.925	9.925	31.598
3	1.638	2.353	3.182	5.841	5.841	12.941
4	1.533	2.132	2.776	4.604	4.604	8.610
5	1.476	2.015	2.571	4.032	4.032	6.859
6	1.440	1.543	2.447	3.707	3.707	5.959
7	1.415	1.895	2.365	3.499	3.499	5.405
8	1.397	1.860	2.306	3.355	3.355	5.041
9	1.383	1.833	2.262	3.250	3.250	4.781
10	1.372	1.812	2.228	3.169	3.169	4.587
11	1.363	1.796	2.201	3.106	3.106	4.437
12	1.356	1.782	2.179	3.055	3.055	4.318
13	1.350	1.771	2.160	3.012	3.012	4.221
14	1.345	1.761	2.145	2.977	2.977	4.140
15	1.341	1.753	2.131	2.947	2.947	4.073
16	1.337	1.746	2.120	2.921	2.921	4.015
17	1.338	1.740	2.110	2.898	2.898	3.965
18	1.330	1.734	2.101	2.878	2.878	3.922
19	1.328	1.729	2.093	2.861	2.861	3.883
20	1.325	1.725	2.086	2.845	2.845	3.850
21	1.323	1.721	2.080	2.831	2.831	3.819
22	1.321	1.717	2.074	2.819	2.819	3.792
23	1.319	1.714	2.069	2.807	2.807	3.767
24	1.318	1.711	2.064	2.797	2.797	3.745
25	1.316	1.708	2.060	2.787	2.787	3.725
26	1.315	1.706	2.056	2.779	2.779	3.707
27	1.304	1.703	2.052	2.771	2.771	3.690
28	1.313	1.701	2.048	2.763	2.763	3.674
29	1.311	1.699	2.045	2.756	2.756	3.659

续表 2.18

f ＼ a	0.20	0.10	0.05	0.02	0.01	0.001
30	1.310	1.3697	2.042	2.750	2.750	3.646
40	1.303	1.684	2.021	2.704	2.704	3.551
60	1.296	1.671	2.000	2.660	2.660	3.460
120	1.289	1.658	1.980	2.617	2.617	3.373
∞	1.282	1.645	1.960	2.576	2.576	3.291

2. 污染事故报告

（1）初始报告与定期定时报告

对核事故、辐射事故或突发放射性污染事件，必须立即开展事故监测或应急监测，并迅速向上级主管部门报告。

初始报告要求在事故发生后就立即报告。定期定时报告要求事故发生后每隔 24 小时报告一次，直至污染得到有效控制、污染水平明显降低为止。

（2）污染事故报告内容

① 污染事故的性质与类型。

② 放射性物质排放的成分和数量。

③ 主要环境介质的污染水平及污染范围。

④ 居民受照剂量的估算。

⑤ 事故发生后所采取的控制污染措施和辐射防护措施。

（3）建立污染事故技术档案

对伴有辐射设施出现的辐射事故或突发放射性污染事件，必须建立专门的技术档案。对规模大、污染严重或影响范围广的事故，事故处理后应建立长期监测和观察的技术档案。

3. 辐射环境质量报告的形式

辐射环境质量报告由书面形式报告逐步过渡到以电子版形式报告。以电子版形式上报的辐射环境质量报告，应同时附一份报告的纸质文件，以备存档。下面为一些环境监测用表的格式（见表 2.19～表 2.36），可供参考。

表 2.19　机构设置与人员统计表

科室名称 （人数）	专业 （人数）	管理、监测、 其他(人数)	老、中、青 （人数）	文化程度 （人数）	职称 （人数）	备　注
全站(所)总计 （人数）						

注：非独立建制的仅填从事辐射监测的科室。

表 2.20　监测仪器、设备配置统计表

仪器设备名称	数量/台	生产厂	使用情况	备　注

表 2.21　污染源监测方案

监测对象	项目或核素	频　次	点位数	分析测试方法	仪器型号	探测限

表 2.22　辐射环境质量监测方案

监测对象	项目或核素	频　次	监测点数	分析测试方法	仪器型号	探测限

表 2.23　质量保证实施情况

序　号	质量保证措施	数量(台、次、个)	结　果
1	仪器外检		
2	仪器自检		
3	仪器刻度		
4	质控图		
5	平行双样		
6	加标样		
7	盲样		
8	比对		
9	其他		

表 2.24　γ 辐射空气吸收剂量率监测结果（单位：nGy/h）

监测地名	频次（次/年）	监测点数	测值范围	平均值	标准差	备　注

注：① 测值是否已扣除仪器对宇宙射线的响应值，请说明。

　　② 污染源监测与环境质量监测请分表填写，以下表格相同。

表 2.25　γ 辐射累积剂量监测结果（单位：nGy/h）

监测地名	频次（次/年）	监测点数	测值范围	平均值	标准差	备　注

表 2.26　气溶胶总 α、总 β（或及 β/总 α 计数比）^{90}Sr、^{137}Cs 放射性活度监测结果（单位：mBq/m³）

监测地名	频次（次/年）	监测点数	监测项目	测值范围	平均值	标准差	备　注

注：采样结束放置 4 天开始测量。请注明采样结束至开始测量的间隔。

表 2.27　沉降物总 β、^{90}Sr、^{137}Cs 放射性活度监测结果（单位：mBq/（m² · d））

监测地名	频次（次/年）	监测点数	监测项目	测值范围	平均值	标准差	备　注

表 2.28　空气中氡及其子体 α 潜能浓度监测结果

监测地名	频次(次/年)	监测点数	氡浓度(Bq/m³)	氡子体 α 潜能浓度(nJ/m³)

表 2.29　空气中氚(HTO)浓度监测结果(单位:Bq/L(H₂O))

监测地名	频次(次/年)	监测点数	测值范围	平均值	标准差	备　注

表 2.30　降水中放射性核素(^{3}H、^{90}Sr、γ 核素)浓度监测结果(单位:Bq/L)

监测地名	频次(次/年)	监测点数	监测项目	测值范围	平均值	标准差	备　注

表 2.31　地表水放射性核素(^{3}H、^{90}Sr、γ 核素)浓度监测结果(单位:mBq/L)

河流(或样品)名	河段(或采样点)	频次(次/年)	监测点数	监测项目	测值范围	平均值	标准差	备　注

表 2.32　地下水放射性核素(^{3}H、^{90}Sr、γ 核素)浓度监测结果(单位:mBq/L)

样品名	采样地点	频次(次/年)	采样点数	监测项目	测值范围	平均值	标准差	备　注

表 2.33　饮用水放射性核素（总 α、总 β、³H、⁹⁰Sr、γ 核素）浓度监测结果（单位：mBq/L）

样品名称	采样地点	频次（次/年）	采样点数	监测项目	测值范围	平均值	标准差	备　注

表 2.34　海水放射性核素（³H、⁹⁰Sr、γ 核素）浓度监测结果（单位：mBq/L）

样品名称	采样地点	频次（次/年）	采样点数	监测项目	测值范围	平均值	标准差	备　注

表 2.35　土壤、底泥、潮间带土放射性核素（⁹⁰Sr、γ 核素）浓度监测结果（单位：Bq/kg（干重））

样品名称	采样地点	频次（次/年）	采样点数	监测项目	测值范围	平均值	标准差	备　注

表 2.36　生物样品放射性核素（⁹⁰Sr、γ 核素等）浓度监测结果（单位：Bq/kg（鲜重））

样品名称	频次（次/年）	采样点数	监测项目	测值范围	平均值	标准差	备　注

2.5　医疗核设施辐射环境监测

由于放射性核素自从被发现起，就应用于疾病的诊断和治疗方面，所以医学与"核"就有百年的不解之缘。如医院的 X 射线机、CT 和 SPECT 等一系列的检查设备和放疗设备，均为患者疾病的诊治提供了极大的帮助，许多设备更是目前医疗检查和治疗肿瘤方面不可缺少的设备。如 X 射线机就是利用 X 射线的穿透作用和不同物质对于 X 射线吸收量的不同而作为检查人体内部结构的设备之一,它是临床医学上应用最久、对于疾病诊断发挥的作用最大的一种检查设施,它使疾病的诊断从表面深入到人体内部,使诊断的清晰度、特异性明显提高,从而挽救了更多人的生命。目前,不同用途的X射线机仍是各大医院主要的诊疗设备,如介入诊疗、心脑血管造影、骨科诊疗等方面所采用的不同X射线机一直发挥着极其重要的作用。

在治疗方面,放射性核素发挥的作用也毫不逊色,如肿瘤治疗的三大手段之一——放疗就是其最典型的体现。放疗,顾名思义就是采用放射性治疗,采用的手段是利用放射性,如X射线、α射线、β射线、γ射线对疾病,特别是肿瘤进行治疗,在肿瘤治疗方面发挥着巨大的作用。它会是过去、现在和将来在肿瘤治疗方面最为出色、最为有效的手段。

目前医院核技术医用项目主要有:CT与ECT(γ相机、PET、SPECT)、γ远距治疗室、核医学科(放射性同位素药物治疗)、后装机、加速器、DSA、碎石机、牙片机、数字胃肠机、DR、骨密度仪、乳腺钼靶机等。大型综合医院因为涉及的核技术应用项目种类较多,并且医用核技术项目分布较散,加之放射性服药人员具有移动流动性,对此类医院开展核技术应用项目的辐射检测往往比较复杂。其中,使用放射性同位素药物的核医学科因为药物的粘连和洒落,由医务人员和病人将其扩散到外,危害严重;由于输出剂量率和能量比较高,还有防护门的吊装有疏漏等原因,DSA(数字减影血管造影)、加速器、伽马刀等仪器科室的辐射泄漏超标时有存在。加速器、伽马刀的环境辐射泄漏剂量大、能量高,对人的危害较大,但是由于伽马刀利用^{60}Co作为放射源,而放射源的管理繁琐而严格,所以现在只有极少数的医院装配伽马刀,而加速器和DSA的应用很广泛,所以本节将针对加速器和DSA这两项进行探讨。

2.5.1 加速器与伽马刀的发展历程

1. 加速器的发展历程

医用直线加速器是产生高能电子束的装置,当高能电子束与靶物质相互作用时产生韧致辐射,即X射线,其最大能量为电子束的最大能量。医用直线加速器既可利用电子束对患者病灶进行照射,也可利用X射线束对患者病灶进行照射,杀伤肿瘤细胞。目前,比较常用的是直线加速器,常用X射线能量为6 MeV和15 MeV这两个挡位。表2.37为国内外广泛应用的医用加速器的部分参数。

表 2.37 国内外广泛应用的医用加速器的部分参数

型　　号		HJ-6B	WDE-14C	SLIPRECISE	SIMENS PRIMUS	SLIXAC
厂　　家		北京医疗器械研究所	中国威达	瑞士医柯达	德国西门子	美国瓦里安
X射线性能	能量/MeV	6、8、10	6、15	4、6、8、10、15、18、25	6～18	6、10、16、23、25
	剂量率	≥200 cGY/min	250～300 cGY/min	20～600 MC/min	>300 MU/min	100～600（六挡可调）
	最大照射野/cm²	40×40	40×40	40×40	40×40	40×40
	平坦度/%	—	—	≤±5	≤±3	≤±3
	半影/mm	—	—	<8	<8	<9
	漏射率/%	<0.1	<0.1	<0.1	<0.1	<0.1

续表 2.37

型　号		HJ－6B	WDE－14C	SLIPRECISE	SIMENS PRIMUS	SLIXAC
电子线性能	能量/MeV	6、8、10、12、14	5～14	4、6、8、10、12、15、18、20、22	6～21（六挡可调）	4、6、9、12、15、16、18、20、22
	剂量率	400 cGY/min	300～500 cGY/min	25～400 cGY/min	≥300 MU/min	100～600、1 000（七挡可调）
	平坦度/%	—	—	±3	≤±3～6	±5
	X射线污染	—	—	4～15 MeV 3%＞15 MeV 5%	＜10 MeV ≤2%＞10 MeV ≤5%	＜10 MeV ≤2%＞10 MeV ≤5%
机械参数	等中心高度/cm	100	1 340	124	＞130	129.5
	机架运行/(°)	±180	±180	365	≥180(双向旋转)	±180
	微波功率源	磁控管	磁控管	磁控管	速调管	速调管
	加速管	驻波	驻波	行波	驻波	驻波

　　1953 年,英国第一台医用电子直线加速器研制成功,同年就在 Hammersmlth 医院安装了一台 8 MeV 的电子直线加速器,用于临床治疗恶性肿瘤。由于电子射线和 X 射线均有足够高的输出量,从而将照射野逐步扩大(一般可达 40 cm×40 cm)。在采用偏转系统后,按等中心安装更便于医疗使用。由于加速器制造技术的发展,直线加速器的能量不仅可以达到 20 MeV,甚至可以更高,而且可以产生双能甚至三能的 X 射线,并能提供能量多挡可变的电子束,做到一机多用,对于不同性质、不同深度的肿瘤,做到有选择性地进行治疗。

　　目前医用加速器的检测方法多数采用环机房的关键点测量,其中因为医用直线加速器属于Ⅱ类放射装置,其相邻上下层的对应位置也需要测量。

2. DSA 的发展历程

　　数字减影血管造影,简称 DSA,是通过电子计算机进行辅助成像的血管造影方法,是 20 世纪 70 年代以来应用于临床的一种崭新的 X 射线检查技术。它是应用计算机程序进行两次成像完成的。在注入造影剂之前,首先进行第一次成像,并用计算机将图像转换成数字信号储存起来。注入造影剂后,再次成像并转换成数字信号。两次数字相减,消除相同的信号,得知一个只有造影剂的血管图像。这种图像较以往所用的常规脑血管造影所显示的图像更清晰和直观,一些精细的血管结构亦能显示出来。

　　早在 60 年代初,就有 X 射线机与影像增强器、摄像机和显示器相连接的系统。60 年代末在影像增强器结构上开发了碘化铯输入荧光体。由于计算机技术和 X 光技术的发展,在 80 年代初,开始了在 X 射线电视系统的基础上,利用计算机对图像信号进行数字化处理,使模拟视频信号经过采样模/数转换(A/D)后直接进入计算机进行存储、处理和保存,此即为数字 X 射线成像。这项技术促成了专门用于数字减影血管造影临床应用的设备——DSA 系统产品的诞生。

　　DSA 的出现使得血管造影临床诊断能够快速、方便地进行,也促进了血管造影和介入治疗技术的普及和发展。20 世纪 70 年代中、后期,DSA 由美国的威斯康星大学的 Mistretta 组和亚利桑纳大学的 Nadelman 组首先研制成功,于 1980 年 11 月在芝加哥召开的北美放射学会上公布于世。1981 年在布鲁塞尔国际放射学会上,DSA 被认为是继 CT 之后医学影像学的又一重大突破。DSA 和其他数字放射学技术的开发、应用,是 1895 年 X 射线发现以来,与 CT 和磁共振成像(MRI)同为现代医学影像学的三大主要进展。我国于 1984 年引进 DSA 设备,1985 年初应用于临床,其后迅即推广至全国大、中城市的许多医疗和教研机构。

近年来由于 DSA 硬、软件的改进,时间和空间分辨率以及图像质量明显提高,DSA 已普遍应用于心脏和血管系统,以及全身各部位、脏器相关疾病的诊断检查,尤其对大血管和各系统血管及其病变的诊断检查已基本上取代了普通血管造影,加之介入放射学的进展,进一步推动了 DSA 的临床应用及普及范围。近年来,MRA 和 CTA 进展迅速,进一步提高了 MR 血管造影的诊断水平和扩大了应用范围。最近 DSA 设备在成像中已采用旋转采像方式,结合工作站可进行三维成像、血管内镜成像等,对病灶也可作定量分析,影像增强器亦将逐步由直接数字 X 光成像板(DR)代替,同时又采取诸多措施降低了 X 射线剂量,更有利于 DSA 在影像学诊治领域的普遍应用。

DSA 不仅为诊断服务,而且为疾病治疗提供了先进的手段。DSA 常应用于介入治疗,采用绘制路径图的方法,能指导术者快速正确地操作;ECG 触发脉冲的影像采集方式对运动部位清晰成像有独到之处;峰值保持采集方式可提高影像的信噪比;对于运动部位的 DSA 成像,采用动态 DSA 技术(即在采集影像的过程中,X 射线管、检查床和探测器做规则运动)可大大减轻伪影,常见的是电影减影、旋转血管造影、造影剂跟踪造影、步进式血管造影、自动最佳角度定位等。

DSA 设备降低剂量的措施一直在不断改进,目前的主要措施有:数字脉冲透视技术,可有效减少剂量;全自动滤波选择,采用多种规格的铜滤片,根据需要自动切换,达到最佳的滤过效果,同时最大程度地减少放射线剂量;自动剂量监测系统,在信息屏幕上实时显示测量到的剂量表面积乘积和病人累计剂量,供医生参考。天花板悬吊式防护屏和床旁折叠式防护铅帘,可减少医生接受的散射线;另外,透视循环回放功能和自动曝光控制也可有效降低剂量。相关配套设施要根据实际需要进行配置,根据目前介入诊疗手术的发展以及复合手术室的出现,一般通用型大型平板 DSA 应配备高压注射器、激光相机、手术无影灯、心电监护、双向对讲系统、控制室操作台、专用维护工具等设施。

2.5.2 电子加速器机房辐射环境监测

1. 加速器机房介绍

电子加速器机房由照射室、迷道(L 形或 V 形)、控制室、辅助机房和候诊室组成。在照射室内电子加速器的安装位置一般是机头回转面与迷道平行(P 形)或与迷道垂直(V 形)。加速器房的屏蔽材料大都采用普通砼(2.35 g/cm³)和重晶石砼(3.2 g/cm³),个别的用碎铁块砼(3.5 g/cm³)。图 2.1 为加速器机房布局及其监测点示意图。

加速器机房的防护通常针对 X 射线束,只要满足了对 X 射线束的防护要求,也就满足了对电子束的防护要求。

2. 加速器的辐射污染物

医用直线加速器是产生高能电子束的装置,当高能电子束与靶物质相互作用时产生韧致辐射,即 X 射线,其最大能量为电子束的最大能量。当加速器产生的 X 射线能量高于 10 MeV

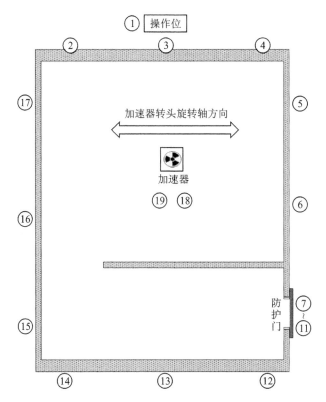

图 2.1　加速器机房布局及其监测点示意图

时,需要考虑中子的产生,以及在迷道入口(即防护大门)测量中子剂量率。

主要辐射污染物:电子直线加速器项目主要的污染因素是高能 X 射线(透射射线及散射射线)对周围环境的辐射影响。

3. 加速器辐射监测方法

本节监测分别选取了常州市第一人民医院、常州市第二人民医院、常州市肿瘤医院、徐州市中心医院、中国人民解放军第 515 医院、无锡市第二人民医院的 6 座加速器机房。

图 2.1 中的数字标示出了加速器机房的各个监测点。图中南北方向防护墙为加厚的主屏蔽,箭头方向为加速器放射射线时转头的旋转轴方向,即东西向,图中数字点为 X - γ 剂量监测点位置,其中⑦～⑩对应防护大门的底、南、北、顶缝的监测点,⑪为防护大门中部表面的监测点,⑱为加速器楼上对应位置的监测点,⑲为加速器楼下对应位置的监测点。

以图 2.1 中各监测点位置为依据,在加速器机房外墙及防护大门表面 30 cm 处布置监测点,其中,⑱处测量加速器楼上对应位置的地面环境辐射,⑲处测量加速器楼下对应位置人体头部高度处位置的环境辐射,分别在加速器关机和开机的不同工况能量下监测 X - γ 剂量率;当加速器工况能量大于 10 MeV 时,需要测量中子剂量率,方法为在①、⑥、⑬、⑯、⑱、⑲处表面用 BH3105 型高灵敏中子剂量当量仪监测中子剂量率,每个监测点记录 10 个数据,剔除异常数据后,取其平均值。

4. 常见的检测仪器

在 X - γ 射线的实际测量中存在着很多干扰,主要是因为天然辐射本底的存在,且天然辐射本底水平的改变因素多种多样。

FH40G 型便携式 X-γ 剂量率仪(见图 2.2)采用的 NBR 技术是基于有机闪烁体的一种探测人工辐射的方法。γ 辐射与有机闪烁体作用时主要生成康普顿散射,分辨率较差,对能谱细节不灵敏。天然 γ 辐射本底的脉冲幅度分布谱几乎不变,形成一种特征参考脉冲幅度分布,NBR 技术正是利用这个特征,作为判断有无人工辐射源的参考参数。在实际测量中,若此参考参数明显偏离天然本底值,即可判为有人工 γ 辐射源存在。FH40G 仪器的主要性能参数如下:

测量范围:1 nSv/h～100 μSv/h;能量范围:36 keV～1.3 MeV;角度依赖性:$-75°$～$+75°$ 之间纵轴方向的单位内角度变化小于 20%;探测器灵敏度:2.0 Imp/μSv/h;读数出错率:Typical $<5\%$,max. 20%,在 ^{137}Cs radiation($E = 662$ keV)。

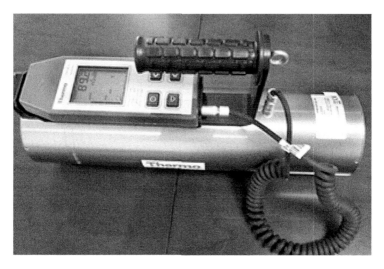

图 2.2 FH40G 型便携式 X-γ 剂量率仪图

BH3105 型高灵敏中子剂量当量仪(见图 2.3)采用中子剂量生物等效调整法——吸收棒法,金属镉(Cd)的热中子俘获截面很大,约为 $3×10^{-25}$ m²;而快中子俘获截面又极小,在中子慢化体内,沿表面层径向插入多根镉棒。镉棒按长度分为三层,这样的结构使入射中子在到达中心探测器的整个过程中,不断经历慢化或扩散:入射中子的慢(热)中子经历三层吸收、中能中子经历两层吸收、快中子经历极少可能被吸收的"微分"探测过程。

图 2.3 BH3105 型高灵敏中子剂量当量仪图

仪器的主要性能参数如下：

重复性误差：±5%；量程：0.1～1×10⁴ μSv/h；能量响应区间：$2.5×10^{-8}$～14 MeV；方向响应：<7%；中子灵敏度：$10 s^{-1}/(μSv·h^{-1})$。

5. 加速器机房辐射安全评价标准

根据我国国家职业卫生标准《电子加速器放射治疗放射防护要求》(GBZ 126—2011)，在加速器迷宫门处、控制室和加速器机房外墙外 30 cm 处的剂量当量率应不大于 2.5 μGy/h。

国际原子能机构(International Atomic Energy Agency，IAEA)安全丛书中对核技术应用项目提出了剂量率建议值：7.5 μSv/h，最好 2.5 μSv/h(在加速器评价中，加速器发射出的 X、γ 和电子射线，其品质因子 WR 均为 1，此时 Gy 值等于 Sv 值)。因此，在本节研究中，取 2.5 μSv/h 为环境 X-γ 剂量率的最大上限，超过则为超标。

江苏省环境 X-γ 剂量率本底范围为 30～130 nSv/h。关于职业照射的年有效剂量限值：连续 5 年年有效剂量为 20 mSv；任何一年中的有效剂量为 50 mSv。关于公众照射的年有效剂量限值：年有效剂量为 1 mSv；特殊情况下，如果连续 5 年的年平均有效剂量不超过 1 mSv，则某一单一年份的年有效剂量可提高到 5 mSv。

6. 加速器机房辐射检测与分析

未开机时检测所得辐射环境本底结果及采用射线能量为 6 MeV 和 10 MeV 时检测所得环境 X-γ 剂量率结果见表 2.38。

表 2.38　加速器机房环境辐射本底值与开机工况环境辐射值表

nSv/h

监测点	常州市第一人民医院	常州市第二人民医院	常州市肿瘤医院	中国人民解放军第 515 医院	无锡市第二人民医院	徐州市中心医院
①	97/107/107	81/104/104	96/107/117	99/99/99	98/98/98	85/103/103
②	99/115/118	92/106/106	92/117/117	96/101/101	89/89/89	97/107/107
③	81/107/104	82/108/108	80/103/103	86/103/103	96/96/96	82/108/106
④	89/89/83	98/112/112	86/113/113	80/107/107	87/87/87	89/113/110
⑤	85/85/87	85/107/107	93/101/101	98/102/102	93/93/93	88/105/108
⑥	86/74/77	81/110/110	84/121/121	87/122/127	86/86/86	92/99/99
底缝⑦	94/133/135	98/131/135	90/129/133	84/129/145	88/102/101	95/95/95
南缝⑧	91/111/118	88/133/137	95/124/128	86/128/128	85/110/113	91/105/106
北缝⑨	84/121/126	81/135/141	82/133/138	89/129/127	84/104/105	93/117/119
顶缝⑩	89/107/110	84/134/143	92/101/113	81/131/133	96/109/110	86/118/116
中心⑪	92/101/105	83/135/138	95/105/107	93/108/107	99/99/100	94/108/103
⑫	83/91/98	99/117/117	85/132/132	96/111/111	89/89/89	96/108/108
⑬	89/96/93	88/102/102	89/105/105	87/125/133	93/93/93	82/106/106
⑭	90/103/100	80/103/103	84/103/103	97/97/100	94/94/94	81/114/114
⑮	89/93/90	96/107/107	83/115/115	95/98/109	96/96/107	84/105/105
⑯	87/87/88	81/114/114	84/111/111	86/102/102	98/98/98	85/106/106
⑰	86/99/99	81/116/124	85/98/98	95/109/109	88/88/88	87/103/103

监测点	常州市第一人民医院	常州市第二人民医院	常州市肿瘤医院	中国人民解放军第515医院	无锡市第二人民医院	徐州市中心医院
⑱	82/93/93	85/97/97	98/104/104	80/99/99	86/107/116	85/98/98
⑲	98/92/92	84/93/93	95/102/102	84/98/98	98/105/118	82/106/106

注:表中数据的第一部分数值代表本底值,第二部分数值代表开机工况 6 MeV 环境辐射值,第三部分数值代表开机工况 10 MeV 环境辐射值。

对比加速器机房环境辐射本底值和开机工况时的环境辐射值可以看出,当 X 射线能量不高(6 MeV)时,加速器机房对辐射的屏蔽防护有良好的性能,各点辐射剂量接近天然 γ 辐射本底水平。对比开机工况 X 射线能量为 6 MeV 和 10 MeV 所测得的环境辐射值,可以看出,尽管 X 射线能量提高了(10 MeV),操作室内环境 X - γ 剂量率与 X 射线能量为 6 MeV 时的基本相等,与未开机时测得环境 X - γ 剂量率相比提升不高,而其余区域环境 X - γ 剂量率稍有提高,其中防护大门的除中心外的四条缝处,监测点的 X - γ 剂量率有明显提高。

根据有关人员(机房外)年有效剂量估算,估算公式如下:

$$H = Dr \times t$$

式中,H 为年有效剂量,单位为 Sv/a;Dr 为剂量率,单位为 Sv/h;t 为年照射时间,取值 365×24 h(即 1 年)。加速器机房外医院工作人员、病人、探病访问人员的最大辐射年有效剂量见表 2.39。

表 2.39　相关人员最大辐射年有效剂量表

停留人员描述	停留因子	最大辐射剂量/(nSv·h⁻¹)	最大年有效剂量/(mSv·a⁻¹)
操作室内工作人员	$T=1$	107/117	0.037/0.040
防护大门停留人员	$T=1$	133/145	0.046/0.050
南墙停留人员	$T=1/16$	125/133	0.003/0.003
东墙停留人员	$T=1/16$	122/127	0.003/0.003
西墙停留人员	$T=1/16$	116/124	0.003/0.003
相应位置上层停留人员	$T=1/16$	107/116	0.002/0.002
相应位置下层停留人员	$T=1/16$	106/118	0.002/0.002

注:表中数据的第一部分为开机工况 6 MeV 辐射环境,第二部分为开机工况 10 MeV 辐射环境。

停留因子是一个评价人员停留时间的重要参数。操作室内长时间有工作人员停留,停留时间所占比重很大,其停留因子取值 1;防护大门外等待的病人和各类流动人员停留时间亦很长,停留因子取值 1;其余区域停留因子取值 1/16。

在 6 MeV 的 X 射线能量下,所有相关人员的最大年辐射有效剂量均低于 1 mSv/a,符合安全标准。而在各个区域中,防护大门外相关人员的年有效剂量最大,为 0.046 mSv/a;其次是操作室内工作人员的年有效剂量,为 0.037 mSv/a;其余区域的停留人员年辐射有效剂量均很低,不需要考虑环境辐射对停留人员的伤害。年辐射有效剂量较高的操作室及防护大门的停留人员剂量值亦远低于 1 mSv/a。可以认为,所选取的加速器机房在 6 MeV 的照射能量下有完全防护射线的能力。

在 10 MeV 的 X 射线能量下,尽管东墙、南墙、西墙和相应位置上下层处检测得到的环境 X－γ 剂量率有所提高,但由于其停留因子过小,年有效剂量率并没有明显提高;而操作室内 X－γ 剂量率并没有明显提高,但由于停留因子比较大,其年有效剂量相对于东墙、南墙、西墙和相应位置上下层处的停留人员有一个相当的提高,但与 6 MeV 的 X 射线能量下测得数据 0.037 mSv/a 相比,0.040 mSv/a 没有明显提高。在所有区域中,防护大门外测得的 X－γ 剂量率有明显提升,为 145 nSv/h,而其停留因子较大,为 1,导致防护大门外的停留人员的年有效剂量与 6 MeV 的 X 射线能量下测得数据 0.046 mSv/a 相比明显增大,为 0.050 mSv/a。

从表 2.38 可以看到,常州市第一人民医院、常州市第二人民医院、常州市肿瘤医院、徐州市中心医院、中国人民解放军第 515 医院、无锡市第二人民医院所选加速器机房除防护大门外的各个区域的 X－γ 剂量率在 10 MeV 与 6 MeV 两个 X 射线能量下没有明显增大,但所选机房的防护大门外的 X－γ 剂量率在三个 X 射线能量(未开机、6 MeV 和 10 MeV)下有一定的提高,同时所选常州市第一人民医院、常州市第二人民医院、常州市肿瘤医院的加速器机房的防护大门外 X－γ 剂量率在 10 MeV 的 X 射线能量下相比 6 MeV 时有明显提高,而徐州市中心医院、中国人民解放军第 515 医院、无锡市第二人民医院所选加速器机房防护大门外的 X－γ 剂量率,在 10 MeV 的 X 射线能量下相比 6 MeV 时却没有明显提高。

基于这种明显的区别进行比较,发现加速器防护大门的材质种类都是铅门,但按结构分类可分为滑槽门和电动轴门。常州市第一人民医院、常州市第二人民医院、常州市肿瘤医院的受检测机房防护大门属于滑槽门,而徐州市中心医院、无锡市第二人民医院和中国人民解放军第 515 医院的受检测加速器机房的防护大门属于电动转轴门,且徐州市中心医院、无锡市第二人民医院和中国人民解放军第 515 医院的受检测加速器机房是 2015 年投入使用的,而常州市第一人民医院、常州市第二人民医院、常州市肿瘤医院的受检测机房已经投入使用 2 年以上。

基于以上的情况,针对防护大门,对 6 个加速器机房进行 X 射线能量为 15 MeV 的工况的环境辐射监测,得到监测数据如表 2.40 所列。

表 2.40　在 15 MeV X 射线能量下防护大门外 X－γ 剂量率和中子剂量率表

nSv/h

类　别	常州市第一人民医院	常州市第二人民医院	常州市肿瘤医院	中国人民解放军第 515 医院	无锡市第二人民医院	徐州市中心医院
门底缝⑦	175/67	156/74	166/65	155/58	107/58	109/59
门南缝⑧	133/87	147/56	144/76	130/56	109/54	123/53
门北缝⑨	135/67	143/85	158/75	126/54	119/57	127/56
门顶缝⑩	143/59	157/68	145/77	128/56	120/51	132/56
门中心⑪	138/73	140/77	122/63	115/55	107/50	108/58

注:表中数据的第一部分数值为 X－γ 剂量率,第二部分数值为中子剂量率。

从表 2.40 中可以看出,防护大门中部表面的 X－γ 剂量率是防护大门各个监测点中最低的,在 15 MeV 的 X 射线能量下,常州市第一人民医院、常州市第二人民医院、常州市肿瘤医院的受监测机房防护大门各监测点的 X－γ 剂量率明显高于徐州市中心医院、无锡市第二人民医院和中国人民解放军第 515 医院的受监测机房防护大门各检测点的 X－γ 剂量率。在

15 MeV 的 X 射线能量下,各个机房防护大门的监测点的 X-γ 剂量率明显比 10 MeV 时的有所增大,而常州市第一人民医院、常州市第二人民医院、常州市肿瘤医院的受监测机房防护大门各监测点在 15 MeV 的 X 射线能量下 X-γ 剂量率的增幅明显比徐州市中心医院、无锡市第二人民医院和中国人民解放军第 515 医院大。中子剂量率在各个防护门之间变化不大,以下不再对其进行研究。

由此推断,随着滑槽门使用时间的推移,门面与下滑槽和墙面的磨损逐渐增大,防护门与四周出现空隙,导致防护大门不是严密紧闭的状态。由于徐州市中心医院、无锡市第二人民医院和中国人民解放军第 515 医院所选机房的防护大门是新的转轴门,因此其并没有使用的损耗,与墙面闭合严密,在 15 MeV 的 X 射线能量下,环境中的 X-γ 剂量率并没有大幅增大。为了验证这个推断,查取 2014 年时 15 MeV 的 X 射线能量下常州市第一人民医院、常州市第二人民医院、常州市肿瘤医院所选机房的防护大门的环境辐射剂量数据,如表 2.41 所列。

表 2.41 2014 年监测的防护大门环境 X-γ 剂量率数据表

nSv/h

类　　别	常州市第一人民医院	常州市第二人民医院	常州市肿瘤医院
门底缝⑦	132	133	126
门南缝⑧	113	136	127
门北缝⑨	109	132	130
门顶缝⑩	107	131	105
门中心⑪	103	128	106

由表 2.41 可以看出,在 2014 年,常州市第一人民医院、常州市第二人民医院、常州市肿瘤医院的受监测机房投入使用一年后,在 15 MeV 的 X 射线能量下,相比 2015 年三个机房的防护大门,X-γ 剂量率数据明显要更小,更接近于 10 MeV 的 X 射线能量下检测所得的 X-γ 剂量率数据;且从表 2.38 和表 2.41 可以看出,在不同的 X 射线能量与使用时间下,防护门中心的监测点 X-γ 剂量率在防护大门范围内是最低的。

由表 2.40 和表 2.41 对比可以看到,3 个以滑槽门为防护大门的加速器机房防护大门在使用 2 年后,其在 15 MeV 的 X 射线能量下的环境 X-γ 剂量率相比使用 1 年后 15 MeV 下的平均高出 40 nSv/h,大约提高了 30%,增幅明显。而在使用 2 年后,当 X 射线能量为 10 MeV 时,滑槽门外的 X-γ 剂量率比转轴门外平均高出 16 nSv/h,大约提高了 13%;当 X 射线能量为 15 MeV 时,滑槽门外的 X-γ 剂量率比转轴门外平均高出 20 nSv/h,大约提高了 16%。

综上所述,由于操作室内和防护大门外这两处停留因子比其他区域高,即使在相近的环境辐射 X-γ 剂量率下,其停留人员的年有效剂量也明显比其他区域的高。此外,滑槽门防护大门外的环境辐射 X-γ 剂量率明显比转轴门防护大门的高。特别是在长期使用后,滑槽门防护大门的门面与墙面及滑槽之间的磨损会逐渐累积,从而导致防护门与墙面闭合不严,形成缝隙并逐渐增大,辐射从缝隙处散射,导致防护大门外环境辐射 X-γ 剂量率增大。

2.5.3　数字减影血管造影(DSA)辐射环境监测

1. DSA 机房及其监测点分布

DSA 通过对 X 射线管施加几十到一百多 kV 的电压,使其发出 X 射线,通过人体组织,由摄像头接收,经模/数转换器转换为数据。DSA 只有在开机并出束时才会发出 X 射线,关机后并没有 X 射线产生。主要辐射污染物是:DSA 出束过程中发出的 X 射线,经过投射和反射对机房外环境造成的外照射辐射。

DSA 机房由控制室和手术照射室组成,操作位与手术照射室之间是观察窗,观察窗由铅玻璃构成,手术照射室内是 DSA 仪器及医用工具,医务人员在进行手术时佩戴铅衣、铅帽、铅围裙和铅围脖等辐射防护用具。操作室与手术照射室由防护小门连通,一般情况下防护小门为转轴门,病人由防护大门进入手术室。DSA 手术室防护大门可能有多个,其方位可能在除操作室同一面外的任一面。本次研究以防护大门在操作室北侧为例,选取防护大门数量为 1 的 DSA 机房进行监测。图 2.4 为 DSA 机房结构示意图。

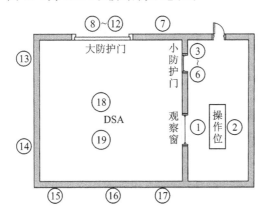

①—观察窗;②—操作位;③—小防护门底缝;④—小防护门南缝;⑤—小防护门北缝;
⑥—小防护门顶缝;⑦—加速器外墙近门;⑧—大防护门底缝;⑨—大防护门南缝;
⑩—大防护门北缝;⑪—大防护门顶缝;⑫—大防护门中心表面;⑬—加速器外墙西北角;
⑭—加速器外墙西南角(西);⑮—加速器外墙西南角(南);⑯—加速器南边外墙中间;
⑰—加速器南边外墙东南角;⑱—加速器的楼上对应位置;⑲—加速器楼下对应位置

图 2.4　DSA 机房结构与监测点分布示意图

本次监测分别选取了南京市鼓楼医院、常州市第一人民医院、常州市第二人民医院、无锡市第二人民医院、常州市肿瘤医院、中国人民解放军第 515 医院的 6 个 DSA 机房进行机房外环境辐射监测。这 6 个机房的防护大门在操作室北侧,防护大门数量为 1,图 2.4 为所选取DSA 机房的监测点分布示意图,图中数字点为 X - γ 剂量监测点位置,其中③～⑥对应防护大门的底、南、北、顶缝的监测点,⑧～⑩对应防护大门的底、南、北、顶缝的监测点,⑪为防护大门中部表面的监测点,⑱为加速器的楼上对应位置的监测点,⑲为加速器楼下对应位置的监测点。

以图 2.4 的监测点为位置依据,在加速器机房外墙及防护大门表面 30 cm 处布置监测点,其中,⑱处测量加速器楼上对应位置的地面环境辐射,⑲处测量加速器楼下对应位置人体头部高度处位置的环境辐射。分别在加速器关机和开机的不同工况能量下用 FH40G 型便携式X - γ 剂量率仪进行监测,每个监测点记录 5 个数据,剔除异常数据后,取其平均值。

2. DSA 机房辐射安全评价标准

根据国家卫计委发布的国家标准《医用 X 射线诊断放射防护要求》(GBZ 130—2013),在透视防护区测试平面上的空气比释动能率应不大于 400 μGy/h,在透视条件下监测时,周围剂量当量率控制目标值应不大于 2.5 μSv/h。

与前述加速器辐射检测相同,本部分监测仍然遵循国际原子能机构(IAEA)和我国国家标准对剂量率的建议值,取 2.5 μSv/h 为环境 X－γ 剂量率的最大上限,超过之则为超标。江苏省环境 X－γ 剂量率本底范围为 30～130 nSv/h。

关于职业照射的年有效剂量限值:连续 5 年年有效剂量为 20 mSv;任何一年中的有效剂量为 50 mSv。

关于公众照射的年有效剂量限值:年有效剂量为 1 mSv;特殊情况下,如果连续 5 年的年平均有效剂量不超过 1 mSv,则某一单一年份的年有效剂量可提高到 5 mSv。

3. 实际检测

在 DSA 机房在未开机时和分别在调节管电压为 60 kV、70 kV 和 80 kV,管电流均为 300 mA 并出束的运行状态下,各检测点所测得的机房辐射环境本底值和 X－γ 剂量率如表 2.42 所列。

表 2.42　DSA 机房环境辐射本底值及不同运行状态机房环境 X－γ 剂量率表

nSv/h

监测点	常州市第一人民医院	常州市第二人民医院	常州市肿瘤医院	中国人民解放军第 515 医院	无锡市第二人民医院	南京市鼓楼医院
①	97/96/97/81	81/88/81/81	96/93/96/88	99/98/99/87	98/93/98/86	85/88/85/92
②	99/92/99/99	92/82/92/92	92/89/92/92	96/87/96/96	89/93/89/89	97/82/97/97
③	81/80/81/82	82/82/82/82	80/80/80/82	86/86/86/86	96/96/96/96	82/82/82/82
④	8986/89/98	98/89/98/98	86/86/86/89	80/80/80/80	87/87/87/87	89/89/89/89
⑤	85/93/85/85	85/88/85/85	93/93/93/88	98/98/98/98	93/93/93/93	88/88/88/88
⑥	86/88/86/81	81/92/81/81	88/88/88/92	87/87/87/87	86/86/86/86	92/92/92/92
⑦	94/90/94/98	98/98/98/98	90/90/90/95	84/84/84/84	88/88/88/88	95/95/95/95
⑧	91/95/91/97	88/91/88/105	95/95/95/108	86/86/86/111	85/85/85/108	91/91/91/103
⑨	84/82/84/81	81/93/81/81	82/82/82/93	89/89/89/89	84/84/84/84	93/93/93/93
⑩	89/99/89/84	84/92/84/84	92/92/92/86	81/96//81/81	96/89/96/96	86/97/86/86
⑪	92/95/92/83	83/94/83/83	95/95/95/94	93/93/93/93	99/99/99/99	94/94/94/94
⑫	83/85/83/99	99/96/99/99	85/85/85/99	96/96/96/96	89/89/89/89	96/96/96/96
⑬	89/89/89/88	88/82/88/88	89/89/89/82	87/87/87/87	93/93/93/93	82/82/82/82
⑭	90/84/90/80	80/81/80/80	84/84/84/81	97/97/97/97	94/94/94/94	81/81/81/81
⑮	89/83/89/96	96/84/96/96	83/83/83/76	95/95/95/95	96/96/96/96	84/84/84/84
⑯	87/84/87/81	81/85/81/81	84/84/84/85	86/86/86/86	98/98/98/98	85/85/85/85
⑰	86/85/86/85	81/81/81/85	85/85/85/93	95/95/95/95	88/88/88/93	87/87/87/88
⑱	82/89/82/85	85/84/85/85	98/92/98/85	80/81/80/80	86/96/86/86	85/86/85/85
⑲	98/89/98/84	84/96/84/84	95/83/95/82	84/95/84/84	98/96/98/98	82/84/82/82

注:表中数据第一部分为本底值;第二部分为调节管电压为 60 kV 运行监测值;第三部分为调节管电压为 70 kV 运行监测值;第四部分为调节管电压为 80 kV 运行监测值。

从表 2.42 可以看出各个机房的各个监测点所测得环境 X - γ 剂量率本底值符合江苏省环境 X - γ 剂量率本底范围,在 30~130 nSv/h 之间。从表中还可以看出,在管电压为 60 kV、管电流为 300 mA 的情况下,环境 X - γ 剂量率与其本底值十分相近,没有明显提高,其他电压运行时数据变化也不明显。

为了对比 DSA 出束时,手术室内医护人员的受照射剂量率,将 FH40G 型便携式 X - γ 剂量率仪的探头置于铅屏风后,调节管电压为 60 kV 和 80 kV,保持管电流不变,为 300 mA,出束,测得数据如表 2.43 所列。

表 2.43　DSA 手术室内医护人员受照射剂量率表

nSv/h

管电压/kV	常州市第一人民医院	常州市第二人民医院	常州市肿瘤医院	中国人民解放军第 515 医院	无锡市第二人民医院	南京市鼓楼医院
60	186	193	188	189	186	195
80	202	205	203	199	208	201

对比表 2.42 和表 2.43 可以看出,在各个管电压下,DSA 机房外的各区域中仅有防护大门底缝在 80 kV 的管电压下对比 60 kV 的管电压下所测得的环境 X - γ 剂量率稍有提高,平均提高 10 nSv/h,提高约为 10%;而其他区域的环境 X - γ 剂量率在各个管电压下都没有明显的提高。手术室内医护人员受照射剂量率明显比 DSA 机房外的环境 X - γ 剂量率高,当管电压为 80 kV 时,其对比平均高出 110 nSv/h。

估算各个管电压(60 kV、70 kV、80 kV)下操作位操作人员、防护大门外停留人员、DSA 手术室内医护人员的年有效剂量如表 2.44 所列。

表 2.44　不同管电压时人员最大年有效剂量

停留人员描述	停留因子	最大辐射剂量/(nSv·h^{-1})			最大年有效剂量/(mSv·a^{-1})		
		60 kV	70 kV	80 kV	60 kV	70 kV	80 kV
操作位操作人员	$T=1$	93	97	99	0.003	0.003	0.003
防护大门外停留人员	$T=1$	99	99	111	0.003	0.003	0.003
手术室内医护人员	$T=1$	186	195	208	0.064	0.067	0.072

从表 2.44 可以看出,DSA 手术室内医护人员的年有效剂量要明显高于机房外的停留人员和操作人员,为其 21 倍,而其他所有区域的停留人员的年有效剂量都远小于要求的标准。

综上所述,DSA 机房对于 DSA 出束时放射的辐射具有良好的屏蔽效果,可有效地保护周围人员的安全健康,防止其受电离辐射的伤害;手术室内医护人员的年有效剂量明显远远高于 DSA 机房其他任何区域的停留人员的年有效剂量,大约为其 21 倍;在 DSA 机房中也存在滑槽门因长时间使用,防护大门封闭程度降低,导致射线泄漏的情况,其主要原因是长时间使用导致门缝下封铅皮变形,出现缝隙。

第3章 核设施流出物监测与辐射应急监测

3.1 核设施流出物辐射环境监测规范

核设施在运行过程中,总会存在气态、液态物质的排放,为了确保周围环境不被污染,需要对核设施的这些流出物进行监测。通过核设施流出物监测和环境监测,得到核设施所释放的放射性物质量,这是核设施辐射环境影响评价的基础数据,监测过程是核设施辐射环境影响评价的重要环节。

为了控制和评价核设施的流出物对周围环境和居民产生的辐射影响,而对其进行的监视性测量,称为核设施流出物监测。核电厂的流出物则指核电厂在运行过程中通过烟囱排出的气载放射性污物流和通过管道或水渠排入水体的液态放射性污物流。核电厂的放射性流出物要排入环境,应当满足几点基本要求:① 排放量必须低于监管部门核准的排放限值,以保证公众受到的照射不会超过规定的剂量水平;② 排放是受到控制的;③ 对排放的控制是优化的。

除了在某些特殊的环境介质中可能发生放射性物质浓集的情况以外,与环境介质中的放射性浓度相比,流出物在被排入环境之前,其放射性浓度通常是较高的,因此流出物监测可以以较高的准确度来鉴别并确定释入环境中的放射性核素的组成和量。但是另一方面,环境监测的结果却能提供对公众受照情况的更直接的估计,它还可以提供有关环境污染水平的累积趋势和是否还存在尚未受到监测的新的流出物等方面的信息。因此流出物监测和环境监测两者应该相互补充。这种补充,不仅对于评价非常重要,而且还可以将作为源项数据的流出物监测结果和作为污染后果数据的环境监测结果定量地联系起来,这对于验证和改进放射性核素在环境中的转移参数和模式具有十分重要的意义。

3.1.1 放射性流出物的排放

1. 放射性流出物的排放类型

在生产、使用、处理和贮存强及较强放射性物质的建筑物及其内部装备(统称为核设施)时,都存在向环境排放放射性物质的可能。这些核设施包括铀(钍)冶炼厂、核反应堆、放射性同位素分离工厂、核燃料后处理厂、铀(或钍)加工厂、核燃料原件工厂、甲级放化实验室、强辐照源、大功率粒子加速器、放射性废物的处理和贮存设施等。这些经过废物处理系统和(或)控制设备(包括就地贮存和衰变)之后,从核设施内按预定的途径向外环境排放的气载和液态放射性废物,称为放射性流出物。对由核设施排放出来的流出物进行采样、分析或其他测量工作,以说明从核设施排放到外环境中的放射性物流特征的过程,称为流出物监测。

放射性物质向环境排放一般分为计划内排放和计划外排放两大类。在核设施处于正常运行和管理的情况下,按照工艺流程图中已标明的排放,或由主管部门计划安排的排放,称为计划内排放或常规排放。其大致的活度(或比活度)、成分以及排放时间都是预知的。常规排放又可以分为有组织排放和无组织排放两类。有组织排放是指对排放物的种类和数量了解得比较清楚,并且是在有一定计划和受到控制的情况下进行的排放。无组织排放是指对流出物的了解和控制难以做到比较准确,一般也不容易按一定的计划有组织地进行。无组织排放虽然比较难以控制,其排放量也难以把握(总体非常微量),但仍然处于工艺设计中允许的排放,因此应当纳入计划内排放。在核设施内,流出物的所有排放管道汇集在一起形成总管,该总管与环境的交接点,称为总排出口。此外,除了按预定途径的排放外,还存在计划外排放。一般将计划内排放之外的一切释放,包括事故排放,都叫做计划外排放。核设施处于事故工况或在限制排放的有关规定遭到破坏的情况下的排放叫做事故排放。

在开展放射性流出物监测过程中,一般会涉及到总活度测量与特定放射性核素测定。总活度测量是不区分流出物中核素的测量,包括总 α、总 β 或总 γ 活度的测量。而特定放射性核素测定是指用放化分离的方法或用能谱分析的方法或其他方法,测定流出物或其样品中若干核素的放射性活度。

2. 放射性废物

放射性废物为含有放射性核素或被放射性核素污染,其浓度或比活度大于国家审管部门规定的清洁解控水平,并且预计不再利用的物质。根据其形态可分为气体废物、液体废物和固体废物。根据国家《放射性废物分类》(2018 年 1 月 1 日起实施)的规定,我国将放射性废物分为极短寿命放射性废物、极低水平放射性废物、低水平放射性废物、中水平放射性废物和高水平放射性废物 5 类,其中极短寿命放射性废物和极低水平放射性废物属于低水平放射性废物范畴。这 5 类放射性废物对应的处置方式分别为贮存衰变后解控、填埋处置、近地表处置、中等深度处置和深地质处置。

按照《放射性废物分类》的规定,各类放射性废物的分类界定及其处理方式如下:

① 极短寿命放射性废物。其中所含主要放射性核素的半衰期很短,长寿命放射性核素的活度浓度在解控水平以下,极短寿命放射性核素半衰期一般小于 100 天,通过最多几年时间的贮存衰变,放射性核素活度浓度即可达到解控水平,实施解控。

② 极低水平放射性废物。其中的放射性核素活度浓度接近或者略高于豁免水平或解控水平,长寿命放射性核素的活度浓度应当非常有限,仅需采取有限的包容和隔离措施,可以在地表填埋设施处置,或者按照国家固体废物管理规定,在工业固体废物填埋场中处置。

③ 低水平放射性废物。其中短寿命放射性核素活度浓度可以较高,长寿命放射性核素含量有限,需要长达几百年时间的有效包容和隔离,可以在具有工程屏障的近地表处置设施中处置。近地表处置设施深度一般为地表到地下 30 m。

④ 中水平放射性废物。其中含有相当数量的长寿命核素,特别是发射 α 粒子的放射性核素,不能依靠监护措施确保废物的处置安全,需要采取比近地表处置更高程度的包容和隔离措施,处置深度通常为地下几十到几百米。

⑤ 高水平放射性废物。其中所含放射性核素活度的浓度很高,使得衰变过程中产生大量的热,或者含有大量长寿命放射性核素,需要更高程度的包容和隔离,需要采取散热措施,应采取深地质处置方式处置。

3.1.2 放射性流出物监测的监管规范

1. 核电厂流出物监测监管模式

《中华人民共和国放射性污染防治法》实施后,明确了环境保护部(简称环保部)对全国核设施流出物放射性监测工作的统一监管职能,环境保护部同时组建成立了3个核安全监管司,有关流出物监测监管工作主要由核安全监管一司监测应急处负责,其职能是:负责全国核设施放射性监测政策、法规制定;编制全国核设施流出物监测体系建设规划并组织实施;组织实施、评估考核全国核设施流出物放射性监测工作;审核全国年度流出物放射性监测报告及开展信息公开工作。

我国流出物监测监管模式是以环境保护部核安全监管司为核心,6个地区核与辐射安全监督站,2个辐射监测技术支持单位为其直属单位。其中,2个辐射监测技术支持单位分别是环境保护部辐射环境监测技术中心和环境保护部核与辐射安全中心,并分别负责全国辐射环境监测技术支持和全国核设施的辐射监测技术支持。各个地区核与辐射安全监督站是环境保护部(国家核安全局)的派出机构,根据法律法规授权和环境保护部委托负责相关工作。我国当前设立的六个监督站包括:华北站、华东站、华南站、东北站、西北站和西南站。

① 环保部华北核与辐射安全监督站,办公地点在北京市,主要负责北京、天津、河北、山西、内蒙古、河南六省(自治区、直辖市)区域内的核与辐射安全监督工作,以及全国核安全设备设计、制造、安装持证单位监管。

② 环保部华东核与辐射安全监督站,办公地点在上海市,主要负责上海、江苏、浙江、安徽、福建、江西、山东七省(直辖市)区域内的核与辐射安全监督工作。

③ 环保部华南核与辐射安全监督站,办公地点在广东省深圳市,主要负责湖北、湖南、广东、广西、海南五省(自治区)区域内的核与辐射安全监督工作。

④ 环保部东北核与辐射安全监督站,办公地点在辽宁省大连市,主要负责辽宁、吉林、黑龙江三省区域内的核与辐射安全监督工作。

⑤ 环保部西北核与辐射安全监督站,办公地点在甘肃省兰州市,主要负责陕西、甘肃、青海、宁夏、新疆五省(自治区)区域内的核与辐射安全监督工作。

⑥ 环保部西南核与辐射安全监督站,办公地点在四川省成都市,主要负责重庆、四川、贵州、云南、西藏五省(自治区、直辖市)区域内的核与辐射安全监督工作。

各地区核与辐射安全监督站均设有辐射环境监测与督查处,主要负责所辖区域内核电厂流出物监测工作的监督检查,以及必要的现场监督性监测、取样与分析;负责辖区内核电厂监督性监测工作的督查。由于核电厂所属地区面积比较大、距离较远,各地区核与辐射安全监督站专设派出部门常驻核电厂开展现场检查。

根据我国流出物监督性监测方案编制管理文件,确定了流出物监督性监测项目,包括选取气氚、碳-14、气溶胶、卤素、液态流出物5类样品开展监督性监测,液态流出物监测频次为每月至少取1~2次样品,其他样品每月至少取1个样品。核电厂流出物监测报告需按照月报、年报两种形式上报。

2. 放射性流出物监测的监管要求

根据国际原子能机构(IAEA)于2005年10发布的《辐射防护环境和资源控制安全导则》(No. RS‐G‐1.8),核设施放射性监测分为3类:流出物监测(源监测)、环境监测和个人监测。核电厂中属于持证运行的核设施,应进行流出物监测和环境监测,并结合监测数据进行计量评价。

放射性流出物监测涉及的部门有核电厂营运者、监管部门及委托机构。其中核电厂营运单位是监测工作的主要承担者,接受监管部门的监督。流出物监测是核电厂辐射监测的重要工作,通过液态和气载流出物监测方法对电厂向周围环境排放的放射性物质活度浓度进行测量,将测量数据记录下来,统计年排放量是否满足法规标准的要求,同时监管部门对排放方式和测量方法进行监督和指导。表 3.1 为国内某核电厂厂内部分监测内容和仪表情况。

表 3.1 核电厂流出物监测对象和探测器类型

序 号	监测对象	安全等级[①]	探测器类型	监测核素
1	电厂烟囱微尘	E	β 灵敏闪烁体	锶-90、铯-137
2	电厂烟囱碘	E	γ 灵敏碘化钠闪烁体	碘-131
3	电厂烟囱气体(正常量程)	E	β 灵敏闪烁体	氪-85、氙-133
4	电厂烟囱宽量程气体(事故中量程)	E	β/γ 灵敏闪烁体	氪-85、氙-133
5	电厂烟囱宽量程气体(事故高量程)	E	β/γ 灵敏闪烁体	氪-85、氙-133
6	常规岛通风排放	E	β/γ 灵敏 GM 计数管	氪-85、氙-133
7	放射性液体废物排放	D	γ 灵敏碘化钠闪烁体	铯-137
8	常规岛废水排放	E	γ 灵敏碘化钠闪烁体	铯-137
9	电厂烟囱气态碳-14	E	碳-14 取样器	碳-14
10	电厂烟囱气态氚	E	氚取样器	氚

① AP1000 首先将设备分为两大类,即安全相关(safety-related)设备和非安全相关(nonsafety-related)设备。在此基础上,AP1000 又将安全相关设备分为 A 级、B 级和 C 级,分别等同于 ANS/ANSI 中安全 1 级、安全 2 级和安全 3 级设备;将非安全相关设备分为 D 级和其他级设备,而其他级设备依据相关工业标准进一步细分为 E、F、G、L、P、R 和 W 级。例如 F 级和 G 级用于消防系统,P 级用于给排水设备。

我国根据现行的核安全法规及其导则和核安全相关国家标准的规定对核设施流出物进行监测。我国现行核安全法规体系按照由上至下的层级组成,逐级包括核安全法规(HAF)、核安全条例(HAD)和核安全技术文件(HAF.J),其中核安全法规包括"原子能法"、"核安全管理条例"和"核安全部门规章"三大类。

(1)核安全法规的要求

我国核安全法规 HAF 102《核动力厂设计安全要求》规定,核电厂须配置设备以保证在运行状态和设计基准事故下以及尽实际可能地在严重事故下,有适当的辐射监测。必须设置固定式设备,以便监测向环境排放前或排放过程中的排出流。HAF 103《核动力厂运行安全要求》规定,营运单位必须对放射性排出流的排放进行安全分析,证明所评定的对公众的放射影响和所受剂量保持在合理可行和尽量低的水平。必须制定和实施监测和控制放射性排出流排放的规程。

(2)核安全导则的要求

核安全导则 HAF 103/04《核电厂运行期间的辐射防护》中对核电厂辐射监测要求进行了具体规定。导则要求在每一个有可能成为放射性的且可能向外释放的流体工艺系统上,都应安装辐射监测探测器,并要求控制放射性气载液体流出物的排放以保证不超过规定限值。核安全导则 HAF 401/01《核电厂放射性排出流和废物管理》对排出流的释放和环境监测进行了规定。核电厂营运单位必须向国家核安全部门提出气体和液体排出流的排放限值,以取得批准。必须根据连续测量或根据取样和间歇测量对排放到环境中的放射性核素的活度作出评价。

（3）流出物监测领域国家标准的要求

针对核电厂正常运行和事故监测期间的液态和气载流出物,我国制定了一系列技术和管理标准。与核安全技术文件(HAF.J)相当,这些国家标准的发布和实施对我国放射性流出物监管也发挥了重要的作用(见表 3.2)。

表 3.2　我国核电厂流出物监测领域相关国家标准

标准代号	标准名称	适用状态
GB 11217—1989	期间核设施流出物监测的一般规定	正常运行
GB 11216—1989	核设施流出物和环境放射性监测质量保证计划的一般要求	正常运行
GB 6249—2011	核动力厂环境辐射防护规定	正常运行
GB 14587—2011	核电厂放射性液态流出物排放技术要求	正常运行
GB/T 7165.1—2005	气态排出流(放射性)活度连续监测设备　第 1 部分:一般要求	正常运行
GB/T 7165.2—2008	气态排出流(放射性)活度连续监测设备　第 2 部分:放射性气溶胶(包括超铀气溶胶)监测仪的特殊要求	正常运行
GB/T 7165.3—2008	气态排出流(放射性)活度连续监测设备　第 3 部分:放射性惰性气体监测仪的特殊要求	正常运行
GB/T 7165.4—2008	气态排出流(放射性)活度连续监测设备　第 4 部分:放射性碘监测仪的特殊要求	正常运行
GB/T 7165.5—2008	气态排出流(放射性)活度连续监测设备　第 5 部分:氚监测仪的特殊要求	正常运行
GB/T 13627—2010	核电厂事故监测仪表准则	事故状态
GB/T 12726.1—2013	核电厂安全重要仪表　事故及事故后辐射监测设备　第一部分:一般要求	事故状态
GB/T 12726.2—2013	核电厂安全重要仪表　事故及事故后辐射监测设备　第二部分:气态排出流中放射性惰性离线连续监测设备	事故状态
GB/T 12726.3—2013	核电厂安全重要仪表　事故及事故后辐射监测设备　第三部分:高量程区域 γ 连续监测设备	事故状态
GB/T 12726.4—2013	核电厂安全重要仪表　事故及事故后辐射监测设备　第四部分:工艺流流管内或旁管放射性连续监测设备	事故状态

3. 核电厂放射性流出物的监管要素

IAEA 发布的安全标准一般要求核电厂营运单位制定和实施放射性流出物监测方案。其中流出物监测方案的规模和范围,以及所采用的测量方法应当符合防护最优化原则,并征得监管部门的认可。我国核电厂营运单位通过编制并执行辐射防护大纲和流出物监测大纲,以保证核动力厂电离辐射照射所致剂量以及计划排放的放射性物质引起的剂量低于相应的剂量限值,并保持在可合理达到的尽量低的水平。其中流出物监管的主要要素包括:流出物排放浓度限值、排放的方式方法和评价的程序等。

（1）放射性流出物排放浓度限值

核电厂放射性流出物的排放限值(可能包括单个放射性核素的限值,以及短时间的限值)由监管部核准,其数值应接近于(一般稍高于)根据防护优化计算得出的排放率和排放量,以便为运行的灵活性留出余地。我国 2011 年修订发布的 GB 6249—2011《核动力厂环境辐射防护规定》,对运行状态下的剂量约束值和排放控制值进行了规定,具体数值见表 3.3。

表 3.3　放射性流出物控制值
Bq/a

流出物类型	轻水堆	重水堆	流出物状态
惰性气体	6.0×10^{14}	6.0×10^{14}	气载流出物
碘	2.0×10^{10}	2.0×10^{10}	气载流出物
粒子(半衰期≥8 d)	5.0×10^{10}	5.0×10^{10}	气载流出物
碳-14	7.0×10^{11}	1.6×10^{12}	气载流出物
氚(气态)	1.5×10^{13}	4.5×10^{14}	气载流出物
氚(液态)	7.5×10^{13}	3.5×10^{14}	液态流出物
碳-14	1.5×10^{11}	2.0×10^{11}	液态流出物
其余核素	5.0×10^{10}	2.0×10^{11}	液态流出物

（2）放射性流出物监测的内容

根据监测方式的不同,核电厂放射性流出物监测可分为在线监测和离线监测。监测数据通常是对排放点处剂量率、活度浓度或总活度的在线测量得到的,但如果流出物排放量较低,在线测量就可能因仪器灵敏性不足而无法得到数据,需要考虑采样和随后的实验室分析。根据核电厂放射性流出物监测对象,又可以分为气态放射性流出物、液态放射性流出物和直接辐射监测。

1）气态放射性流出物

核电厂正常运行状态下,气态流出物主要有惰性气体、碘同位素、氚和碳-14 的挥发性化合物以及颗粒状的裂变和活化产物。其中碘同位素和惰性气体也是核电厂事故排放中的重要监测项目。通常气态放射性流出物排放限值由监管部门以惰性气体、气溶胶和碘同位素年活度限值的形式给出。

根据反应堆的不同类型,有时还可能需要给出核素、碳-14 和氚的年排放限值。例如,对于重水堆,气态氚的监测十分重要;而对于压水堆和沸水堆而言,气态氚的排放量就较少。如果反应堆的类型确定,则气态流出物中碳-14 的年排放量就基本恒定。一般重水堆碳-14 的排放率显著高于压水堆和沸水堆。核电厂应开展对气态流出物中氚和碳-14 的监测,如果在环境监测方案中已包含了氚和碳-14 监测项目,那么对流出物中的氚和碳-14,以季度为频率进行取样/监测即可。

2）液态放射性流出物

核电厂液态流出物中含有大量裂变和活化产物,主要有锶、铯、钴、碘和氚的放射性同位素。在液态流出物排入环境之前,应设置贮存装置对流出物收集和取样,进行放射性核素浓度测量。其中,对于放射性测量,应在排水管线上设置在线连续监测装置,需要关注的核素与气态放射性流出物相同。对于 β 放射性核素,如锶-89、锶-90、铁-55 和镍-63,如果不能做到对β 放射性在线连续监测,则应每季度对混合样品进行测量和分析。

3）不同堆型核电厂放射性流出物监测项目的通用要求

对于不同堆型的核电厂,放射性流出物监测项目会有一定的差异。流出物取样/监测应参考以往特定或类似堆型核电厂的情况而定。对于气态流出物,应考虑到取样代表性(取样位置、样品萃取方法、样品损失)、样品收集以及单个放射性核素的取样和测量方法。对于液态流出物,要求取样位置处液态流出物的流速必须足够大,能够使得样品充分混合。

3.1.3　流出物监测的目的和计划

1. 流出物监测的目的

对核设施流出物进行监测的目的包括:① 证明释放到环境中的流出物的量遵守根据排放限值所制定的管理限值;② 当利用一定的环境模式来估算人群的受照水平时,它可以作为估计源项的一种依据;③ 作为制定和修改环境监测计划的依据;④ 可用于检验核电厂的运行情况及流出物的控制系统的性能是否符合设计要求;⑤ 改善公众关系,使公众确信排放已得到适当的控制;⑥ 有助于迅速发现和鉴别非正常排放的种类和程度;⑦ 启动可能需要启动的警告系统或应急响应系统。

2. 流出物监测的计划编制原则与总要求

凡有流出物监测任务的单位,都应当按最优化的原则编制流出物监测计划,并报上级主管部门和监督部门备案。必要时应附上说明材料。

监测计划应满足监测目的进行安排,在制订监测计划时,要特别注意各类核设施的特点和发生计划外释放的可能性。在监测计划中,应把预计或可能有放射性污染的所有流出物都置于常规监测之下。要合理选择监测点的位置,使该点的监测结果能够代表实际的排放。监测点应设在核设施内、废物处理系统或控制装置的下游,同时考虑易接近性和可行性。要合理确定取样和测量频率以及要监测的核素种类。要监测的核素种类不得少于有管理限值、本设施有可能排放的核素种类数。

在一个核设施内部,任何排放点,如果根据该设施的设计指标并经过一段时间的监测之后,确认具备下列条件之一者,并在获得主管部门和监督部门的同意后,可免于监测:① 与执行的标准比较,仅有数量很小或浓度很低的放射性物质释放出来;② 在该设施的流出物总量中所占的份额很小。

为了合理地评价监测结果,除了放射性监测之外,还应根据需要测量其他有关的物理和化学参数(例如流出物的化学成分、粒度分布、排风流量、污水流量、烟囱和取样管道内的温度和湿度。对于大型的核设施,还要测定排放口的风向、风速以及其他有关的气象资料)。

用于常规监测的仪表应有足够宽的量程,以适应计划外释放的监测。用于关键释放点的监测仪表,必须考虑冗余技术。

核设施的运行单位,应根据本设施的需要,或根据主管部门和监督部门的要求,进行特定核素的分析和测定。在下列情况下,并在得到主管部门的同意和监督部门的认可后,可只进行总活度测量:① 流出物中的核素种类及比份已清楚且基本固定;② 流出物的放射性活度或比活度确实很低(低于管理限值的 1% 或更低),以致不可能或不必要进行特定核素的测定,但又必须证实放射性水平很低时。

应分别绘制气载流出物和液态流出物的监测系统流程图。图中要标出取样点和测量点,并用不同的符号区分取样和测量方式。当系统比较复杂时,应用表格的形式说明各取样点和监测点所承担的测量任务和测量方法。对取样点应说明取样目的、方式、地点、取样频率以及要进行的测量。对于测量点要说明测量任务、测量技术要求,特别是测量方式以及与测量有关的屏蔽、校正、检出限和测量可靠性等。

3. 气载流出物监测计划

应在分析通风系统或排气系统的流程图的基础上制订监测计划。应在上述流程图中标明有关流量、压差、温度和流速等数据,以据此选择合适的监测点。最佳取样和测量频率及所需的附加资料,由流出物的排放方式、排放率以及所排放的放射性物质的特性及其随时间的变化决定。当出现计划外释放的可能性较大时,监测计划中应有安装报警装置的要求,还应包括有关气象参数的测量,如风速和风向、温度梯度等。

各类核设施气载流出物监测计划应注意下述特殊问题:① 核电站和其他动力堆的典型监测系统应包括惰性气体的连续测量,^{131}I 和放射性气溶胶的连续取样及其实验室定期测量。② 核电站除了要对其运行许可证上规定的放射性核素的混合物和特定核素进行常规监测以外,每季度还应进行一次所有放射性核素成分的详细分析。③ 对于核燃料后处理厂,在正常运行情况下,只需连续测量烟囱内的 ^{85}Kr 和 ^{131}I。对于连续取样获得的样品,还应在实验室室内定期测量 ^{3}H、^{14}C、^{129}I、^{131}I、钢系元素和其他发射 β 或 γ 射线的微粒。④ 对于铀加工厂和钍加工厂,主要是监测流出物中的 α 放射性核素,监测的重点应放在气溶胶的连续取样系统上。⑤ 对于研究性反应堆,在正常运行条件下,对监测系统的要求与一般动力堆相同。但由于反应堆的特定类型和所进行的实验种类不同,可能的事故释放范围较宽,则要相应地对取样和测量设备给予特殊的考虑。⑥ 对于放射化学实验室,监测计划随实验室内所操作的放射性核素而异。对处理辐照核燃料的大热室,要监测流出物中的惰性气体;某些专门的实验室,要监测流出物中的 ^{14}C、氚化水蒸气,对这类实验室的气载流出物,要连续取样,监测放射性卤素元素和放射性气溶胶。对于生产放射性同位素的实验室和冶金检验的热室,要对其烟囱进行连续取样和定期测量,或进行连续测量。⑦ 对于有可能产生放射性气溶胶的粒子加速器,应进行气溶胶的定期取样和测量;若使用氚靶,则应增加氚的取样和测量。

4. 液态流出物的监测计划

应在分析液态流出物的工艺流程图的基础上制订监测计划,合理地设置监测点或采样点。流程图中应标出与此有关的资料,包括废水罐或废水池的容积、拟排废液的物化特性、设计的产生率和排放率等。分别收集不同放射性水平和化学特性废液的中间贮存设备,在排放前要执行预定的监测程序,包括符合要求的采样和测量放射性温度。需要进行的测量类型和内容,取决于排放限值(运行限值或管理限值)的规定和拟要排放的核素种类及活度。

在流出物中的核素种类及比份已清楚且基本固定,同时流出物的放射性活度或比活度确实很低的情况下,可以在只测定总活度后实施排放。除此之外,只有在紧急或其他特殊情况下,才允许在测量了总活度后就实施排放,但要保留样品,而后完成特定核素的分析测定,以资报告。

当一个核设施有大量的放射性废液要连续排入受纳水体时,应在每一排放管道上都设立监测点;若有总排出口,还必须在总排出口设立最终监测点。在以上各监测点连续或定期采集正比于排放体积的样品,并对其放射性成分定期进行实验室分析。当放射性废液的比活度很低(低于运行限值的 1/10)时,可以用定期采样代替连续采样。当一个核设施的液态废物发生计划外释放的可能性大时,或者其中含有关键核素时,要在排放管道内或总排出口设置连续监测装置,该装置应具有报警和自动终止释放的功能。

各类核设施液态流出物监测的计划应注意下述特殊问题:① 核电站和其他动力堆必须连续地或定期地分析和测量流出物中 ^{3}H、^{58}Co、^{89}Sr、^{90}Sr、^{106}Ru、^{134}Cs、^{137}Cs 等运行许可证上规定的核素的浓度和总量,每季度应做一次所有放射性核素成分的全分析。② 核燃料后处理厂必须连续或定期地分析和测量液态流出物中 ^{137}Cs、^{90}Sr、^{103}Ru – ^{106}Ru、^{95}Zr – ^{95}Nb、^{238}U、^{239}Pu 等核素的浓度和总量。每季度应做一次所有放射性核素的全分析。③ 对于铀、钍加工厂和铀、钍冶炼厂,主要是监测流出物中的 α 放射性核素以及根据所操作的物料确定应监测的其他核素,如 ^{210}Pb 等。④ 对于研究性反应堆,由于反应堆的特定类型和所进行的实验种类不同,要监测的核素应有所不同,监测计划应充分反映这些特点。⑤ 对于放射化学实验室,液态流出物中的放射性核素种类是随实验内容而变的,监测计划应充分反映这一特点。⑥ 各种粒子加速器、放射性同位素分离工厂的液态流出物中所包含的核素种类也是随设施而异的。在制订监测计划时,应分清主次,突出重点。

3.1.4　流出物监测技术

流出物的监测技术基本上可以分为两类:① 将探测器置于气载或液态流出物中(浸没探头),或使其贴近释放管道的外侧;② 对气载或液态流出物取样,然后对样品进行放射性测定(总活度测量或核素分析)。前一种测量可给出直接指示,并可以和警报设备相连接,以便必要时可发出警报,使工作人员采取必要的改正措施。后一种方式包括取样后的就地测量或实验室测量。在某些情况下,这两种方法是可以互相补充的。

取样的类型分为连续的、定期的、专门的或自动驱动的四大类。取样点应设置在可以获得代表性样品的地方。取样方法的设计应保证获得的样品与流出物具有相同的核素组成,并在活度上正比于排放的量。对于气载流出物,最好采用等流态取样(在取样管道中的线流速与排放管道——如烟囱中的线流速大致相同)。还应注意防止气载污染物在取样管道内的可能吸附或沉积所引起的损失。对取样流量的标定,必须在接近实际负载情况的条件下完成。对于液态流出物,为了防止意外情况下严重污染环境,应采用分槽排放,即使液态流出物先排入暂存槽内,经取样测量证明其污染情况满足排放要求之后再逐槽排放。

1. 采样方式

当流出物中的放射性核素浓度和(或)其排放速率变化范围很大(排放流量的变化范围在 ±50%～±100% 甚至更大)时,或当出现计划外释放的可能性较大或预计计划外的释放会带来较严重的环境或社会危害时,应当采用连续和比例采样。当流出物中所有的放射性核素浓度相对恒定,并且不会发生异常变化时,可采用定期采样。

对于连续排放和间歇排放,都应当根据上述规定,决定是采用连续采样或者定期采样。当核设施在运行中出现异常情况以致发生计划外释放时,应及时安排专门采样。

2. 采样技术

采样技术应满足以下要求:① 及时性:必须在所要求的时刻或时间间隔内取得足量的样品。② 代表性:应确保样品的成分中包含流出物中的全部放射性核素,除了为满足测量技术的要求而进行的浓集或稀释以外(在这种情况下,浓集或稀释因子是预知的或者是可以计算的),不产生附加的稀释或浓集效应。

原则上,凡是能满足及时性和代表性要求的采样技术均可采用,但应尽量采用标准的采样技术。暂时没有标准的采样技术或因为其他原因而需要采用非标准的采样技术时,必须预先得到主管部门和监督部门的批准或同意。

对于气载流出物,应采用的采样技术按有关规定执行。对于液态流出物,间歇排放时,应在废水罐中的废液得到充分搅拌后再采样。连续排放时,若流速变化大,则应采用正比采样;若流速相当恒定,则可进行定期采样。

对于常规监测,为了减少因估价释放放射性废物的后果所需要的详细测量的工作量,可以将单个的代表性样品的一部分或全部混合成混合样品。在任何监测点范围内选择采样点时在保证采样代表性(整体的代表性或局部的代表性)的同时,还要考虑可接近性和可行性。

3. 测量方式

流出物监测的测量有两种方式:直接测量和采样后的就地测量或实验室测量。这两种方式可单独使用,必要时还可同时使用,以便相互验证或补充。究竟采用哪种测量方式,由对数据的准确度的要求或由测量的技术发展水平决定。

4. 测量技术

测量技术应满足管理限值或运行限值提出的要求,并应尽可能采用标准的测量技术。暂时没有标准的测量技术而需要采用非标准的测量技术时,必须用书面向主管部门和监督部门报告,在得到认可后方可采用。

在需要采用连续采样的条件下,用直接测量的方式进行监测时,应采用连续测量。凡用于连续测量的装置,其最低可探测限应达到或小于运行限值的 1%,其量程的范围应能满足计划外释放的测量要求,必要时应安装具有几个触发阈值的连锁报警装置。在关键的排放点,为了在常规监测之外还能可靠地监测事故释放,要安装两套互相独立的监测装置。其中的一套用于常规监测,另一套用于事故监测。用于事故监测的装置,要求测量范围大(例如采用灵敏度较低的(或带屏蔽的)探测器)并附有报警装置。实验室测量是对流出物中的放射性核素进行全分析的可靠方法,应尽可能减小或消除干扰因素,制备浓缩的适于测量的样品,以达到比直接测量或就地测量所能达到的灵敏度更高的灵敏度。

5. 质量保证

流出物的采样和测量应执行 GB 11216《核设施流出物和环境中放射性监测质量保证计划的一般要求》中的有关规定,见 3.2 节。

3.1.5　监测结果的记录、报告和存档

1. 监测结果的记录

核设施流出物的监测部门应根据本规定的要求制定统一格式的记录表格。应将记录的原始数据进行适当的数据处理,包括统计分析和单位换算,使之满足报告书的要求。

监测结果应记录以下内容:核设施的名称,流出物的类型和来源,排放点(或释放点)测量和采样点,排放的核素种类(或棍合物),排放时间,排放延续时间,排放流速,采样时间,采样延续时间,采样体积,在采样期间流出物的总体积,测量时间,测量结果(包括误差)。对关键排放点还要记录:受纳水体的流速(对于液态流出物),排放高度(对气载流出物),气象数据(包括风向、风速、大气稳定度、降水量)。

实行间歇或分批排放时,每批都要记录上述要求的资料。对于计划外释放,除了记录上述要求的内容(释放时间从监测发现计划外释放的时刻算起,或者由此合理推定的某一时刻算起)以外,还要扼要记录计划外释放的原因。每一监测项目的负责人都应在监测结果上签字,以示负责。

2. 监测结果的报告

应按规定要求向主管部门和监督部门提交监测结果报告书,监测结果报告书的内容与格式应满足以下要求:① 带适当图示和解释资料的总结性说明,以表示在本报告包括的时间内有什么不同的特点或事件发生及其后果。要用规范的术语,内容简明扼要。② 要有监测系统流程图。如果此图是在原图上做了修改后的新图,则应另附修改说明。③ 要有流出物监测结果数据表。数据表的格式应适合计算机存储。表格采用本规定附录 A 的统一格式。④ 报告书还应有以下的附加说明:

① 关于所用的监测方法、该方法的最低探测限和测量结果总误差的简要说明。

② 在只测量流出物的总 α、总 β 和总 γ 活度时,说明假定的核素混合物的组成及其依据。

常规监测报告书,对于一般核设施,每半年提交一次。对于排放的放射性物质数量较大或活度较高的那些核设施(由主管部门会同监督部门核定),常规监测报告书每季度提交一次。在发生严重的计划外释放事件时,应及时报告释放时间、释放量和监测结果。报告的时间不可迟于从监测发现计划外释放时算起的 48 h;若该事件已构成事故,则应执行国家有关事故报告的规定。

3. 监测结果的存档和保存时间

监测结果的原始记录应在核设施的监测部门存档。监测结果报告书的原件应在核设施运行单位存档。监测结果(包括原始记录和报告书原件)至少要保存到该设施退役后的十年。要永久保存的文件种类由主管部门会同监督部门核定。

4. 核设施流出物监测结果报告表

详见表 3.4～表 3.8。

表 3.4 气载流出物——总排放量

核设施名称:　　　　监测部门:　　　　时间范围:　　　　负责人:

	单　位	季　度	季　度	估计的总误差/%
1. 裂片和活化气体				
a. 总排放量	Bq			
b. 本段时间的平均排放率	Bq/a			
c. 占管理限值的百分比	%			
2. 碘				
a. ^{131}I 的总排放量	Bq			
b. 本段时间的平均排放率	Bq/a			
c. 占管理限值的百分比	%			
3. 微粒				
a. 半衰期>8 d 的微粒	Bq			
b. 本段时间的平均排放率	Bq/a			
c. 占管理限值的百分比	%			
d. 总 α 放射性	Bq			

	单　位	季　度	季　度	估计的总误差/%
4. 氚				
a. 总排放量	Bq			
b. 本段时间的平均排放率	Bq/a			
c. 占管理限值的百分比	%			

表 3.5　气载流出物——高架释放

连续方式：　　　　　分批方式：

释放的核素	单　位	季　度	季　度	季　度	季　度
1. 裂片气体					
^{83}Kr					
^{84m}Kr					
^{87}Kr					
^{84}Kr					
^{133}Xe					
^{135m}Xe	Bq				
^{135}Xe					
^{133m}Xe					
其他(规定的)					
性质不明的					
本段时间总计					
2. 碘					
^{131}I					
^{133}I	Bq				
^{135}I					
本段时间总计					
3. 微粒					
^{89}Sr					
^{90}Sr					
^{134}Cs					
^{137}Cs	Bq				
^{140}Ba－^{140}La					
其他(规定的)					
性质不明的					
本段时间总计					

表 3.6　气载流出物——地面释放

连续方式：　　　　　分批方式：

释放的核素	单位	季度	季度	季度	季度
1. 裂片气体					
^{83}Kr	Bq				
^{84m}Kr					
^{87}Kr					
^{84}Kr					
^{133}Xe					
^{135m}Xe					
^{135}Xe					
^{133m}Xe					
其他（规定的）					
性质不明的					
本段时间总计					
2. 碘					
^{131}I	Bq				
^{133}I					
^{135}I					
本段时间总计					
3. 微粒					
^{89}Sr	Bq				
^{90}Sr					
^{134}Cs					
^{137}Cs					
$^{140}Ba-^{140}La$					
其他（规定的）					
性质不明的					
本段时间总计					

表 3.7　液态流出物——总排放量

	单位	季度	季度	估计的总误差/%
1. 裂变产物和活化产物				
a. 总排放量（不包括氚、气体、α）	Bq			

续表 3.7

	单 位	季 度	季 度	估计的总误差/%
b. 本段时间稀释后的平均浓度	Bq/L			
c. 占管理限值的百分比	%			
2. 氚				
a. 总排放量	Bq			
b. 本段时间稀释后的平均浓度	Bq/L			
c. 占管理限值的百分比	%			
3. 溶解的和带走的气体				
a. 总排放量	Bq			
b. 本段时间稀释后的平均浓度	Bq/L			
c. 占管理限值的百分比	%			
4. 总 α 放射性				
a. 总排放量	Bq			
b. 所排放的废物的体积(稀释前)	L			
c. 本段时间所用稀释水的体积	L			

表 3.8 液态流出物

连续方式: 间歇方式:

排放的核素	单 位	季 度	季 度	季 度	季 度
^{89}Sr					
^{99}Sr					
^{134}Cs					
^{137}Cs					
^{131}I					
^{60}Co					
^{66}Co					
^{60}Fe	Bq				
^{66}Zn					
^{54}Mn					
^{52}Cr					
^{96}Zr $-^{96}$Nb					
^{99}Mo					
^{99m}Te					
^{140}Ba $-^{140}$La					
^{141}Ce					

排放的核素	单 位	季 度	季 度	季 度	季 度
其他（规定的）	Bq				
性质不明的					
本段时间的总计（上述核素）	Bq				
^{133}Xe	Bq				
^{135}Xe					

3.1.6 核设施流出物环境放射性监测质量要求

根据国标 GB 11216—1989 规定,核设施流出物和环境放射性监测的质量保证计划应有一定的要求。同时,在制订环境非放射性监测质量保证计划时也可参考使用相关的原则。

1. 质量控制名词术语

（1）质量保证与质量控制

质量保证是为提供足够可信度使监测结果达到规定要求所采取的一切有计划的、系统的和必要的措施。

质量控制是质量保证的一部分,是为控制、监测过程和测量装置的性能使其达到预定的质量要求而规定的方法和措施。

（2）编制文件

编制文件是叙述、定义、说明、报告,或证明有关质量保证活动、要求、程序或结果的任何书面或图表资料。

（3）不确定度、准确度与精密度

不确定度是表示由于监测中存在误差或可变性而对被测量值不能肯定的程度。不确定度可按误差的性质分为系统不确定度和随机不确定度。或者按对其数值的估算方法分为:A 类分量——对多次重复测量用统计方法计算出的标准偏差;B 类分量——用其他方法估计出的近似"标准偏差"。A 类分量与 B 类分量通常可用合成方差的方法将其合成为合成不确定度。

准确度是指测量结果与所测定量的约定真值或正确值的一致程度。

精密度是在一定条件下,进行多次分析测量时,所得测量结果围绕其平均值的离散程度。

（4）质量控制样品、平行样品、空白样品与掺标样品

质量控制样品是为了确定和控制分析测量中的不确定度而专门制备的样品,主要是指平行样品、空白样品和掺标样品。

平行样品是指同时在同一地点采集、制备的具有相同组成和物理、化学特性的一组样品。

空白样品是除了不包含被测定的成分以外,其他都与待测样品完全相同的样品。

掺标样品是指在空白样品中加入了已知量的待测放射性物质的样品。

（5）检验源、标准源、标准参考物质与能量刻度源

检验源是具有高核素纯度，但不必准确知道其活度，被用来确定测量仪器是否正常工作的放射源。

标准源是准确已知其放射性核素的含量、放射性衰变率或光子发射率的放射源。

标准参考物质是在规定条件下，具有高稳定的物理、化学或计量学特性，并经检定和正式批准作为标准使用的物质或材料。

能量刻度源是含有发射量条以上准确已知能量的 α 或 γ 射线的一种放射性核素或几种放射性核素的源。

（6）仪器本底、刻度与校准

仪器本底是在没有待测样品时仪器的响应。

刻度是确定一个测量系统的观测输出值与相应标准特征之间的数值关系。

校准是确定计量器具示值误差（必要时也包括确定其他计量性能）和进行校正的全部工作。

（7）检定、检验与质量控制图

检定是为评定计量器具的性能（准确度、稳定度、灵敏度、探测效率、仪器本底等）并确定其是否合格而进行的全部工作。

检验是用仪器测量一个检验源所产生的响应来确定该仪器是否正常工作。

质量控制图是描绘测量仪器或样品性能参数测量结果的图，用以确定仪器或样品的性能是否处于统计控制的正常状态。

（8）核 查

核查是指根据对客观证据的调查、检查和评价，确定所制定规程、指令、说明书、规范、标准、行政管理和运行大纲，以及其他应用文件是否适当和完备，并确定它的执行有效性，从而进行有计划的文件编制工作。

2. 样品采集、运输、贮存中的质量控制

采样计划和程序主要是要保证采集到具有代表性的样品并保持放射性核素在分析之前的原始浓度。必须制订一个科学的采样计划，包括选择合适的采样地点和位置，避开一些有干扰的、代表性差的地点，选择合理的采样时间、采样频率和采样方式。必须制定和严格遵守各类样品的采样、包装、运输和贮存的详细操作程序。该程序除了规定技术方法、要求外，还应包括具体的操作步骤、距离内容、格式、标签设置。避免样品中放射性核素通过化学、物理或生物作用造成损失和偶然沾污等，一般要求采用国家或国际标准程序。对流出物样品，除在物理、化学特性上要与所排的流出物相同以外，在数量上也要正比于流出物中放射性的含量，即使在特殊释放条件下，也要保证样品的代表性。

应该准确地测量样品的质量、体积或流量，其误差一般应控制在 10% 以内。对空气和水的采样装置及流量计应至少每年校准一次。对于流出物采样系统应在系统运行的温度和压力下确定采样器的实际流量和对流量计进行校准。

采样装置对放射性核素的收集效率应有编制文件。一般应根据使用的实际条件用实验测定收集效率，如果使用条件与采样装置的生产厂家的测定条件相同或相近，也可采用厂家给出的数据。为了确定采样的不确定度，应该定期采集平行的瞬时样品，采集平行样品的数量占常规样品总数的 5%～20%。原始样品或经过预处理的样品应该保存备查，对于核设施运行前

环境本底调查的样品应保存到该设施退役后十年。对可保存的各类常规样品数的百分之一保存十年;强沾污样品及有特殊情况的样品应保存到处理后作出结论。

3. 分析测量中的质量控制

样品预处理和分析测量方法必须有完备的书面程序。样品的预处理和分析测量方法应采用标准方法,或者经过鉴定和验证过的方法。任何操作人员均不得擅自修改常规采用的方法或程序。在分析测量的操作过程中应该注意防止样品之间的交叉污染。分析测量实验室和仪器设备,应按样品中放射性核素的种类及其浓度大小分级使用。

为了确定分析测量过程中产生的不确定度以便采取相应的校正措施,应该分析测量质量控制样品(平行样品、掺标样品和空白样品)。为了确定分析测量的精密度,应该分析测量平行样品,平行样品由尽可能均匀的样品来制备。为了确定分析测量的准确度,应该用与待测样品相同的操作程序分析测量相应的标准参考物质或掺标样品,并且一般希望被分析测量的掺标样品不被分析者所知道。对分析测量中的已定系统误差必须进行修正。为了发现和量度样品在预处理、分析过程中的沾污和提供适当扣除本底的资料,应该分析测量空白样品。空白样品应与待测样品同时进行预处理和化学分析。分析测量的每种质量控制样品数分别占分析测量总样品数的 5%~10%,而且应该均匀地分布在每批样品之中。

应该准确地配制载体和标准溶液,并根据其稳定性确定出使用期限或重新标定期限。在采购、领用试剂时,要注意检查质量,不合格者一律不得使用。

为了发现和确定本实验室分析测量所产生的系统不确定度,必须参加国家和本系统主管部门组织的实验室之间分析测量的比对及主管部门安排的国际比对。如果所进行的分析没有正式比对样品,则可与其他实验室定期交换样品进行互换分析测量。对存在系统误差的结果应该分析,查明原因并采取校正措施。

(1) 对分析测量装置的性能应该进行检定、校准和检验

所有分析测量装置都应有性能和详细的操作说明书。新的分析测量装置或经过维修的分析测量装置,在常规使用以前必须进行性能的调试、检定和校准,以后的定期校准频率取决于仪器的类型和稳定性。更换旧的测量仪器时,新旧两种仪器应进行比对测量,并应有足够多的有代表性的重叠测量数据,以使得新旧两种仪器的测量数据有可比性。检定或校准所采用的标准源、标准参考物质或标准计量器具,应该根据国家规定的准确度等级正确地使用。

(2) 对常规使用的分析测量装置应进行常规检验

对常规使用的测量装置的主要性能应进行常规检验。对自动和手动固定式计数测量装置,应在测量每批样品时测量一次本底和探测效率或检验源的计数率。对于测量装置的坪特性,应每半年检验一次。对 α、γ 能谱测量装置,应定期用能量刻度源进行能量刻度检验,其频率取决于谱仪系统的稳定性,通常是在测量每批样品时进行能量刻度检验和测量检验源特征峰的计数率。每月应检验一次能量分辨率。若采用区段计数的方法,则对谱仪的稳定性应每周检验一次。对可携式测量仪器应在每次使用前用检验源检验其工作参数是否正常。对分析测量仪器的最小可探测限应每年核实一次。

(3) 对流出物连续测量系统必须进行有效的质量控制

所有流出物监测装置都应有详细的性能、操作和维修说明书。对流出物连续测量系统进行检定、校准的计量标准应可追溯到国家标准。对流出物连续测量系统进行刻度的计量标准应对仪表所测量的整个量程和能区或核素都能建立起刻度关系。只要切实可行,对流出物直

接连续测量系统的定期检验应该采用遥控检验源。检定、校准的频率应根据连续测量系统的种类、稳定性，以及检定、校准的复杂程度来确定。通常是每半年进行一次校准，每周用检验源检验一次。应该定期从流出物中取样，在实验室里进行分析测量来检验、校正流出物连续测量系统的测量结果。对流出物连续测量系统的设备要定期维修、保养，对易损坏的重要设备要再备份，维修后重新检定。

如果用检验源检验测量装置的性能时，发现其性能有了变化或者在测量装置发生了影响工作参数的变化以后（例如：更换流气式计数管的气体，更换、修理了探测器或测量仪器的重要部件以后）应该对测量装置进行重新校准或检定。如果仪器是运到外单位进行校准、检定或维修的，那么该仪器在运回实验室后应进行检验。对分析测量装置的性能进行检定、校准和检验的方法及操作步骤等，应编写出专门的书面程序并应严格按照程序进行。

分析测量装置性能检验的结果应该在质量控制记录本上记录下来，并画在质量控制图上。质量控制图的上下警戒限和控制限一般可取该参数单次测量值的正负 2 倍和 3 倍标准偏差。当测量值落在 3 倍标准偏差的控制限以外或两次连着落在 2 倍标准偏差的警戒限以外时，应进行研究，查明原因并采取校正措施。一系列测量结果虽然在控制限以内，但显示出了有偏离控制限的倾向时，也需要研究确定发生这种倾向的原因并加以校正。对每个样品进行测量都要有足够的精密度，一般测量的相对标准偏差应控制在 5%～10%。

4. 数据的记录处理和管理的要求

每个样品从采样、预处理到分析测量、结果计算全过程中的每一步都要有清楚、详细、准确的记录。对每个操作步骤的记录内容和格式都应有明确、具体的规定，并且在每个样品上都应贴上相应的不易脱落和损坏的标签或标记。为了追踪和控制每个样品的流动情况，还应该有随样品一起转移的样品记录单，记录每个操作步骤的有关情况。有关工作人员应在记录单上签名。

监测过程中的质量控制情况，包括采样和分析测量仪器性能检定、校准、检验、维修情况，质量控制样品分析情况，实验室间分析测量的比对情况，标准计量器具、标准源、标准参考物质的使用情况，掺标样品、载体及标准溶液的配制情况等，均应有详细、准确的记录。对计算机程序的验证书和证明文件、监测人员的资格以及质量保证计划核查的结果也应有详细的记录。对所有的监测记录和质量保证编制文件都应妥善地保存，而且对其保存期限应该作出规定，一般应保存到该设施停止运行后十至几十年，环境监测的结果应永久保存。

数据处理应尽量用标准方法，减少处理过程中产生的误差。对数据处理、计算结果中的假设、计算方法、原始数据、计算结果的合理性、一致性和准确性必须进行审核。对计算结果的审核，可以由两人独立地进行计算或者由未参加计算的人员进行核算。如果是用计算机计算，则应对计算机方法和程序进行审核并进行运行检验。正式审核通过的原程序必须有编制文件，对每次输入的数据应进行独立的核对。审核人必须在审核报告上签字。对于偏离正常值的异常结果，应及时向技术负责人报告，并在自己的职责范围内进行核查。

环境监测报告中所采用的量、单位和符号等应符合国家颁布的标准。监测数据的正式上报或使用必须经负责监测的技术人员签发。

5. 人员资格、核查和组织管理

（1）人员资格

由于监测结果的精密度和准确度也与操作人员的经验、知识和技术水平有关，所以对从事监测的人员在文化程度、专业知识、技术水平和工作能力等方面的资格应该给予规定。他们应该通过考试或考核取得相应的技术合格证。

为了保持从事监测人员的技术熟练程度和使其适应不断发展的技术水平,应该根据相应的情况,对他们进行反复的技术培训、考核、鉴定以及定期的技能评审。

（2）核　　查

为了检查质量保证计划的执行情况,确定其是否恰当和完备以及执行的有效性,必须进行有计划的、定期的核查,一般每季核查一次。核查应该由在被核查方面没有直接职务的有资格的人员来进行。核查人员应将核查结果写出书面报告,并经对核查工作负责的管理单位复审。对存在的问题应该采取进一步的措施,包括再次核查。

（3）组织管理

流出物和环境监测质量保证活动中,合适的组织和管理是一个重要因素。对管理和实施质量保证计划的组织结构、人员设置及其职责、权力等级应有明文规定。执行质量保证计划的组织和人员应该有足够的权力和才能,以便发现、鉴别质量问题,推荐、提供解决办法并核查解决办法的实施情况。

3.2　核设施流出物环境影响评价

核设施在正常的运行条件下,释放到环境中的放射性物质通过各种途径导致对人的照射,从而对当地居民产生附加剂量。评价个体和群体接受的剂量时,必须考虑到所有重要的照射途径。

但是,在放射性核素常规释放的大多数情况下,环境介质中的放射性核素活度浓度都低于探测限值,因而仅仅通过环境监测不能够计算出照射剂量。因此,在实际工作中,通常使用数学模式（模型）来描述放射性核素在环境中的输运、计算剂量及评价对环境的影响。在使用数学模式（模型）进行辐射环境评价时,其关键的输入项就是核设施所释放的放射性物质的量。通过核设施流出物监测和环境监测,获取核设施所释放的放射性物质（流出物）的量,从而得到核设施辐射环境影响评价的基础数据。而监测过程则是核设施辐射环境影响评价的重要环节。

3.2.1　流出物排放限值计算方法

核设施在正常的运行条件下,对当地居民产生的附加剂量需保持在国际认同的剂量限值和国家规定的约束值以下,并保持在可合理达到的尽量低的水平。为限制核设施所释放的放射性物质的量及其对当地公众成员产生的剂量,必须采用有效的控制技术来达到这样的低水平。这种控制,对公众应无任何侵害,而仅对商业设计和设施运行有所影响。

对于核设施营运者或业主,在开始向环境排放来自他们负责源的任何固态、液态和气态放射性物质之前,必须酌情考虑:

① 确定拟排放物质的性质、活度及可能的排放位置和排放方式;

② 通过相应的预运行研究,确定排放的放射性核素会造成公众照射的所有重要的照射途径;

③ 评价由计划排放引起的关键人群组所受的剂量;

④ 把这些资料呈送审管机构,作为制定管理排放限值和其实施条件的原始资料。

对于管理机构,审批排放限值也是对核设施正常运行进行监督管理的一项重要内容。我国颁布的 GB 18871—2002《电离辐射防护与辐射源安全标准》对各种放射源及其实践的辐照限值进行了规定,包括:① 源的生产和辐射或放射性物质在医学、工业、农业或教学与科研中的应用,包括与涉及或可能涉及辐射或放射性物质照射的应用有关的各种活动;② 核能的产生,包括核燃料循环中涉及或可能涉及辐射或放射性物质照射的各种活动;③ 审管部门规定需加以控制的涉及天然源照射的实践;④ 审管部门规定的其他实践。

通常采用从源到人(关键人群组的代表性成员)的环境隔室迁移模式,并根据公众成员的剂量限值,计算导出核设施流出物的排放限值。

1. 流出物环境转移模式

根据核设施厂址特征和关键人群组的饮食和生活习性,考虑可能的照射途径,构建从源到人的环境隔室模型。图 3.1 中的每个隔室均以数码标识,隔室 i 的量以 X_i 表示;从隔室 i 到 j 的迁移,用途径转移参数 P_{ij} 表示(见表 3.9)。这样,在稳态条件下,从所有隔室到 j 的迁移量可表示为

$$X_j = \sum_i P_{ij} X_i$$

式中,求和表示对所有向隔室 j 的迁移量。对于给定的排放率 X_0,如果 P_{ij} 已知,则可以计算出任一隔室的量。

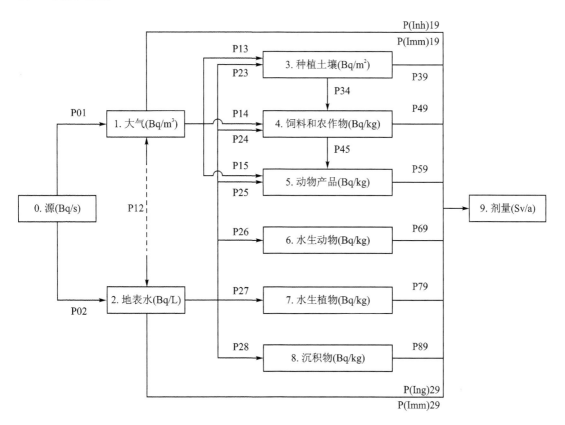

图 3.1　流出物迁移途径(环境隔室)模型

表 3.9　流出物迁移参数与途径

排放途径	迁移参数	隔　室	量　纲
大气排放	P_{01}	源→大气	$s \cdot m^{-3}$
	$P(Inh)_{19}$	大气→剂量(吸入)	$Sv \cdot a^{-1} \cdot Bq^{-1} \cdot m^3$
	$P(Imm)_{19}$	大气→剂量(浸没)	$Sv \cdot a^{-1} \cdot Bq^{-1} \cdot m^3$
	P_{13}	大气→种植土壤	m
	P_{14}	大气→饲料和农作物	$m^3 \cdot kg^{-1}$
	P_{15}	大气→动物产品	$m^3 \cdot kg^{-1}$
	P_{34}	种植土壤→饲料和农作物	$m^2 \cdot kg^{-1}$
	P_{39}	种植土壤→剂量	$Sv \cdot a^{-1} \cdot Bq^{-1} \cdot m^2$
	P_{45}	饲料和农作物→动物产品	$kg \cdot kg^{-1}$
	P_{49}	饲料和农作物→剂量	$Sv \cdot a^{-1} \cdot Bq^{-1} \cdot kg$
	P_{59}	动物产品→剂量	$Sv \cdot a^{-1} \cdot Bq^{-1} \cdot kg$
地表水排放	P_{02}	源→地表水	$s \cdot L^{-1}$
	P_{23}	地表水→种植土壤	$L \cdot m^{-2}$
	P_{24}	地表水→饲料和农作物	$L \cdot kg^{-1}$
	P_{25}	地表水→动物产品	$L \cdot kg^{-1}$
	P_{26}	地表水→水生动物	$L \cdot kg^{-1}$
	P_{27}	地表水→水生植物	$L \cdot kg^{-1}$
	P_{28}	地表水→沉积物	$L \cdot kg^{-1}$
	$P(Ing)_{29}$	地表水→剂量(食入)	$Sv \cdot a^{-1} \cdot Bq^{-1} \cdot L$
	$P(Imm)_{29}$	地表水→剂量(浸没)	$Sv \cdot a^{-1} \cdot Bq^{-1} \cdot L$
	P_{69}	水生动物→剂量	$Sv \cdot a^{-1} \cdot Bq^{-1} \cdot kg$
	P_{79}	水生植物→剂量	$Sv \cdot a^{-1} \cdot Bq^{-1} \cdot kg$
	P_{89}	沉积物→剂量	$Sv \cdot a^{-1} \cdot Bq^{-1} \cdot kg$

2. 流出物排放限值导出

对于向大气和地表水的排放应分别单独进行计算。

① 向大气排放的导出排放限值,可用下式计算:

$$DRL = \frac{ADL}{\dfrac{X_9}{X_0(a)}}$$

式中,DRL 为导出排放限值,Bq/s;ADL 为相应的年剂量限值,Sv/a;$X_0(a)$ 为向大气的排放率,Bq/s。其中:

$$\frac{X_9}{X_0(a)} = P_{01}[P(Inh)_{19} + P(Imm)_{19} + P_{13}P_{39} + P_{14}P_{49} + P_{15}P_{59} + P_{13}P_{34}P_{49} +$$

$$P_{14}P_{45}P_{59} + P_{13}P_{34}P_{45}P_{59}]$$

② 向地表水排放的导出排放限值，采用下式计算：

$$DRL = \frac{ADL}{\dfrac{X_9}{X_0(w)}}$$

式中，$X_0(w)$ 为向地表水的排放率，Bq/s。其中：

$$\frac{X_9}{X_0(w)} = P_{02}\big[P(\text{Ing})_{29} + P(\text{Imm})_{29} + P_{28}P_{89} + P_{27}P_{79} + P_{26}P_{69} + P_{25}P_{59} + P_{24}P_{49} +$$

$$P_{23}P_{39} + P_{24}P_{45}P_{59} + P_{23}P_{34}P_{49} + P_{23}P_{34}P_{45}P_{59}\big]$$

应该强调指出，必须考虑来自所有排放源（气载和液态）的所有核素对同一关键人群组成员的辐射照射，以确保不超过剂量限值。对于多堆厂址，应当考虑来自不同核设施放射性释放的照射。在运行期间，为符合剂量限值的要求，必须满足以下条件：

$$\sum_i \sum_j \sum_k \frac{R_{ijk}}{DRL_{ijk}} \leqslant 1$$

式中，R_{ijk} 为来自源设施 k、排放源 j（气态或液态）、核素 i 的实际排放值；DRL_{ijk} 为源设施 k、排放源 j（气态或液态）、核素 i 的导出排放限值。

3. 流出物导出排放限值的应用

基本的辐射防护限值是剂量限值，而从便于执法的角度来说，限值应是可测量的量。采用数学模型导出排放限值是根据剂量限值而导出的次级限值，便于直接核查。导出排放限值仅仅是排放限值的上限值，在审管工作中，通常以剂量限值的形式和导出限值的形式来管理核设施流出物的排放。因此，审查核设施正常运行放射性流出物的导出排放限值（DRL）是监管机构审批排放限值的一项主要内容，也是对核设施正常运行进行监督管理的一个有效手段。

对于单个核设施的厂址，单个排放源的导出排放限值较易确定。但对于多个核设施的厂址，如秦山核电厂址，必须考虑厂址的整体性影响，有必要确定整个厂址的排放限值。考虑到审管的便利性，也有必要为单个设施确定排放限值。先对整个厂址确定一个限值，然后再对各个设施进行适当分配。分配过程中需要考虑到权重的问题，如公平原则、设施的先进性，以及社会、经济、政治等因素。

必须明确的是，流出物的导出排放限值是排放的上限值，在申请和核准排放量时，要进行优化分析。允许在预期的排放量和排放限值之间留有适当的裕度，给予某种运行的灵活性。

3.2.2　气载流出物环境影响评价

核电厂气载流出物中最重要的放射性核素是惰性气体和放射性碘，此外，还有一些特殊状态的裂变产物和活化产物，以及氚等核素的挥发性化合物。事故释放中的裂变产物可能以复杂的混合物状态出现，但仍包括碘-131 和惰性气体。因此，对气载流出物的监测类型应包括发射 β 或 γ 的气溶胶、发射 α 的气溶胶的总活度和惰性气体的总活度的测量，以及对关键核素和诸如碘、锶、氚之类的放射性同位素的特殊测量。

核设施正常工况下放射性气态流出物对公众影响的评价，在核设施环境影响评价中占有相当重要的位置。业主、报告编写者、审评人员为此都投入了相当的财力和物力。从核电站正常工况下放射性气态流出物对公众影响的评价角度出发，现行规范对有关气象资料、扩散参数、人口资料、居民食谱和食品来源等数据的收集和调查都提出了具体的要求。

1. 评价方法学

核设施正常工况下放射性流出物造成公众剂量的评价,在环境影响评价中通常采用的方法是模式计算,它的方法学如图 3.2 所示。

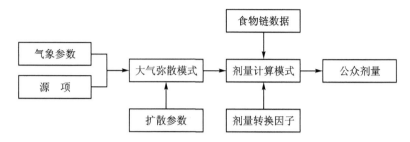

图 3.2　正常工况下放射性流出物对公众影响的评价流程

2. 大气弥散计算

目前应用于正常工况下放射性气态流出物评价中的长期大气弥散模式都是高斯烟羽模式。高斯烟羽模式是计算释入大气中的气载污染物下风向浓度应用最广的方法,此模式假定烟羽中污染物浓度在水平方向和垂直方向都遵循高斯分布。

高斯烟羽模式如下式所示:

$$(\chi/Q)_j = \sqrt{\frac{2}{\pi}} \cdot \frac{8}{\pi x} \cdot \sum_{k=1}^{6} \left[\frac{\exp\left(-\frac{H^2}{2\sigma_{zk}^2}\right)}{\sigma_{zk}} \cdot \left(\sum_{m=2}^{6} \frac{p_{jkm}}{u_{jkm}} + \frac{f_{cjk}}{0.5} \right) \right]$$

式中,$(\chi/Q)_j$ 为在风向 j 上的年平均大气弥散因子,s/m^3;x 为计算点到释放点的水平距离,m;σ_{zk} 为在大气稳定度 k 时的垂直扩散参数,m;H 为有效源高度,m;p_{jkm} 为有风时 j 风向、k 稳定度、m 风速组的三维联合频率;f_{cjk} 为静风时 j 风向、k 稳定度的联合频率;u_{jkm} 为相对于 j 风向、k 稳定度、m 风速组的平均风速,m/s。

众所周知,高斯弥散模式是建立在风和湍流不随时间和空间变化、风向连续、扩散过程中污染物守恒、地面不吸收污染物并全反射等假设之上的。在实际使用中需要结合具体情况对模式参数做相应的调整。对于长期大气扩散计算而言,通常的调整有:风向变化、地形修正、源强耗减、熏烟现象、稳定度随高度的变化、混合释放、建筑物尾流效应、扩散参数、风速廓线指数、混合层高度等。

因为风向变化、地形修正必须结合实际地形和风场考虑,技术上有较大的难度,一般评价中往往不予考虑。源强耗减只对大约离排放点 10 km 以上的较远距离产生影响,它们对厂址附近几千米范围内的最大个人剂量几乎没有什么影响。熏烟现象全年的发生频率通常不高,对长期扩散因子的贡献有限,而它对短期弥散有较大影响,是事故应急所关心的问题。

3. 剂量计算模式

普遍采用的剂量计算模式基本是相同的。但对于 γ 浸没照射,除德国外都采用半无限烟云模式。德国的导则规定 γ 浸没照射需采用有限烟云剂量模式。尽管有限烟云剂量模式更接近 γ 浸没照射的实际情况,但它需要一组专用的剂量转换因子并且计算量比较大,因此在正常工况下尚未得到广泛应用。

(1)剂量转换因子

剂量计算中需要各核素在各种途径中的剂量转换因子。由于辐射防护理论和实践在近几十年来的发展,剂量转换因子也随之有很大的变化。在我国环境影响评价中,各编写单位根据各自不同的计算程序,采用的剂量转换因子也各不相同。

有研究表明,对于同一个核电厂址、同样的源项和计算条件下,采用不同文献的剂量转换因子所得的核电厂的最大个人年有效剂量及不同途径的相对贡献也不同。由于采用不同的剂量转换因子,最大个人总有效剂量结果最多可以有 7.5 倍的差别。

（2）食物链参数

在剂量模式中,食物链参数影响摄入途径剂量的计算结果。为此,在环境影响评价中需调查评价区内的居民饮食习惯,甚至有的计算程序还要求进一步调查每一个子区内各种食物的来源。显然,这类调查既需要花费相当大的人力、物力,又容易带有较大的不确定性,而食物链数据并不是对结果有较大影响的参数。在国外通常采用标准食谱数据,如在德国的导则中有一组推荐值供评价使用;在美国 EPA 推荐的评价程序 Cap88 中有几组推荐值供用户选择使用。值得指出的是,食物链数据对于厂址附近有特殊生活习惯的居民的剂量估算却是重要的,必须仔细加以考虑和调查。

4. 气体流出物（氚）环境影响评价

氚在核电站的产生量很大,是核电站向环境中排放较大的放射性核素之一,也是核设施放射性核素剂量评价的主要放射性核素,目前尚无减少其释放的消减技术,控制核设施中氚的产生和排放量越来越引起人们的重视。氚是氢的同位素,具有与氢相似的化学和物理特性,在环境中可以与氢快速交换,随氢的循环在不同环境介质中迁移转化。因此,在核设施环境影响评价中,氚作为单独的核素进行评价。

（1）氚的来源及其形态

反应堆中的氚一般会通过扫气、泄漏等途径以气态的形式排放。有研究表明,30 年间,全球核电站流出物中气态氚的排放量显著高于液态氚,重水堆是各堆型核电站中氚排放的主要贡献者,也是氚排放所致公众剂量的主要来源。根据《压水堆核电厂运行状态下的放射性源项》（GB/T 13976—2008）,在压水堆中,氚在气相和液相之间的分配因子约为 1:9。轻水堆核电厂可能有 HT、CH_3T 的排放,但有关监测数据难以见诸报道。不同核设施的氚排放,其化学形态可能不同。例如乏燃料处理厂就可能存在氚气（T_2）的排放。对一些氚处理设施,甚至存在一些含氚的有机酸性气体。

环境中的氚以氚气（HT）、氚化水（HTO）和有机结合氚（OBT）三种化学形态存在,在生物圈中循环的主要有 HTO 和 OBT 两种形式。OBT 在任何生态系统中持续的时间都要比 HTO 的长,而且 OBT 的剂量移转因子是 HTO 的 2 倍多,因此 OBT 被认为是对人体造成辐射剂量的重要来源。

为了更加有效地控制氚的排放,法国等国家核安全监管机构根据电站的装机容量、排放工艺、堆型等制定了各自国家核电站氚的年排放总量限值;加拿大等国的监管机构根据剂量限值制定了导出排放限值,该值的优点是便于审查核电站正常运行时氚的排放量;其他核电国家则是以剂量限值的形式提出了氚的排放限值。

（2）氚的监测

目前已开展的轻水堆核电厂气载流出物中氚的监测主要是针对 HTO 的监测。对 HTO 的监测,早期主要采用简单的鼓泡器收集的方法。由于温度的变化可能导致鼓泡液在吸收 HTO 的同时又随气流挥发,其采样条件可能难以控制。目前针对气载流出物中氚的监测设备已能通过催化氧化的方法对气载流出物中除 HTO 外的所有化学形态的氚开展监测,相应的设备如法国 SDEC 公司开发的 Marc 7000 型氚采样器、加拿大 BOT 公司开发的 ES MS12C 型氚碳联合采样器均已在核电厂气载流出物监测中得到成功应用。这些设备均采用恒温系统,对鼓泡的温度、气流条件均有较好的控制;同时,该类设备带有催化氧化装置,能够对其中的有机气体加以氧化并收集氧化后生成的 HTO。图 3.3 给出了两种氚回收设备的原理示意图。

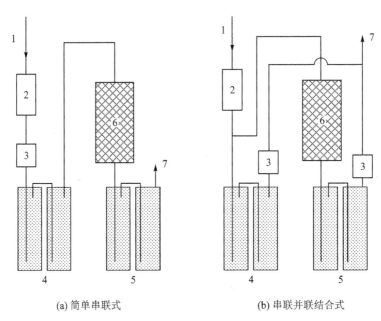

(a) 简单串联式   (b) 串联并联结合式

1—含氚气载物;2—过滤器;3—流量计;4,5—组合吸收瓶;6—催化炉;7—排气

图 3.3 两种典型氚采样器原理图

图 3.3 中的两种方法均不能区分除 HTO 外氚的其他具体化学形态。目前,已有相关技术开展 HT 和 CH_3T 的分别监测,其基本原理是基于 HT 和 CH_3T 对不同的催化剂的反应温度的差异加以鉴别,而该法已在日本等国家的辐射环境监测中得到应用。

日本六所村乏燃料处理厂附近开展了环境空气中 HTO、HT 和 CH_3T 的监测。其基本原理是:空气经缓冲过滤后进入一个气体流量计,由一个冷阱(−15 ℃)和 MS‑3A 分子筛捕集 HTO,随后进入干燥器,并经充入电解后的无氚氢气和甲烷气作为载体,经 Pt 催化剂催化后,HT 被氧化生成 HTO,经由 MS‑3A 分子筛吸附,随后 CH_3T 经 Pd 催化剂(350 ℃)氧化,生成 HTO 后再由 MS‑3A 分子筛吸附。这样,三种化学类型的氚就分别进行了收集。

HT 与 CH_3T 的氧化适用于不同温度下 Pt 和 Pd 催化剂的催化氧化效能。对 Pt 催化剂,其在低温度(<100 ℃)下对 CH_4 无催化效果,但对 H_2 的催化效率可达到 100%,因而可实现对 HT 低温选择性催化;对 Pd 催化剂,在 350 ℃ 以上即可实现对 CH_4 的 100% 的催化氧化。HTO、HT 和 CH_3T 取样装置示意图如图 3.4 所示。

六所村乏燃料处理厂设计的装置中,考虑到环境空气中 H_2 与 CH_4 的浓度水平较低(分别为 0.55 ppmV 和 1.7 ppmV),因而采集空气时需要加入无氚的载气 H_2 和 CH_4。无氚的 H_2 由电解无氚水产生,而无氚的 CH_4 来自石油产品的转化。

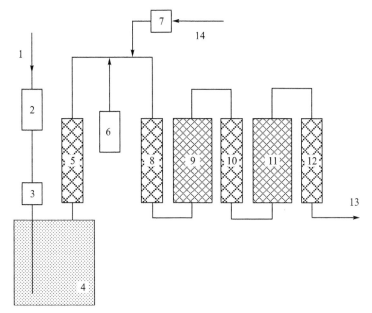

1—含氚气体;2—过滤器;3,7—流量计;4—冷阱;5—HTO 吸收柱;6—电解槽;8—干燥器;
9—Pt 催化炉;10—HT 吸收柱;11—Pd 催化炉;12—CH₃T 吸收柱;13—泵抽气;14—甲烷载气

图 3.4　HTO、HT 和 CH₃T 取样装置示意图

3.2.3　液态流出物环境影响评价

核电厂的液态流出物含有裂变产物和活化产物,主要是钴、铁、镍、铬、锶、铯和碘的同位素以及氚。因此,需要开展对液态流出物的监测类型包括发射 β 或 γ 的放射性核素、发射 α 的放射性核素的总活度的测量,以及关键核素和某些特殊的放射性同位素,特别是碘和氚的测量。

1. 核电厂液态流出物排放技术要求

核电厂液态流出物排放应符合国家标准的强制要求,GB/T 14587—2011 关于《核电厂放射性液态流出物排放技术要求》规定:

① 核电厂液态流出物排放系统的设计和运行以及核电厂放射性液态流出物排放的管理应满足 GB 18871—2002 的要求,遵循"辐射防护最优化"和"废物最小化"的原则。

② 核电厂放射性液态流出物向环境排放应采用槽式排放,从而确保液态流出物在排放前进行充分的衰变、搅混和取样,取样结果不满足排放要求的,从贮槽送回系统进行再次处理。对于每一个排放系统,应设置 2 个足够容量的贮存排放槽和至少 1 个备用贮存排放槽。排放的放射性总量应符合 GB 6249—2011。国标规定,对于 3 000 MW 热功率的反应堆,每堆液态流出物年排放总量的控制值如表 3.10 所列;对于热功率大于或小于 3 000 MW 的反应堆,应根据功率对表 3.10 控制值进行适当的调整。

表 3.10　核电厂液态放射性流出物控制值

Bq/a

核素种类	轻水堆	重水堆
氚	7.5×10^{13}	3.5×10^{14}
碳-14	1.5×10^{11}	2.0×10^{11}
其余放射性核素	5.0×10^{10}	2.0×10^{11}

③ 对于滨海厂址,系统排放口处除氚、碳-14 外,其他放射性核素的总排放浓度上限为 1 000 Bq/L。排放口应设置在线监测仪表,且报警阈值不应超过控制值的 5 倍。

④ 对于滨海厂址,液态流出物应与循环冷却水混合后离岸排放,超过排放浓度限值的放射性液态流出物,不得采用稀释方法排入电厂排水渠。

2. 典型压水堆废液排放系统对比

CPR1000、WWER-1000 和 AP1000 是三种国内比较有代表性、应用比较广泛的压水堆核电厂反应堆型。不同压水堆核电厂由于所采用的技术路线不同,对于放射性废液处理系统的设计思路也有差异。下面对此进行简单的对比分析。

(1) CPR1000 核电厂放射性废液处理方式

CPR1000 核电厂对于放射性废液的分类包括可复用废液和不可复用废液,分别采取不同的收集、处理方法。可复用废液由硼回收系统 TEP 系统进行处理,废液是来自化容系统 RCV 以及核岛排气和疏水系统 RPE 的含氢反应堆冷却剂。可复用废液处理方法如图 3.5 所示:TEP 的前置贮存、过滤除盐和除气子系统设有两个独立系列,各服务于一台机组,有连接管道可相互备用,其余部分为两台机组共用。

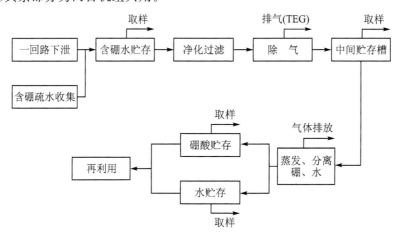

图 3.5 CPR1000 核电厂可复用废液处理流程图

不可复用废液由废液处理系统 TEU 进行处理,TEU 系统包括六个单元:前贮存单元、化学中和单元、蒸发净化单元、除盐净化单元、过滤净化单元、监测排放单元,为两台机组共用。

(2) WWER-1000 核电厂放射性废液处理方式

WWER-1000 核电厂的可复用废液由一回路冷却剂处理系统(KBF)来进行处理,KBF 系统收集并处理核电厂在各种运行工况下从一回路导出的含硼水以及由含硼疏水收集系统(KTC)收集的含硼疏水,通过蒸发的方法,得到浓度为 16 g/kg 和 40 g/kg 的硼酸溶液和可供复用的蒸馏水。可复用废液处理流程如图 3.6 所示。由图 3.6 可以看出,WWER-1000 机组的含硼废液处理方式和 CPR1000 机组在原理上是一样的,区别在于冷却剂的除气在化容系统完成,可以不通过废液处理系统实现对冷却剂的排气操作。

对于不可复用废液,WWER-1000 采用将疏排水系统按照厂房进行划分的方式,实现收集不含硼或含硼量极低的废液。厂房被划分为以下几个系统,包括:反应堆厂房特排水系统(KTF)、安全厂房特排水系统(KTL)、核服务厂房特排水系统(KTT)、辅助厂房特排水系统(KTH)。消防排水、核服务厂房地漏水和洗衣房排水等通常放射性较低,经取样如果达到排

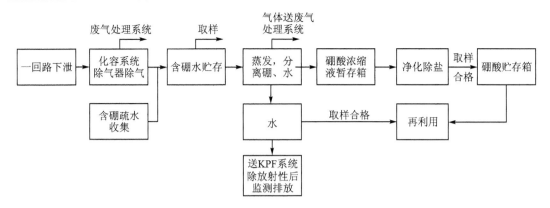

图 3.6 WWER－1000 核电厂可复用废液处理流程图

放标准,则通过 KTT 系统直接进行排放,如果无法满足排放标准,则和其他排水一起被送到 KPF 系统进行处理。KPF 系统是地漏水处理系统。

（3）AP1000 核电厂放射性废液处理方式

AP1000 核电厂在负荷跟踪期间,一回路不调节硼浓度,通过灰棒组件控制反应堆功率,使电厂的放射性液态流出物大为减少,减轻了放射性废物处理和后期处置的压力。AP1000 核电厂通过 WLS 系统控制、收集、处理、运输、贮存和处置正常运行及预期运行事件下所产生的液体放射性废物。除了正常使用的固定式处理设备外,考虑到今后技术的发展和对小概率事件放射性处理的要求,WLS 提供了与移动式放射性废液处理设备的接口,以确保系统的多重性。另外,AP1000 电厂还设计有厂址放射性废物处理设施（SRTF）,与单机组处理相比较,其功能更适用于整个厂址的废物处理。

AP1000 核电厂产生的放射性废液,都采用不复用的处理方式。但是对于不同类型的废液,处理过程有所不同。AP1000 核电厂的放射性废液主要包括:反应堆冷却剂系统废液、地面疏水和其他含高悬浮颗粒物的废液、洗涤剂废液、化学废液四种。其中,反应堆冷却剂系统的含硼和氢的废液来自于反应堆冷却剂系统的疏水箱和化容系统的下泄流,废液在进入暂存箱前通过放射性废液系统的真空除气器进行除气。废液暂存箱内的液体可再循环和取样,经过化容系统补给泵返回反应堆冷却剂系统,或经过滤和离子交换除盐后监测排放。

（4）放射性物质排放的比较

表 3.11 和表 3.12 分别是三种堆型核电厂放射性废液处理系统的比较表和三种堆型单机组年度放射性物质排放比较表。由表可以看出,AP1000 核电厂虽然不复用放射性废液,但是由于正常运行期间废液产生量较小,所以放射性物质的排放量并不高,部分核素的排放量相对还要低一些。

表 3.11 三种堆型核电厂放射性废液处理系统的比较

反应堆类型	CPR1000	WWER－1000	AP1000
系统布置	放射性废液系统为两台机组共用或部分共用	每台机组有单独的放射性废液处理系统	单机组的废液处理系统以及厂址废物处理设施
反应堆冷却剂	采用蒸发工艺,重复利用硼浓缩液和蒸馏水,对一回路冷却剂进行除气、净化操作	采用蒸发工艺,重复利用硼浓缩液和蒸馏水,不参与对一回路冷却剂的除气	除盐、除放射性后监测排放,不对硼酸重复利用

续表 3.11

反应堆类型	CPR1000	WWER-1000	AP1000
不可复用废液	过滤或除盐后监测排放,化学成分含量高、放射性高则采用蒸发工艺处理	取样合格后监测排放,化学成分含量高、放射性高则采用蒸发工艺处理	取样合格后监测排放或经过滤、除盐后监测排放,放射性或化学成分含量高时送厂址废物处理设施处理
优点	共用系统减少了高放射性的系统和设备,热力除气能力强	处理能力强,能满足寿期末除硼和一回路大流量换水的需要	减少了放射性系统和设备,减少了人员辐照剂量,厂址废物处理设施便于部分废物的集中处理
缺点	蒸发工艺决定了系统的繁杂,维护工作量大,人员辐照剂量大	蒸发工艺决定了系统的繁杂,单机组布置造成维护工作量大,人员辐照剂量大	硼酸直接排放的设计造成机组启、停过程中排放压力较大,硼酸制备量大

表 3.12 三种堆型核电厂(单机组)年度放射性物质排放值对比

Bq/a

放射性核素	GB控制值	AP1000	WWER-1000	CPR1000
氚	7.5×10^{13}	3.7×10^{13}	1.8×10^{13}	1.7×10^{13}
碳-14	1.5×10^{11}	3.3×10^{9}	1.0×10^{10}	5.0×10^{9}
其余核素	5.0×10^{10}	9.5×10^{9}	7.5×10^{9}	1.2×10^{10}

核电技术发展到第三代,对于放射性物质的控制和排放也提出了更高的要求,先进轻水堆已经不允许使用蒸发处理技术,特别期望改变原有的处理系统,这在美国已成为主流趋势。APl000 负荷跟踪期间不调硼的设计、过滤加净化的放射性废液处理方式和厂址废物处理设施的设置,明显减少了废物产生量,同时也简化了高放射性系统和设备,降低了人员辐照,集中处置方式提高了效率,代表了核电厂放射性废液处理方式新的发展方向。

3. 核设施液态流出物环境影响评价模型

液态放射性流出物的环境影响评价是核设施环境影响评价中的一个很重要的部分。本部分主要介绍国际原子能机构(IAEA)19 号安全报告所推荐的核设施液态放射性物质在地表水中的环境影响评价的方法。

对液态放射性流出物的环境影响评价一般遵循下列步骤:首先,计算放射性流出物在水环境中扩散后的浓度;然后,计算通过一定的传输途径对人造成影响时介质中的放射性核素的浓度;最后,通过一定的剂量计算模型计算出最终对公众成员造成的年有效剂量。

(1) 放射性流出物在水环境中的扩散模型

对于河流,IAEA 19 报告提供了两种评价方法:无稀释模型和稀释扩散模型。无稀释模型认为放射性流出物对人造成的照射就发生在排放点,显然这是一种极其保守的估计,在实际评价工作中使用较少。

对于考虑了稀释作用的扩散模型,在计算某个地点的放射性物质在水(或沉积物)中的浓度时,该地点应该是假想的关键居民组成员用这些水来饮用、养鱼、灌溉、游泳或是利用这些沉积物来从事农业或其他活动所在的地点。IAEA 19 号报告对放射性流出物在河流中的扩散提供了简单而保守的计算模型,其计算流程如图 3.7 所示。

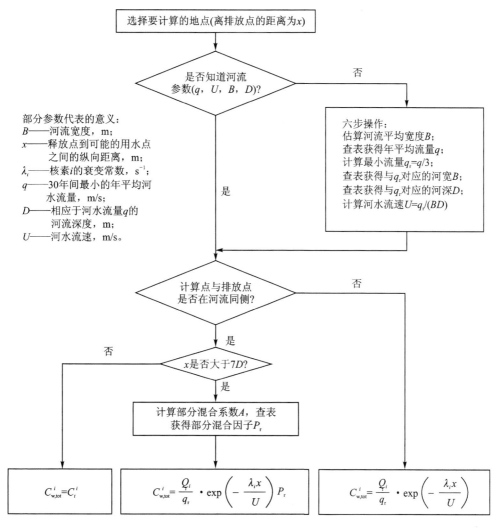

图 3.7 排放到河流中的放射性核素浓度的计算模型

在垂直于水面的方向上达到完全混合的距离 L_z(m)是基于这样的假设:在沿着垂直于水面的同一条直线方向上,水中放射性物质的最小浓度是最大浓度的一半时,认为垂直于水面方向上达到了完全混合。IAEA 19 号报告中假设在垂直于水面方向达到完全混合的最小距离为 $L_z = 7D$,其中 D 为河流深度。

1) 对于用水点与排放点在河流异侧的情形

排放点对岸的水中放射性核素浓度的最大值为横断面上的平均浓度,因此得到的最大值为核素在横断面上达到完全混合时的浓度。用下式可以获得完全混合浓度 $C_{w,tot}^i$:

$$C_{w,tot}^i = \frac{Q_i}{q_r} \cdot \exp\left(-\frac{\lambda_i x}{U}\right) = C_t^i \tag{3.1}$$

式中,C_t^i 为完全混合后的放射性核素 i 的浓度;其他符号的意义如前所述。

2) 对于用水点与排放点在河流同一侧的情形

① 若用水点距离排放点的距离小于 L_z,则使用无稀释模型。一般饮用水不太可能从离

排放点这么近的地方获取,但可能有水生生物受此影响而到达人体。

② 若用水点距离排放点的距离大于 L_z,则必须考虑核素在横断面上没有混合完全的情况。IAEA 19 号报告中提供了根据不同的部分混合系数 A 来查找部分混合因子 P_r 的数值表。其中:

$$A = \frac{1.5Dx}{B^2} \qquad (3.2)$$

用水点水中放射性核素 i 的浓度为

$$C_{w,tot}^i = C_t^i \cdot P_r \qquad (3.3)$$

当 $x > \dfrac{3B^2}{D}$ 时,核素在横断面上混合均匀。此时 $P_r = 1$,则 $C_{w,tot}^i = C_t^i$。

以上所得到的结果都忽略了沉积物的作用。放射性物质在水中扩散时可能被底泥所吸附而沉积到河底,而且一段时间后可能由于水流作用而再次悬浮。该模型中忽略了沉积物的作用,一方面为简化计算,另一方面也为直接用水(如饮水)而产生的剂量估算带来保守性。

对河流流量 q 的估算,可以先通过观察或由地图获得河流在正常情况下的平均宽度 B,从 IAEA 19 号报告提供的表Ⅲ(河水流速、河宽、河深之间的关系)中可以查到相应于该平均宽度的年平均流量 q。对缺省的情况,假设 30 年间的最小河水流量 q_r 为平均河水流量 q 的 1/3,由此获得 30 年间的最小河水流量 q_r,根据 q_r 由表Ⅲ查出河流相应的宽度 B 和深度 D。相应于 30 年间年最小流量的流速 U(m/s)为

$$U = \frac{q_r}{BD} \qquad (3.4)$$

由于对放射性流出物在河流中的扩散模型作了一些假设和简化,因此,该计算模型只适用于下列情形:① 水体的几何特征(如河流横断面)不随着距离而有很大的变化;② 水流特征(如流速、水深等)不随着距离而有很大的变化;③ 在长期的正常释放条件下,水和沉积物之间的放射性处于平衡状态。

放射性流出物在水环境中的扩散受很多因素的影响。该计算模型出于简化计算和使结果偏保守的考虑,做了如下处理:① 特意选择了假想的关键居民组成员用水(或沉积物)的地点,以便来限制可能发生的低估照射的可能性;② 水的流速、流量,水的深度,都选取 30 年期间最低的年平均值;③ 放射性核素浓度是沿水羽中心轴方向计算的;④ 放射性废水的排放方式都假设为沿着水体的岸边排放(这样的排放方式限制了放射性物质在水中的扩散);⑤ 不考虑沉积物的影响,这极大地高估了水中放射性核素的浓度,对于直接利用水所产生的剂量将导致过高估计,也为结果增加了额外的保守性。

(2) 放射性物质在照射途径中的传输模型

对于液态放射性流出物在河流中扩散后对人造成的影响,主要考虑如下几种照射途径:① 人食用了受污染的水生食物而引起的内照射;② 人饮用了受污染的水而造成的内照射;③ 人在受污染的河岸边活动而产生的外照射。此外,还有一些其他照射途径:如使用被污染的水灌溉农田后生产的农作物被人食用而引起的内照射;人在被污染的河水中游泳而产生的外照射,等等。

1) 放射性物质在水生生物中的浓度

计算放射性物质从水环境转移到水生生物中的放射性浓度,一般使用浓集因子法来描述

稳定的长期连续释放。计算公式为

$$C_{af,i} = C_{w,i}B_p \qquad (3.5)$$

式中，$C_{af,i}$ 为核素 i 在水产食物 p 中的比活度，Bq/kg；$C_{w,i}$ 为溶解在水中的核素 i 的浓度，Bq/L；B_p 为生物浓集因子，也就是生物中的核素浓度与水中的核素浓度达到平衡时的比值，(Bq/kg)/(Bq/L)。

生物浓集因子 B_p 的值可能变化非常大，某些情况下对同一种核素和同一种生物其值甚至相差若干个数量级。IAEA 19 号报告中提供了各种核素在淡水鱼类、海水鱼类和海水贝类中的 B_p 值。为了确保计算结果的保守性，B_p 值的选取考虑了所有可能被低估的情况。在大多数情况下直接使用未考虑沉积物作用时水产食物中的放射性比活度，但当底泥作用显著时应适当加以考虑。

对于某些特殊地区，淡水中的贝类或海藻都是主要的水产食物，一般来说，对除 Cs 以外的元素，它们的生物浓集因子取淡水鱼类的 10 倍，对 Cs 则取淡水鱼类的 1/3。

2）岸边沉积物的放射性面密度的计算

使用下式可以计算岸边沉积物中的放射性面密度：

$$C_{s,s}^i = \frac{(0.1)(0.001)K_d \times 60 \times C_{w,tot}^i}{1 + 0.001 S_s K_d} \times \frac{1 - \exp(-\lambda_i T_e)}{\lambda_i T_e} \qquad (3.6)$$

式中，$C_{s,s}^i$ 为岸边沉积物中核素 i 的放射性面密度，Bq/m²；λ_i 为核素 i 的衰变常数，s⁻¹；K_d 为核素在水与其悬浮物中的分配系数，(Bq/kg)/(Bq/L)；T_e 为有效沉积时间，s，其缺省值按 3.15×10^7 s（1 年）计算；S_s 为水中悬浮物浓度，kg/m³。IAEA 19 号报告中提供了 S_s 缺省值：对河口、河流或湖泊，为 0.05 kg/m³；对海水，为 0.01 kg/m³。

关于 K_d，IAEA 19 号报告中提供了不同核素在淡水和海水中悬浮物的分配系数，一般认为底泥的分配系数为悬浮物的 1/10，式(3.6)已将其涵盖到。因此在计算时直接使用报告中提供的悬浮物的分配系数。

3）放射性物质通过陆生食物链造成的影响

对内河厂址，则可能存在通过陆生食物链而产生的剂量，这部分的参数比较难以确定。因此，在厂址筛选阶段，为了简化计算，当不计入这部分剂量贡献的计算结果远小于管理限值（一般为限值的 1/10）时，可以不需要作此项计算。

(3) 剂量计算模型

1）由岸边活动造成的外照射剂量的计算

对于液态放射性流出物通过水途径产生的公众外照射可能有很多的途径，如游泳、划船、捕鱼等。在岸边活动的时间可能比其他活动的时间长得多。因此，报告提供的通用计算模式只考虑岸边活动。

由底泥产生的年有效剂量 E_m(Sv/a)可由下式计算得到：

$$E_m = C_{s,s} DF_{gr} O_f \qquad (3.7)$$

式中，$C_{s,s}$ 为河岸/海岸岸边沉积物的放射性面密度，Bq/m²，由式(3.6)计算得到；DF_{gr} 为地面外照射所致的年有效剂量转换因子，(Sv/a)/(Bq/m²)；O_f 为环境利用因子，即假想的关键居民组成员受照射的时间占一年时间的份额。O_f 的值应该根据可能的关键居民组和厂址的实际情况来估算，但报告中也提供了通用计算 O_f 的缺省值。

2）由摄入食物或饮水造成的内照射剂量的计算

通过摄入而产生的有效剂量将受到代谢、年龄以及放射性核素的形态和性质等因素的影响。

在计算对公众的照射时，应该考虑年龄的影响和放射性核素在环境中可能存在的化学形态。对于儿童来说，由于体形较小，儿童的剂量因子要高于成人，尽管这可能由于儿童食量较小而抵消。因此在计算的时候，最好是对不同的年龄组使用不同的剂量因子。《国际电离辐射防护和辐射源安全的基本安全标准》(IBSS)中汇集了公众成员（包括成人和儿童）的摄入核素 i 的单位摄入量所致的待积有效剂量转换因子的数据。婴儿和成人由于食物的消化产生的剂量由下式计算得到：

$$E_{ing,p} = C_{p,i} H_p DF_{ing}$$ (3.8)

式中，$E_{ing,p}$ 为从食物 p 中摄入的核素 i 所产生的年有效剂量，Sv/a；$C_{p,i}$ 为食物 p 被食用时其中核素 i 的放射性浓度，Bq/kg；H_p 为食物 p 的年消费率，kg/a；DF_{ing} 为核素 i 的摄入有效剂量转换因子，Sv/Bq。

对于食物摄入量（年消费量）等数据，IAEA 19 号报告中提供了世界上各地区的参考数据。也可根据核设施具体所在地的居民实际年消费量进行统计后使用。

3.3　核事故与辐射事故环境应急监测

3.3.1　辐射事故应急监测

1. 辐射事故等级

辐射事故主要指除核设施事故（即核事故）以外，放射性物质丢失、被盗、失控，或者放射性物质造成人员受到意外的异常照射或环境放射性污染的事件。其主要包括：

① 放射源丢失、被盗、失控等核技术利用中发生的辐射事故；

② 铀（钍）矿冶及伴生矿开发利用中发生的放射性污染事故；

③ 放射性物质（除易裂变核材料外）运输中发生的事故；

④ 国外航天器在我国境内坠落造成环境放射性污染的事故。

根据辐射事故的性质、严重程度、可控性和影响范围等因素，将辐射事故分为特别重大辐射事故、重大辐射事故、较大辐射事故和一般辐射事故 4 个等级。

（1）特别重大辐射事故（Ⅰ级）

凡符合下列情形之一的，为特别重大辐射事故：

① Ⅰ、Ⅱ类放射源丢失、被盗、失控并造成大范围严重辐射污染后果；

② 放射性同位素和射线装置失控导致 3 人以上（含 3 人）急性死亡；

③ 放射性物质泄漏，造成大范围（江河流域、水源等）放射性污染的事故；

④ 国外航天器在我国境内坠落造成环境放射性污染的事故。

（2）重大辐射事故（Ⅱ级）

凡符合下列情形之一的，为重大辐射事故：

① Ⅰ、Ⅱ类放射源丢失、被盗或失控；

② 放射性同位素和射线装置失控导致 2 人以下（含 2 人）急性死亡或者 10 人以上（含

10 人)急性重度放射病、局部器官残疾；

③ 放射性物质泄漏,造成局部环境放射性污染事故。

(3) 较大辐射事故(Ⅲ级)

凡符合下列情形之一的,为较大辐射事故：

① Ⅲ类放射源丢失、被盗或失控；

② 放射性同位素和射线装置失控导致 9 人以下(含 9 人)急性重度放射病、局部器官残疾；

③ 铀(钍)矿尾矿库垮坝事故。

(4) 一般辐射事故(Ⅳ级)

凡符合下列情形之一的,为一般辐射事故：

① Ⅳ、Ⅴ类放射源丢失、被盗或失控；

② 放射性同位素和射线装置失控导致人员受到超过年剂量限值的照射；

③ 铀(钍)矿、伴生矿严重超标排放,造成环境放射性污染事故。

2. 辐射应急监测部门的职责

国家环境保护部(国家核安全局)以及各省市的环保机构,作为国家和地方辐射安全监管和环境保护部门,应做好辐射事故应急准备与响应工作,确保在辐射事故发生时,能准确地掌握情况,分析评价并决策,按事故等级及时采取必要和适当的响应行动,制定辐射事故应急预案。各级辐射环保部门应依据国家相关法律法规和《国家突发环境事件应急预案》,结合各地的实际情况,制定辐射事故应急预案。

辐射事故应急预案应急原则:以人为本、预防为主,统一领导、分类管理,属地为主、分级响应,专兼结合,充分利用现有资源。

国家环保部承担的应急任务是:① 制定全国辐射事故应急预案;② 负责特别重大辐射事故的处理和协调跨省区域辐射事故的处理;③ 接收省级环保部门和辐射事故责任单位有关事故信息的报告;指导和组织力量支持省级环保部门开展辐射环境应急监测和应急行动;④ 监督与评价由环保部颁发辐射安全许可证的辐射事故责任单位的应急行动和事故处理措施;⑤ 及时向国务院报告,并负责发布辐射事故的新闻和信息。

省级环保部门承担的应急任务:负责辖区内重大、较大和一般辐射事故应急响应、事故处理及事故原因调查工作,协助环保部做好特别重大辐射事故的处理工作。

按照国家辐射事故应急预案中的要求,省级环保部门负责组织辐射事故现场的应急监测工作,确定污染范围,提供监测数据,为辐射事故应急决策提供依据。必要时国家环保部指派环保部辐射环境应急监测技术中心,对事故发生地的省级环保部门提供辐射环境应急监测技术支援,或组织力量直接负责辐射事故的辐射环境应急监测工作。

3. 辐射事故应急监测

发生辐射事故进入事故应急状态以后,所进行的非常规性辐射监测叫辐射事故应急监测。在宣布进入应急状态以后,随着应急响应体系的启动,辐射监测也将按照应急监测实施程序在应急组织的统一指挥下逐步展开。应急监测计划虽然与常规监测计划有某些联系和类同之处,但是其差别也是明显的。

首先,应急监测的目的,是为了尽可能及时地提供关于事故对环境及公众可能带来的辐射影响方面的数据,以便为剂量评价及防护行动决策提供技术依据。其次,由于时间的紧迫性以及对测量人员照射威胁的不同,不同事故阶段的应急监测的目的和任务也不尽相同。

就其和常规监测的差别而言,对应急监测方法的要求应该特别注意以下三个方面:

① 需要有足够的测量速度,即它对速度的要求一般要比对常规测量的更高,尤其在事故早期。

② 在事故早期,对取样代表性和测量精度的要求只能在权衡必要的监测速度的前提下实现。

③ 尽可能注意测量值的时空分布,以及与释放源项的相关性。

相对于和常规监测的联系而言,对应急监测计划的设计,一般应考虑以下三个原则:

① 兼容性:与常规监测系统积极兼容,只要有可能,应急监测系统应当尽量做到和常规监测系统积极兼容。这样做不仅可以节约大量开支,更重要的是可以保证监测系统经常处于有人使用和维护的可运转状态。

② 适用性:能满足应急监测工作的需要。这里主要指响应速度、测量内容、测量量程、使用条件、配置方位等,各方面应满足应急监测的要求。

③ 适度性:应急监测系统在相对常规系统的性能指标的扩展和监测点与监测器的增设等方面要适度。

辐射应急监测项目主要包括三大类:

① 现场实测项目:γ-β剂量率;α、β表面污染监测;地表γ核素巡测;现场γ能谱测量;中子剂量监测。

② 现场采样项目:空气(主要包括气溶胶、气碘样品等);土壤(主要指表层土壤);水样;生物样品;其他有关介质。

③ 实验室分析项目(分析介质):地表水、水生生物;气溶胶;土壤;动植物;其他介质(如表面污染擦拭样品)。

辐射事故应急监测项目可能监测的核素如表 3.13 所列。

表 3.13 辐射事故应急监测项目可能监测的核素

污染源类型	拟待测核素
医疗照射类	Co-60、I-131、I-125、Ra-226、Mo-99、Ir-192
其他人工辐射源(如 RDD)	Ra-226、Co-60、Cs-137 等
中子类源	Pu-238、Am-241、Ra-226、Po-210、Be-7
铀矿冶及核燃料加工	U-238、U-235

正在制定中的《核动力厂应急行动水平制定》导则规定了核电厂应急计划制定时所需的行动水平和辐射监测限值。其中核电厂营运单位可根据特定仪表读数或观测值、辐射剂量或剂量率、气态、液态和固态放射性物质或化学有害物质的特定的污染水平、分析结果等,对初始条件及应急行动水平按照一定的方式进行分类,称之为识别类。

举例来说,对于初始条件和应急行动水平,辐射水平或放射性流出物异常规定为 A 类(Abnormal Radiation Levels/Radio logical Effluent)。核电厂营运单位应在 A 类初始条件矩阵(见表 3.14)基础上确定适用于本电厂的初始条件。

表 3.14　A 类初始条件矩阵

应急待命	厂房应急	场区应急	场外应急
气态或液态放射性流出物的排放超过技术规格书规定的限值或相关报警值的 2 倍,持续时间达到或超过 60 min。 适用条件:全部运行模式	气态或液态放射性流出物的排放超过技术规格书规定的限值或相关报警值的 200 倍,持续时间达到或超过 15 min。 适用条件:全部运行模式	在实际或预期排放时间内,排放的气态放射性流出物导致场区边界处有效剂量大于 1 mSv,或甲状腺吸收剂量大于 10 mGy。 适用条件:全部运行模式	在实际或预期排放时间内,排放的气态放射性流出物,用实际的气象条件计算出的场区边界处有效剂量大于 10 mSv,或甲状腺吸收剂量大于 100 mGy。 适用条件:全部运行模式
辐射水平非计划升高。 适用条件:全部运行模式	反应堆压力容器外,辐照过的燃料已经或即将裸露。 适用条件:全部运行模式		
	辐射水平的增加妨碍了保证设施安全功能的系统运行。 适用条件:全部运行模式		

3.3.2　核应急基本概念

与辐射事故不同,核事故无论在性质还是在影响、危害的严重程度上,均显著高于辐射事故。日本核泄漏事故引发的核危机为人类安全、和平地利用核能又一次敲响了警钟。核事故应急工作作为减小核电站危害环境和公众安全的最后屏障,将起到重要的作用,必须做好相关的准备和响应工作。

核应急辐射环境监测工作是核应急工作的重要组成部分,在对核应急辐射环境监测进行准备和响应时主要遵循实用性、适用性和适度性并兼顾常规和应急监测的"平战结合"等原则。核应急辐射环境监测的准备主要包括核应急监测组织体系建设、应急监测单项应急预案和响应程序的制定、应急监测队伍建设、辐射环境应急监测系统建设、监测信息网络体系建设、辐射应急监测技术研究、应急监测培训和演练、应急监测经费准备等。

（1）核应急

指核紧急状态,是由于核设施发生事故或事件,使核设施场内、场外的某些区域处于紧急状态。需要立即采取某些超出正常工作程序的行动,以避免核电厂核事故的发生并减轻事故后果。

（2）应急响应

指为控制或减轻导致应急状态的事故的后果而紧急采取的行动及措施。

（3）应急状态分级

我国将核电厂核事故应急状态分为下列四级:应急待命、厂房应急、场区应急和场外应急。

（4）应急防护措施

指应急状态下为避免或减少工作人员和公众可能接受的剂量而采取的保护措施。

（5）稳定性碘

它是含有非放射性碘的化合物,当事故已经导致或可能导致释放碘的放射性同位素的情况下,将其作为一种防护药物分发给居民服用,以降低甲状腺的受照剂量。

（6）隐 蔽

它是应急防护措施之一,指人员停留于（或进入）室内,关闭门窗及通风系统,其目的是减少飘过的烟羽中的放射性物质的吸入和外照射剂量,也减少来自放射性沉积物的外照射剂量。

（7）撤 离

它是应急防护措施之一,指将人们从受影响区域紧急转移,以避免或减少来自烟羽或高水平放射性沉积物质产生的高照射剂量,该措施为短期措施,预期人们在某一有限时间内可返回原地区。

（8）避 迁

它是应急防护措施之一,指人们从污染地区迁出,以避免或减少地面沉积外照射的长期累积剂量,其返回原地区的时间或为几个月到1～2年,或难以预计而不予考虑。

3.3.3 核事故等级划分

国际核事故分级标准(International Nuclear Event Scale, INES)制定于1990年,作为核电站事故对安全影响的分类,旨在设定通用的标准以及方便国际核事故交流通信。INES由国际原子能机构(International Atomic Energy Agency, IAEA)和经济合作与发展组织(Organization for Economic Co—operation and Development, OECD)的核能机构(Nuclear Energy Agency, NEA)设计,国际原子能机构(IAEA)监察。

核事故分级类似于用于描述地震的相对大小的矩震级,每增加一级代表事故比前一级的事故更严重约10倍。相比于事件强度可以定量评估,如地震;而人为灾难的严重程度如核事故,更多的是受制于解释。因为解释的难度在于事件发生很久之后,事故的INES等级才被评定。

国际核事故分级表把核事故共分8级,其中将对安全没有影响的事故划分为0级,影响最大的事故评定为7级。根据是否有辐射对公众产生影响,核事故又被划分为2个不同的阶段,其中1级到3级被称为核事件,而4级到7级才被称为核事故。0级在事故评定范围中,称为偏差,见表3.15核事故等级划分标准。

表 3.15 核事故等级划分标准

级 别	说 明	准 则	实 例
0级 (偏差级)	偏差	安全上无重要意义	2008年斯洛文尼亚科斯克核电站事件
1级 (事件级)	异常	超出规定运行范围的异常情况,可能由于设备故障、人为差错或规程有问题引起	2009年法国诺尔省葛雷夫兰核电站事件。 2010年中国大亚湾核电站事件
2级 (事件级)	事件	安全措施明显失效,但仍具有足够纵深防御,仍能处理进一步发生的问题。导致工作人员所受剂量超过规定年剂量限值的事件和/或导致在核设施设计未预计的区域内存在明显放射性,并要求纠正行动的事件	卡达哈希核电站事件

续表 3.15

级 别	说 明	准 则	实 例
3 级 (事件级)	重大 事件	放射性向外释放超过规定限值,使受照射最多的厂外人员受到十分之几毫西弗量级剂量的照射。无需厂外保护性措施。导致工作人员受到足以产生急性健康影响剂量的厂内事件和/或导致污染扩散的事件。安全系统再发生一点问题就会变成事故状态的事件,或者如果出现某些始发事件,安全系统已不能阻止事故发生的状况	1989 年西班牙范德略斯核电厂事件。 1955—1979 年英国塞拉菲尔德核电站事件。 2011 年日本福岛第二核电站事件(其中 1、2 和 4 号机组均发生不同程度的核事件)
4 级 (事故级)	无明显厂外风险的事故	放射性向外释放,使受照射最多的厂外个人受到几毫西弗量级剂量的照射。由于这种释放,除当地可能需要采取食品管制行动外,一般不需要厂外保护性行动。核装置明显损坏。这类事故可能包括造成重大厂内修复困难的核装置损坏。例如动力堆的局部堆芯熔化和非反应堆设施的可比拟的事件。一个或多个工作人员受到很可能发生早期死亡的过量照射	1973 年英国温茨凯尔后处理装置事故。 1980 年法国圣洛朗核电厂事故。 1983 年阿根廷布宜诺斯艾利斯临界装置事故。 1993 年俄罗斯托木斯克核事故。 1999 年日本东海村 JCO 临界事故。 2006 年比利时弗勒吕核事故
5 级 (事故级)	具有厂外风险的事故	放射性物质向外释放(数量上,等效放射性处于 $10^{14} \sim 10^{15}$ Bq I-131 范围)。这种释放可能导致需要部分执行应急计划的防护措施,以降低对健康影响的可能性。核装置严重损坏,这可能涉及动力堆的堆芯大部分严重损坏,重大临界事故或者引起在核设施内大量放射性释放的重大火灾或爆炸事件	1952 年加拿大恰克河核事故。 1957 年英国温思乔火灾(温茨凯尔反应堆事故)。 1979 年美国三哩岛核电站事故。 1987 巴西戈亚尼亚医疗辐射事故
6 级 (事故级)	重大 事故	放射性物质向外释放(数量上,等效放射性处于 $10^{15} \sim 10^{16}$ Bq I-131 范围)。这种释放可能导致需要全面执行地方应急计划的防护措施,以限制严重的健康影响	1957 年苏联基斯迪姆后处理装置(现属俄罗斯)事故(克什特姆核事故)
7 级 (事故级)	特大 事故	大型核装置(如动力堆堆芯)的大部分放射性物质向外释放,典型的应包括长寿命和短寿命的放射性裂变产物的混合物(数量上,等效放射性超过 10^{16} Bq I-131)。这种释放可能有急性健康影响;在大范围地区(可能涉及一个以上国家)有慢性健康影响;有长期的环境后果	1986 年苏联切尔诺贝利核电站(现属乌克兰)事故。 2011 年日本福岛第一核电站事故

3.3.4 核事故应急监测的几个阶段

IAEA 根据核辐射事故的性质、等级和污染状况等情况提出了通用的应急监测组织体系,但是同时也强调组织体系应根据本国、本地区的实际情况进行优化和调整。在核事故发展的不同阶段,应急监测的主要任务与内容将有不同的侧重,但这种划分也只是相对的,不同阶段的任务之间会有交错或重叠,主要包括早期、中后期和后期应急监测等几个阶段。

1. 早期应急监测

早期应急监测的目的是确定事故释放的放射性物质的类型、数量及影响范围,提供早期处理决策意见。在事故早期,要进行充分、可靠的环境监测十分困难。但是通过在早期尽可能获得的一些场外监测的实际数据,可以对评价模式的估算结果进行检验和校正,以提高早期防护决策的置信度。因此,早期的环境监测数据的获得非常重要。

事故早期监测的主要任务是对烟羽的追踪和监测,尽可能多地获得烟羽特性和地面辐射水平方面的资料,特别是关键区域的资料尤其重要,如居民区。测量的项目主要包括:来自烟羽和地面的 β 和 γ 外照射剂量率,放射性气体、易挥发污染物和微尘中的放射性核素种类和浓度等。在事故早期,环境监测组、环境监测车应该到达指定地点,沿指定路线进行剂量率测量、气溶胶采样和热释光布设等,尽快将样品进行实验室碘-131 和 γ 核素分析。

早期监测的范围一般仅限于烟羽区,通常不超出 5 km。核事故等级在 5 级以上,相应的监测范围应扩大。2011 年 3 月日本福岛核泄漏事故中,中国、韩国等周边国家均启动应急监测工作,并首先在气溶胶中检测到极微量的放射性核素碘-131。

2. 中后期应急监测

随着事故进程的推移,监测结果的重要性不断增加。在中后期,烟羽释放已基本停止,部分放射性物质已沉降到地面,应急监测的目的不再只是对某些模式计算结果进行验证,而是要对整个重点区域内的辐射状况进行测定,以便尽可能了解由烟羽及其沉降所造成的剂量场和地面污染的水平、性质和范围。特别是由于在离释放点很远的地区,或者在其局部气象条件下不清楚的地区,利用扩散和沉积模式所得到的估算结果无法确保数据的准确性,只能通过实地测量来验证。特别是地面沉积物的核素组成及其随距离的变化等信息,只能通过实际测量来获得。

在事故进入中期以后,环境监测重点在于对污染范围、水平和性质的测定,主要是对地面沉积和摄入途径的监测。测量项目包括沉积引起的辐射剂量率,地面浸染水平,植物、土壤和饮用水的污染水平。事故中期监测范围半径可达 50 km,但由核电厂负责的监测半径在 20 km 以内,其余范围的监测需要由相关部门负责。

事故中期后半程,还应增加对粮食作物、蔬菜、水果及其他农作物的监测,与食物链有关的陆地和水生动物以及水体底泥的监测。为了提高应急监测效率和有助于对后期放射性核素转移进行评价,生物样品应该选择易沾染、吸收或转移放射性污染的代表性样品标本,蔬菜样本可以选择大叶、表面具有绒毛的作为主要抽检物,如菠菜、荠菜和莴苣等。

在早期监测的基础上,中后期应急监测应从下列两个方面加以扩展:① 对于早期可能已经开始的地面和水体污染进行巡测,应从地域上和详细程度上加以扩展;② 必须确定食用牛奶、水和食物中的放射性污染水平。从重点核素来讲,在中期除了继续关注易挥发的放射性核素碘-131 以外,还应考虑对铯-134、铯-137 和锶-90 等裂变产物的监测;在后期则应包括对钚等核素的监测。

2011 年 3 月日本福岛核泄漏事故中,中国大部分地区在空气中检测到极微量的铯-134 和铯-137,江苏、北京等地还在莴苣、菠菜等绿叶蔬菜中检测到极微量的碘-131。日本福岛核电站在事故 18 天后首次在周围土壤中检测到放射性钚。

3. 后期应急监测

由于后期监测的主要任务在于确定整个事故释放所造成的残余污染的水平和范围,它所涉及的地域可能相当大,所耗费的人力和时间可能相当多。通常会有若干个组织或机构参与进来,有些事故由于造成的影响非常大,还可能会有来自国际的援助和咨询。如日本福岛核泄漏事故,包括 IAEA 等相关国际组织,以及美国和法国等国家均派出核辐射专家前去指导日本的应急监测工作。同时,必须建立一个统一的机构或组织来协调行动、分配任务、收集信息、处理资料和提出建议。

在事故后期,环境监测的主要任务是在早期和中期已完成的大量监测的基础上,进行必要的补充测量,为事故后期的恢复行动决策及潜在的长期照射预测提供依据,所需要测量的项目和精度将取决于事故的具体情况,可能还应对外照射和累积剂量、表面沾污水平、空气污染和环境介质中放射性核素活度等进行补充测量。

4. 核应急辐射后果评价

核事故的直接后果是辐射对人和环境的危害,特别是当核电站发生事故时,主要危害来自放射性物质在大气弥散过程中造成的环境污染和对人的辐射照射。由于事故发生的规模、所处的环境条件不同,具体的评价方法、手段也会有所不同。

核事故的后果评价,其基本任务就是获得有关事故产生的辐射后果的数据、资料,包括空气、水中的放射性核素浓度及其分布;地面放射性沉积物浓度;水、动植物产品及其他环境介质中的放射性核素活度浓度;公众的个人和集体剂量(包括不采取防护措施的预期剂量、采取防护措施后可防止的剂量以及剩余剂量)的数据等,并与相应的用于干预的剂量准则相比较,为防护行动或补救行动提供依据。

5. 美国三哩岛核事故应急处理

1979 年 3 月 28 日凌晨 4 时半,在美国宾夕法尼亚州萨斯奎哈河三哩岛核电站发生了一次严重的放射性物质泄漏事故。

事故原因是核电站二号反应堆主给水泵停运,辅助给水泵没有正常启动,致使反应堆热量在堆芯聚集,堆芯温度、压力上升,稳压器安全阀开启,由于该阀门卡住,致使不能回座关闭,一回路冷却水不断注入稳压器排水罐,造成来水胀破罐体外溢,一回路失水之后堆芯温度继续上升。待运行人员发现时,堆芯 47% 已经融毁在事件中,运行人员误操作和阀门故障是重要的原因。

3 月 30 日,电厂周围 4.8 km 范围内辐射剂量强度为 0.25 mSv/h。稍后不久,宾州州长下令将电厂周围 8 km 范围内的学龄前儿童及孕妇撤离,并通知电厂附近 4 个镇的 90 万居民准备疏散。由于应急组织上的问题,引发交通事故,造成一些人员伤亡。白宫于 30 日成立特别行动小组,统筹规划三哩岛事故应变事宜。特别行动小组派遣核管会的哈诺德・邓肯赴三哩岛电厂全权处理事故。邓肯的抵达使得电厂的混乱情况获得改善。工程师和专家们逐渐将反应器冷却,成功地遏制了事故的恶化。4 月 1 日,卡特总统亲赴三哩岛电厂巡视,以具体行动向民众宣示三哩岛事故的威胁已告解除。

由于一回路压力边界和安全壳的包容作用,泄漏到周围环境中的放射性核素微乎其微,没有对环境和公众的健康产生危害,仅有 3 名电站工作人员受到略高于季度剂量管理限值的辐射照射。方圆 80 km 的 200 万居民中,平均每人受到的辐射剂量小于戴一年夜光表或看一年彩电所受到的辐射剂量。该事故未造成严重后果,原因在于安全壳发挥了重要作用,其作为最后一道安全屏障非常重要。

3.3.5　核事故应急监测技术系统

福岛核事故后,我国迅速启动了全国省会城市和地级市的辐射环境监测网络,在 20 个沿海城市设置了 52 个移动监测点,并在全国范围内设置了惰性气体、气溶胶、碘、土壤、水和沉降物等环境介质采样点共计 200 余个。国家核安全局会同有关部门对我国运行和在建核电厂开展了综合安全检查,发布了《福岛核事故后核电厂改进行动通用技术要求(试行)》,提出了对环境监测布点的合理性和代表性、严重事故下应急监测方案的可行性以及同一厂址多机组同时进入应急状态后应急响应方案的适宜性等技术要求。特别是在核安全报告《NNSA0180—2014核动力厂场内应急计划标准审查大纲》中,将应急监测内容设为独立章节,要求结合核电厂营运单位上报的应急监测方案进行单独审评。

1. KRS系统

KRS系统是厂区辐射和气象监测系统的简称。核电厂营运单位监测站点应考虑与监督性监测站点互补,保证核电厂周围16个方位的陆域方向原则上至少各布设1个KRS自动监测站,在各堆址主导风向的下风向、居民密集区适当增加布点。站点设备由辐射监测设备、气象参数测量设备、采样设备、控制设备、数据处理设备、供电、防雷及站房等基础设施组成,其中气溶胶、碘、H-3、C-14和干湿沉降自动采集设备应至少在30%的监测子站中配置。特殊地,为实现应急状态下气溶胶样品的快速采集,还应至少配备一个超大流量气溶胶采样装置。在数据传输方面,自动监测站点的监测数据应能够实时传送到自动监测中央站,在失去外部电源的情况下,中央站能保证较长时间(≥72 h)内的数据传输能力。

2. 车载巡测系统

核电厂营运单位应急响应组织应一天24小时都有能协调和实施应急车载巡测和环境取样活动的工作人员,并至少能派出两个应急监测组,执行场外放射性监测和取样程序。应急监测车辆应事先制定巡测路线,每条线路设置适当数量的应急监测点,驾驶人员应熟悉道路和监测点位置。

在设施设备方面,应急监测车应配备γ剂量率仪(有效测量上限≥1 Gy/h)、便携式α/β表面污染监测仪、便携式γ谱仪、气溶胶和气碘取样装置以及适当的其他环境介质取样器材;应安装气象观测设备,至少能够实时监测风速和风向,并根据需要对温度、湿度和气压进行测量;同时配备一套个人手持式风速、风向仪。

在数据传输方面,γ剂量率测量结果应能在车载地图上实时显示并传输到应急控制中心;同时,还应配备两种独立的、可避免共因故障的通信系统,以满足车载计算机数据与应急控制中心数据的实时传输和语音通信的需要,通信系统还应对传输的信息进行加密处理。

3. 海上测量系统

沿海核电厂应具备一定的海域方向监测能力。应事先制定海域监测路线,设置适当数量的应急监测点,配备可有效实施海域应急监测的船只和迅速到岗并有效实施海域应急监测的监测人员;监测人员至少能完成γ剂量率监测和海水取样,并保证监测数据能有效传送到应急控制中心;监测船的驾驶人员应熟悉海域监测路线和监测点位置。

4. 备用监测系统

由于环境实验室位于烟羽应急计划区内的核电厂,因此应在烟羽应急计划区外建立后备环境监测手段,保证有效实施应急监测。

此外,KRS监测站应配备可组网的便携式γ剂量率监测设备。当外部事件导致固定式环境监测设备部分或全部失效时,以环境监测车为主要搭载平台,将便携式辐射探测仪运输至失效的环境监测站点,代替原固定环境监测站点执行γ剂量率监测功能,将现场采集信息通过无线传输发送至数据接收终端,并完成数据分析和处理。

第 4 章　典型环境体系中放射性核素测定

放射性核素对环境和生物体都具有潜在的危害,因此必须准确掌握核素进入土壤、水体、大气等环境体系的量,以及由此进入动植物体内的量及其生态行为,从而在此基础上探索处理放射性污染物及降低放射性核素进入动植物体内的合理、有效的途径。对环境及有关生物而言,具有生态学意义的重点核素包括 Cs-137、Zr-95、Sr-90、I-131、H-3 和 C-14 等。本章重点阐述水体、空气、土壤、食品和建材等几种典型的环境体系中,放射性核素的测定和分析方法。

4.1　水中放射性核素分析方法

天然水系由海洋、江河、湖泊等地面水体和地下水构成,其中溶解、夹杂着各种生物和环境物质,这些水体之间不断循环,组成一个复杂庞大的体系。地面水中放射性污染主要来源于放射性废水的排放和大气中放射性物质的沉积。放射性核素进入水中后将发生一系列的物理、化学和生物反应,比如含有放射性核素的物质在水中的弥散、悬浮、沉积、水解、络合、氧化还原、溶解、吸附、分解等一系列反应。直接饮用含有放射性物质的水或是含有放射性物质的水通过植物进入食物链,都会造成内照射,危害人体健康。由于水本身的流动性,使得放射性核素进入水中后会很快地迁移扩散,因而对水中放射性核素的监测十分必要。

4.1.1　水中放射性核素的 γ 能谱分析方法

使用高分辨半导体或 NaI(Tl)γ 能谱仪测定水中放射性核素是目前最常用的方法之一,采用该方法可在实验室中分析待征 γ 射线能量大于 40 keV、活度不低于 0.4 Bq 的放射性核素。如果待测样品全谱计数率超过 1 000 计数/s,则应采取适当的稀释措施。

1. γ 能谱仪

常见的 γ 能谱仪系统主要包括探测器、多道脉冲高度分析器(多道分析器)、存储器、永久数据存储设备、屏蔽室和其他电子设备。

采用的高纯锗 γ 能谱仪探测器的灵敏体积一般在 $50\sim150$ cm³,对⁶⁰Co 的 1 332.5 keV γ 射线的能量分辨率小于 2.2 keV。低噪声场效应管电荷灵敏前置放大器应和探测器组装在一起。探测器置于铅当量厚度不小于 10 cm 的金属屏蔽室中,屏蔽室内壁距探测器表面的距离应不小于 13 cm。屏蔽室应为铅室或有铅内衬,在屏蔽室的内表面应有原子序数逐渐递减的多层内屏蔽层,从外向内依次由 1.6 mm 镉、0.4 mm 电解紫铜和 $2\sim3$ mm 的有机玻璃等组成。屏蔽室应便于取放样品的门或孔。探测器高压电源要求稳定度好于 0.1%,纹波电压不大于 0.01%,高压应在 $0\sim5$ kV 内连续可调,电流为 $1\sim100$ μA。多道分析器属于数据获取部件,利用单独的多道分析器或计算机软件控制下的模/数转换器执行 γ 能谱仪的数据获取功能。对于高分辨 γ 能谱仪,多道分析器不少于 8 192 道。数据处理系统应具备用于 γ 能谱分析的各种常规程序,如能量刻度、效率刻度、谱光滑、寻峰、峰面积计算和重峰分析等功能。

应根据测量样品的体积和探测器的形状、大小选择不同形状和尺寸的测量容器。容器应由天然放射性核素含量低、无人工放射性污染的材料制成。

2. γ能谱仪的刻度

按照使用说明书的要求安装和调试整个γ能谱仪系统,使其处于正常工作状态。准备一套用于γ能谱能量刻度的系列刻度源(或标准源)。能量范围覆盖所需能量区间(通常为40～2 000 keV),适于作能量刻度的单能或多能γ射线核素,如表4.1所列。

表 4.1　适于作能量刻度的 γ 放射性核素

核　素	半衰期	γ射线能量/keV
^{210}Pb	22.3 a	46.5
^{241}Am	432.3 a	59.5
^{109}Cd	464.0 d	88.0
^{57}Co	270.9 d	122.1
^{141}Ce	32.5 d	145.5
^{51}Cr	27.7 d	320.1
^{137}Cs	30.17 d	661.6
^{54}Mn	312.7 d	834.8
^{22}Na	2.60 a	511;1 275
^{88}Y	106.66 d	898;1 836
^{60}Co	5.26 a	1 173.2;1 332.5
^{152}Eu	4 869 d	121.7;244.7;344.3;444.9;778.9;867.4;964.1;1 085.9;1 112.1;1 408

对用于能量刻度的刻度源,其外表面必须无放射性污染,其活度应使特征峰的计数达到100计数/s。

制备用于效率刻度的系列刻度源(或标准源),效率刻度源的核素取决于拟采取的γ谱分析方法。当采用效率曲线求解样品中核素的浓度时,可采用单能或多能γ射线核素;当采用相对比较法或逆矩阵法时,刻度源的核素要与样品中的核素一一对应。效率刻度源的体积、形状、基质的主要物理、化学特性以及容器必须与待测样品相同。制备效率刻度源的标准溶液应由国家法定计量部门认定或可溯源于国家法定计量部门。标准溶液活度的标准偏差应小于±3.5%,刻度源的活度在40～10 000 Bq之间。γ能谱效率刻度源由模拟基质加特定核素的标准溶液制备而成,它必须满足核素含量准确、稳定及容器密封性好等要求。国家标准推荐以二次蒸馏水作为水样品模拟基质并采取适当措施以减少壁吸附。配置好的体刻度源的不均匀性小于±2%。准备测量几何条件能准确重复的样品和刻度源容器。容器应有良好的密封性,以保证不会污染工作环境和人员。样品容器和刻度源容器应相同。

(1)能量刻度

对高纯锗γ能谱仪通常将能量-道址转换系数调在每道0.25 keV。能量刻度至少应包括4个能量均匀分布在所需刻度能区的刻度点。将特征γ射线能量和相应的全能峰峰位道址在直角坐标纸上作图或对数据作最小二乘法直线或抛物线拟合,高纯锗γ能谱仪的非线性不得超过0.5%。能量刻度完成以后,应经常注意能量-道址关系的变化。如果斜率和截距的变化不超过0.5%,则用已有的刻度数据,否则重新刻度。

（2）效率刻度

效率刻度测量（包括刻度源能谱测量峰和模拟基质本底能谱测量）时的谱仪状态必须与能量刻度时相同。刻度源（包括本底测量时的容器）与探测器的相对几何位置应是严格可重复的。根据刻度的精度要求确定刻度的全能峰计数，一般要求每个特征峰全能峰的累积计数不应小于 10 000。在对较短半衰期核素进行长时间测量时，如果测量的时间大于核素半衰期的 5%，则应对计数作衰变校正。全能峰效率用下式计算：

$$\eta = N_p / N_g \tag{4.1}$$

式中：η——全能峰效率；

N_p——所考虑的全能峰的净计数效率，s^{-1}；

N_g——已作过衰变校正的该能量 γ 射线的发射率，s^{-1}。

如果刻度源的定值是以活度为单位的，则

$$N_g = S \cdot P \tag{4.2}$$

式中：S——核素每秒衰变数；

P——每次衰变发射该能量 γ 射线的几率。

以 γ 射线能量为横坐标、全能峰效率为纵坐标，在对数坐标纸上作全能峰效率和 γ 射线能量的关系曲线（效率曲线），或用计算机对实验点作最小二乘法拟合，求效率曲线。在 50～20 000 keV 范围内用下式表示：

$$\ln \eta = \sum_{i=0}^{n-1} a_i (\ln E_\gamma) \tag{4.3}$$

式中：η——全能峰效率，%；

E_γ——相应的 γ 射线能量，keV；

a_i——拟合常数。

图 4.1 是高纯锗 γ 能谱仪的一组典型效率曲线。

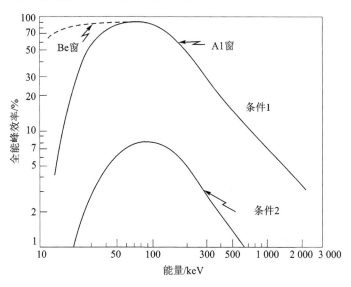

图 4.1　高纯锗 γ 能谱仪的典型效率曲线

全能峰效率确定以后，如果探测器的分辨率、测量的几何条件和系统配置等没有变化，则无需再刻度。

3. 样品准备与预处理

一次分析所需水样的体积 V 由下式计算：

$$V = \frac{\text{LLD}}{Q \cdot r} \tag{4.4}$$

式中：V——一次分析所需用水量，L；

     LLD——γ 能谱系统的探测下限，Bq；

     Q——样品中核素的预计浓度，Bq/L；

     r——预处理过程中核素回收率。

如果要求作 n 个平行样，则需要的总水样量为 nV。

当水样中的放射性核素浓度大于 1 Bq/L 时，可以直接量取体积大于 400 mL 的样品于测盘容器内，密封待测，否则应进行必要的预处理。水样品预处理要能在不损失原样品中放射性核素的条件下均匀地浓缩，以便制成适于 γ 能谱测量分析的样品。

（1）降水（雨水、雪水）和淡水（河水、井水等）的预处理

河水、井水等淡水样品的制备可使用蒸发浓缩、离子交换、沉淀分离等方法，推荐使用简便而又准确的蒸发浓缩法。首先，将所采样品转移至蒸发容器（如瓷蒸发皿或烧杯）中，使用电炉或沙浴加热蒸发容器在 70 ℃下蒸发，避免碘等易挥发元素在蒸发过程中的损失；当液体量减少到一半时，加入剩余样品，继续浓缩但注意留出少量样品洗涤所用容器；当液体量很少时，将其转移至小瓷蒸发皿中浓缩，使用过的容器用少量蒸馏水或部分样品洗涤，并加入浓缩液中。遇到容器壁上有悬浮物等吸附时，用淀帚仔细擦洗，洗液合并入浓缩液；将浓缩后的液体转移至测量容器，用少量蒸馏水或部分样品洗涤使用过的容器；转移至测量容器后，如有继续浓缩的必要，可用红外灯加热，蒸发浓缩至 20 mL，在有漂浮物或析出物的情况下，沉淀后分离出水相和固相，这时要一直浓缩到水相几乎消失，塑料测量容器遇强热有时会变形，所以要注意灯和样品的距离不要太近；冷却后盖上测量容器盖，注意密封（必要时使用粘结剂），即可用于测量。

（2）海水的预处理

海水的预处理推荐采用操作简便易行的磷钼酸铵-二氧化锰吸附分离法。向酸性样品中加入磷酸钼铵，吸附铯，其滤液呈碱性后，加入二氧化锰粉末并搅拌，则锰、铁、钴、锌、锆、铌、钌、铈等元素的放射性核素被吸附。

采样时，每升样品中加入浓盐酸 1 mL，使样品呈酸性。把样品转移到搪瓷或塑料容器或统杯中。盛过样品溶液的容器用 3 mol/L 的盐酸（以 20 mL 为宜）洗涤，洗液并入样品溶液中。以 1 L 样品中加入磷酸钼铵粉末 0.5 g[①] 的比例加入磷酸钼铵搅动 30 min，放置过夜[②]。

---

① 每升海水加入磷钼酸铵的量在 0.2 g 以上，则铯的清除率几乎达到恒定。本方法中考虑到清除完全，定为 0.5 g/L。由于磷钼酸铵的加入会影响自吸收，故加入量要保持一致。

② 磷钼酸铵的制备：称取 20 g 硝酸铵、20 g 柠檬酸和 25 g 钼酸铵溶解于 530 mL 水中。取 63 mL 浓硝酸，加水稀释到 210 mL，在不断搅拌下，将上述 530 mL 的混合液倒入硝酸中，得一清液。再向此清液中加入 10 mL 5% 的磷酸氢二铵溶液，搅拌并加热到沸腾 2 min，取下后冷却 30 min，用布氏漏斗抽滤所产生的黄色沉淀，再以 1 mol/L 硝酸洗涤沉淀 4~5 次。滤液在搅拌下，再加入 12 mL 0.8 mol/L 的钼酸铵、2 mL 4.5 mol/L 的硝酸和 10 mL 0.4 mol/L 的磷酸氢二铵溶液，重复上述加热、过滤、洗涤等操作。这样反复多次，直到获得 60 g 左右的磷钼酸铵时便可弃去母液。将制得的磷钼酸铵合并于烧杯中，加入少量 1 mol/L 的硝酸铵溶液调匀后，再过滤于布氏漏斗中。用 1 mol/L 的硝酸铵溶液洗涤至滤液呈中性，空气中晾干后，将此黄色粉末装入瓶内，放在暗处保存备用。

上清液用倾斜法，转移至其他容器中，沉淀用装有滤纸的漏斗或布氏漏斗过滤分离，用 0.1 mol/L 的盐酸溶液洗涤。用抽滤装置尽可能除去沉淀中的水分，滤液、洗涤液均加入到溶液中去。向分离出铯的上清液中加氨水，pH 值调节到 8.0～8.5[①]。以 1 L 溶液加入 2 g MnO_2 粉末（100～200 目）的比例加入 MnO_2 搅动 2 h，放置过夜[②]。上清液用倾斜法倾出倒掉。沉淀用装有滤纸的漏斗或布氏漏斗过滤，用少量水洗沉淀。使用抽滤装置除去沉淀中的水分。将载有 MnO_2 的滤纸放到前面抽滤得到的磷钼酸铵沉淀之上转移到测量容器中[③]。测量容器的盖子盖好密封后，即可测量。

4. γ 能谱的测量与分析方法

无论是本底测量还是样品测量，样品相对探测器的几何条件和能谱仪状态应与刻度时间完全一致。同时还需要测量模拟基质本底谱和空样品盒本底谱，测量时间应按要求的计数误差控制。

根据所用 γ 能谱系统的硬、软件的配置情况，选用相应的解谱方法，确定谱中各特征峰的峰位和全能峰面积。确定样品谱、刻度源谱中各特征峰的面积可用函数拟合法、最小二乘法拟合法和全能峰面积法。求刻度源全能峰净面积时，应将刻度源全能峰计数减去相应模拟基质本底计数；求样品谱中全能峰净面积时，应扣除相应空样品盒本底计数。

在重峰干扰不严重的情况下，根据效率曲线或效率曲线的拟合函数求出各相应能量 γ 射线的 γ 射线全吸收峰探测效率值，然后用下式计算水样中核素的活度浓度：

$$AC = \frac{R_{net}}{\varepsilon \times V \times I \times DF} \tag{4.5}$$

式中：AC——水样中核素的活度浓度，Bq/L；

　　　R_{net}——所考虑的全能峰的净计数率，计数/s；

　　　ε——γ 射线全吸收峰探测效率；

　　　V——被测样品的体积，L；

　　　I——该能量 γ 射线的发射概率；

　　　DF——放射性核素衰变校正因子。

核素活度的合成标准不确定度 $u_\varepsilon(AC)$ 的计算见下式：

$$u_\varepsilon(AC) = \sqrt{\frac{u^2(R_{net})}{\varepsilon^2 \times V^2 \times I^2 \times DF^2} + AC^2 \times \left[\frac{u^2(\varepsilon)}{\varepsilon^2} + \frac{u^2(V)}{V^2} + \frac{u^2(I)}{I^2} + \frac{u^2(DF)}{DF^2}\right]}$$

$$\tag{4.6}$$

式中：$u(R_{net})$——全能峰净计数率的标准不确定度；

---

① 加入 MnO_2 时，溶液的 pH 值为 6.0～9.0，这时锰、铁、钴的清除率在 95% 以上。但是锌、钌在 pH 值接近 9 时清除率降低，为此，将溶液 pH 值调至 8.0～8.5。如果锌、钌不是测量对象，则 pH 值的范围在 7～9 波动，其结果不受影响。此外，整个实验操作中都要使 pH 值维持在所定的范围内。

② 市售 MnO_2 中有电解纯产品，也有化学纯产品等。无论使用哪种，都对结果无大影响。但是化学纯 MnO_2 中混有杂质，溶液容易浑浊，有时对沉淀的分离造成困难，而且有时由于 MnO_2 产品性能会因加入 MnO_2 改变原溶液的 pH 值。因此应尽可能使用电解纯产品。使用化学纯 MnO_2 时，操作过程中要随时注意检查 pH 值。另外，对使用的每批 MnO_2 试剂均应进行吸附预实验和天然放射性核素本底实验。

③ 测定样品磷钼酸铵和 MnO_2 的两层重叠样品。这种重叠测量法刻度较难，但简便。理想的情况是把两层分别进行测量。

$\dfrac{u(\varepsilon)}{\varepsilon}$——探测效率的相对标准不确定度;

$\dfrac{u(V)}{V}$——被测样品体积的相对标准不确定度;

$\dfrac{u(I)}{I}$——发射概率的相对标准不确定度;

$\dfrac{u(\mathrm{DF})}{\mathrm{DF}}$——放射性核素衰变校正因子的相对标准不确定度。

净计数效率 R_{net} 和不确定度 $u(R_{\mathrm{net}})$ 的计算如下:

$$R_{\mathrm{net}} = R_s - R_b \times \frac{n_s}{n_b} = \frac{C_s - (C_b \times n_s/n_b)}{t_s} \tag{4.7}$$

$$u(R_{\mathrm{net}}) = \frac{\sqrt{C_s + (C_b \times n_s^2/n_b^2)}}{t_s} \tag{4.8}$$

式中:R_s——全能峰净计数率,计数/s;

R_b—— 本底计数率,计数/s。

相对比较法求解核素活度浓度适用于有待测核素效率刻度源的情况。在获取了效率刻度源和样品的 γ 能谱并求解出其中各种征兆峰的全能峰面积之后,按下式计算各个刻度源的系数 K_{ji}:

$$K_{ji} = \frac{S_j}{A_{jis}} \tag{4.9}$$

式中:K_{ji}——各个刻度源的刻度系数;

S_j——第 j 种核素效率刻度源的活度,Bq/L;

A_{jis}——第 j 种核素效率刻度源的第 i 个特征的计数率,计数/s。

被测样品中第 j 种核素活度可用下式计算:

$$\mathrm{AC} = \frac{K_{ji}(A_{ji} - A_{jih})}{V \cdot \mathrm{DF}_j} \tag{4.10}$$

式中:A_{jih}——本底谱中第 j 种核素效率刻度源的第 i 个特征的计数率,计数/s;

V——被测样品的体积;

DF_j——放射性核素 j 的衰变校正因子。

样品中核素活度浓度的总不确定度的主要来源是计数统计误差、标准源误差、样品体积误差、衰变校正误差等,合成不确定度可根据误差传递原理由式(4.6)进行误差合成求出。

当两种或两种以上核素发射的 γ 射线能量类似、全能峰重叠或不能完全分开时,彼此形成干扰;在核素的活度相差很大或能量高的核素在活度上占优势时,对活度较小、能量较低的核素的分析也带来干扰。应尽量避免利用重峰进行计算,以减少由此产生的附加分析误差。对于复杂 γ 能谱,曲线基底和斜坡基底会对位于其上的全能峰分析构成干扰,只要有其他类替代全能峰,就不应利用这类全能峰。

对于级联 γ 射线在探测器中产生级联加和的现象,通过增加源(或样品)到探测器的距离,可减少级联加和的影响。应将全谱计数率限制到小于 1 000 计数/s,使随机加和损失降到 1% 以下。应使效率刻度源的密度与被分析样品的密度相同或尽量接近,这样可以避兔或减少密度差异的影响。

根据 γ 能谱中谱线的能量、各谱线的相对关系、核素的特征能量和其他参数以及参考样品的性质等识别核素,水中可能存在的主要核素的 γ 射线能量、半衰期和发射几率列在 4.6 节。

5. 结果表述

在常规测量中应报告样品中超过探测下限的所有核素以 Bq /L 为单位的浓度及相应的计数标准差,并注明所采用的置信度(95％置信度)。对于低于探测下限的核素,其浓度以“小于 LLD”表示。其他如刻度误差、解谱误差也需要在报告中注明。

样品计数标准差 S_0 用下式计算:

$$S_0 = \sqrt{\frac{N_s}{t_s^2} + \frac{N_b}{t_b^2}} \tag{4.11}$$

式中:N_s——全能峰或道区计数;

　　　N_b——相应的本底计数;

　　　t_s——样品计数时间,s;

　　　t_b——本底计数时间,s。

γ 能谱的探测下限(Lower Limit of Detection,LLD)是在给定置信度情况下该系统可以有把握探测到的最低活度。探测下限可以近似表示为

$$\text{LLD} \approx (K_\alpha + K_\beta)S_0 \tag{4.12}$$

式中:K_α——与预选的错误判断放射性存在的风险几率 α 对应的标准正态变量的上限百分位数值;

　　　K_β——与探测放射性存在的预选置信度(1−β)相应的值;

　　　S_0——样品净放射性的标准偏差。

如果 α 值和 β 值在同一水平上,则 $K_\alpha = K_\beta = K$,那么 $\text{LLD} \approx 2KS_0$;如果总样品放射性与本底接近,则可进一步简化:

$$\text{LLD} \approx 2\sqrt{2}KS_b = 2.83K/t_b\sqrt{N_b} \tag{4.13}$$

式中:S_b——本底计数率的标准偏差;

　　　t_b——本底谱测量时间,s;

　　　N_b——本底谱中相应于某一全能峰的本底计数。

对于不同的 α 和 β 值,K 值如表 4.2 所列。

表 4.2　计算 γ 能谱探测下限的 K 值表

α	1−β	K	$2\sqrt{2}K$
0.01	0.99	2.327	6.59
0.02	0.98	2.054	5.81
0.05	0.95	1.645	4.66
0.10	0.90	1.282	3.63
0.20	0.80	0.842	2.38
0.50	0.50	0	0

式(4.13)中探测下限是以计数率为单位的。考虑到核素特性、探测效率、用样量,可计算以浓度表示的探测下限:

$$LLD \approx \frac{2KS_0}{\eta \cdot \gamma \cdot V} \tag{4.14}$$

式中:LLD——探测下限,Bq/L;

η——所考虑核素的全能峰绝对效率;

γ——所考虑核素的预处理回收率,%;

V——所考虑核素的用样量,L。

4.1.2　水中碘-131的分析方法

对于各种核设施、同位素生产和应用单位在正常运行和事故情况下,环境水中碘-131的浓度需要准确掌握。采用本小节的方法,对 β 放射性的探测下限为 3×10^{-3} Bq/L,对 γ 放射性的探测下限为 4×10^{-3} Bq/L,对 $^{106}Ru-^{106}Rh$ 核素和总裂片的去污系数在 1.2×10^5 以上。

方法原理:在水样品中,碘-131用强碱性阴离子交换树脂浓集、次氯酸钠解吸、四氯化碳萃取、亚硫酸氢钠还原;再用水反萃取,制成碘化银沉淀源;最后用低本底 β 测量装置或低本底 γ 谱仪测量。实验过程中需涉及到的玻璃交换柱、玻璃可拆式漏斗、不锈钢压源模具和封源铜圈,如图 4.2 和图 4.3 所示。

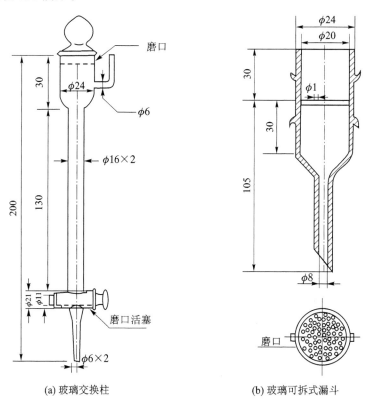

图 4.2　样品与处理装置

将 10 L 环境水样品于 20 L 聚乙烯塑料桶中,调 pH 值为 6.5～7.0,经澄清后,取上清液。在试样(清液)中加入 20 mg 碘载体。以 100～120 mL/ min 流速通过离子交换柱,用蒸馏水洗柱。用 60 mL NaClO 解吸液,流速为 0.5 mL/min 解吸,解吸液转入 250 mL 分液漏斗中。

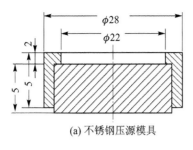

(a) 不锈钢压源模具

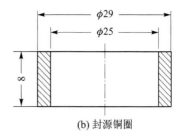

(b) 封源铜圈

图 4.3　源成型与固定装置图

向分液漏斗中加入 20 mL 四氯化碳、6 mL 盐酸羟胺和 5 mL 硝酸,振荡 2 min(注意放气),四氯化碳呈紫色。静置分相,有机相转移到 100 mL 分液漏斗中。用 15 mL 和 5 mL 四氯化碳分别进行第 2 次、第 3 次萃取。各振荡 2 min,静置后合并有机相。用等体积蒸馏水洗涤有机相,振荡 2 min,静置分相,有机相转入另一个分液漏斗中,弃水相。在有机相中加等体积的蒸馏水,加亚硫酸氢钠溶液 8 滴,振荡 2 min(注意放气)。紫色消退,静置分相,弃有机相。水相移入 100 mL 烧杯中。将上述烧杯加热至微沸,除去净剩余的四氯化碳。冷却后,在搅拌下滴加浓硝酸,当溶液呈金黄色时,立即加入 6 mL 硝酸银溶液。加热至微沸,取下冷却至室温。

将碘化银沉淀转入垫有已恒重滤纸的玻璃可拆式漏斗抽滤,用蒸馏水和乙醇各洗 3 次。取下载有沉淀的滤纸,放上不锈钢源模具,置烘箱中,于 110 ℃烘干 15 min。在干燥器中冷却后称重,计算化学产额。将沉淀源夹在两层质量厚度为 3 mg/cm² 的塑料膜中间,放好封源铜圈。将高频热合机刀压在封源铜圈上,加热 5 s,粘牢后取下样品源,剪齐外缘,待测。

在对样品源进行测量之前,还需要绘制自吸收曲线。取 0.1 mL 适当活度的碘-131 参考溶液滴在不锈钢盘内。加 1 滴碱溶液,使其慢慢烘干,制成与样品测定条件一致的薄源。在低本底 β 测量装置上测量,其放射性活度为 I_0。取 6 个 100 mL 烧杯分别加入 0.5、1.0、1.5、2.0、2.5、3.0 mL 的碘载体溶液。各加入 0.1 mL 碘-131 参考溶液,按样品源的制作方法操作制源。将薄源和制备的 6 个沉淀源,同时在低本底 β 测量装置上测定放射性活度。各源的放射性活度经化学产额校正为 I,以 I_0 为标准,求出不同样品厚度的碘化银沉淀源 I 的自吸收系数 E。然后,以自吸收系数为纵坐标,以碘化银沉淀源质量厚度为横坐标,在方格坐标纸上绘制自吸收标准曲线。

用已知准确活度的铯-137 参考溶液制备薄源用于测定自探测效率。然后用下式计算试样中碘-131 的放射性浓度:

$$A_\beta = \frac{N_c - N_b}{\eta_\beta \cdot E \cdot Y \cdot V \cdot e^{-\lambda t}} \tag{4.15}$$

式中:A_β——碘-131 的放射性浓度,Bq/L;

　　　N_c——试样测得的计数率,计数/s;

　　　N_b——试样空白的本底计数率,计数/s;

　　　η_β——β 探测效率;

　　　E——碘-131 的自吸收系数;

　　　Y——化学产额;

　　　t——采样到测量的时间间隔;

　　　V——所测试样的体积,L;

λ——碘-131 的衰变常数。

用低本底 γ 谱仪测量 0.364 MeV 全能峰的计数率。水中碘-131 放射性浓度计算公式如下：

$$A_\gamma = \frac{N_c - N_b}{\eta_\gamma \cdot Y \cdot V \cdot K \cdot e^{-\lambda t}} \qquad (4.16)$$

式中：A_γ——碘-131 放射性浓度，Bq/L；

$\quad$ N_c——0.364 MeV 全能峰的计数率，计数/s；

$\quad$ N_b——0.364 MeV 全能峰下相应的本底计数率，计数/s；

$\quad$ η_γ——谱仪对 0.364 MeV 左右（ϕ20 平面薄膜源）全能峰的探测效率；

$\quad$ K——0.364 MeV 全能峰的分支比。

每当更换试剂时，必须进行空白试验，样品数不能少于 6 个。量取 10 L 蒸馏水于 10 L 下口瓶中。按样品源的制作和测量方法操作，并计算空白试样平均计数率和标准偏差。

4.1.3 水中钚的分析方法

钚是核工业的重要原材料，在武器系统中也有非常重要的用途。在钚的生产和应用中，存在污染水体的可能，因此，掌握事故情况下环境水中及核工业排放废水中钚的常规监测方法，并适时监测地下水和地面水中钚的浓度具有重要的意义。该方法适用于钚的活度在 1×10^{-5} Bq/L 以上的测量范围。

方法原理：水样品中的钚，在 pH 值为 9～10 的条件下用生成的钙、镁的氢氧化物共沉淀浓集。沉淀物用 6～8 mol/L 的硝酸溶解。经过还原、氧化后，钚以 $Pu(NO_3)_5^-$ 或 $Pu(NO_3)_6^{2-}$ 阴离子形式存在于溶液中。当此溶液通过三正辛胺-聚三氟氯乙烯粉或三正辛胺-硅烷化 102 白色担体萃取色层柱时，又以 $(R_3NH)Pu(NO_3)_5$ 或 $(R_3NH)HPu(NO_3)_6$ 络合物形式被吸附。经用盐酸和硝酸淋洗，而达到进一步纯化钚的目的。用低浓度的草酸-硝酸混合溶液将钚从色层柱上洗脱。在低酸度（pH 值为 1.5～2）下，钚以氢氧化物形式被电沉积在不锈钢片上。最后用低本底 α 计数器或低本底 α 能谱仪测量钚的活度。

氨基磺酸亚铁溶液配制方法：称取 3.0 g 还原铁粉和 12.0 g 氨磺酸，用 40 mL 左右的 0.1 mol/L 硝酸溶解，过滤除去不溶物，滤液用 0.1 mol/L 的硝酸稀释至 50 mL 棕色容量瓶中，在冰箱中保存，备用，使用期可达 30 天。

色层粉的调制：每 1.0 g 聚三氟氯乙烯粉（辐照合成，40～60 目）或每 1.0 g 硅烷化 102 白色担体（60～80 目）加入 2.0 mL 10% 的三正辛烷-二甲苯溶液，充分搅拌均匀后放置在红外灯下烘烤，使二甲苯挥发并呈现松散状，用水悬浮法除去悬浮的粉后贮存在玻璃瓶中备用。

色层柱的制备：用湿法将色层粉装入色层柱中，柱的上下两端用少量的聚四氟乙烯细丝填塞，床高 60 mm，使用前用 20 mL 硝酸（1+1）以 2 mL/min 的流速通过柱子以平衡柱子上的酸度。

1. 水样的处理

将水样静置 12 h 以上，然后从静置后的水样中抽取 50 L 上层清液放入 60 L 的聚乙烯塑料桶中，加入 50 mL 氢氧化铵，搅拌均匀后加入 15 g 无水氯化钙和 30 g 氯化镁，待完全溶解，搅拌均匀后，再缓慢加入氢氧化铵，调节 pH 值为 9～10，继续搅拌 60 min 以上，然后静置 12 h 以上。抽去上层清液，将剩下的少量上层清液和沉淀一起转入离心管中，离心 10～15 min（转速为 3 000 r/min)弃去上层清液,再用 200～300 mL 蒸馏水洗涤塑料桶后转入原离心管中,并将沉淀物搅拌洗涤后再离心 10～15 min(转速 3 000 r/min),弃去洗涤液。用 80 mL 硝酸洗涤搅拌棒和塑料桶壁,然后将洗涤液倒入 250 mL 的玻璃烧杯中,再用 70 mL 硝酸(1+1)重复洗涤一次,合并两次洗涤液并用来溶解离心管中的沉淀,将溶解后的溶液采用快速滤纸过滤,并用 10 mL 硝酸(1+1)洗涤滤纸及残渣,收集过滤液,供分析用。

2. 钚的分离纯化

按每 100 mL 上述溶液加入 0.5 mL 氨基磺酸亚铁进行还原,放置 5～10 min,再加入 0.5 mL 亚硝酸钠进行氧化,放置 5～10 min,然后在电炉上煮沸溶液,使过量的亚硝酸钠完全分解,冷却至室温。将上述溶液的酸度调至 6～8 mol/L,并以 2 mL/min 的流速通过色层桩。用 10 mL 硝酸(1+1)分 3 次洗涤原烧杯,并通过色层柱。依次用 20 mL 10 mol/L 盐酸和 30 mL 3 mol/L 硝酸以 2 mL/min 的流速洗涤色层柱,最后用 2 mL 蒸馏水以 1 mL/min 的流速洗涤色层柱。在不低于 10 ℃ 条件下,用 0.025 mol/L 草酸－0.150 mol/L 硝酸溶液以 1 mL/min 的流速洗脱钚,并将洗脱液收集到已准备好的电沉积槽中,用氢氧化铵(1+1)调节电沉积槽中的洗脱液的 pH 值为 1.5～2.0。

将上述电沉积槽置于流动的冷水浴中,极间距离为 4～5 mm,电流密度在 500～800 mA/cm^2 下,电沉积 60 min,然后加入 1 mL 氢氧化铵(25%～28%,m/m),继续电沉积 1 min,断开电源,弃去电沉积液,并依次用水和无水乙醇洗涤镀片,在红外灯下烤干。将镀片置于低本底 α 计数器或低本原 α 谱仪上测量。

3. 结果计算与回收率测定

试样中钚的放射性活度按下式计算:

$$A = \frac{N}{60 \times E \cdot Y \cdot V} \tag{4.17}$$

式中:A——试样中钚的放射性活度,Bq/L;

　　N——试样源的净计数率,计数/min;

　　E——仪器对钚的探测效率,%;

　　Y——钚的全程放化回收率,%;

　　V——分析试样所用的体积,L;

　　60——将蜕变率换成 Bq 的转换系数。

取未被钚污染的水样,加入已知量的钚指示剂,按与待测水样相同的分析步骤操作,并按下式计算钚的全程回收率 Y:

$$Y = N_1/N_0 \tag{4.18}$$

式中:N_1——水中测得钚的净计数率,计数/min;

　　N_0——水中加入已知钚的计数率,计数/min。

需要注意的是,在本方法中,聚三氟氯乙烯粉(辐照合成 40～60 目)与硅烷化 102 白色担体(60～80 目)的效果相同,可根据各个实验室的具体条件任意选用。此外,本方法对 ^{237}Np 的去污性能差(抗干扰能力弱),当水体试样中含有干扰核素 ^{237}Np 时,可用 α 能谱仪进行测量或采用碘氢酸-盐酸溶液解吸钚。其步骤如下:将 8.0 mL 0.025 mol/L 草酸－0.150 mol/L 硝酸改用 8.0 mL 0.4 mol/L 碘氢酸-6.0 mol/L 盐酸溶液,以 1 mL/min 流速解吸,用小烧杯收集解吸液,在电砂浴上缓慢蒸干(防止崩溅)。将蒸干的残渣用 8.0 mL 0.025 mol/L 草酸－

0.150 mol/L 硝酸溶液分多次溶解,并转移到电沉积槽中。后续操作与前述一致。

4.1.4 水中钍的分析方法

与钚相似,钍也是重要的核工业和武器系统中的重要原材料,掌握其生产、运输和应用等相关过程中水体中钍的含量,对控制水体污染具有重要意义。本部分介绍的方法适用于地面水、地下水、饮用水中钍的分析,测定范围为 0.01~0.5 μg/L。

方法原理:在水样中加入镁载体和氢氧化钠后,钍和镁以氢氧化物的形式共沉淀。用浓硝酸溶解沉淀,溶解液通过三烷基氧膦萃淋树脂萃取色层柱选择性吸附钍;草酸-盐酸溶液解吸钍;在草酸-盐酸介质中,钍与偶氮胂Ⅲ生成红色络合物,于分光光度计 660 nm 处测量其吸光度。当水样中锆、铀总量分别超过 10 μg、100 μg 时,会使测试结果偏高。

1. 萃取色层柱的准备

树脂的处理:用去离子水将三烷基氧膦(TRPO)萃淋树脂(50%(m/m),60~75 目)浸泡 24 h 后弃去上层清液,再用 3 mol/L 硝酸溶液搅拌下浸泡 2 h,而后用去离子水洗至中性。自然晾干,保存于棕色玻璃瓶中。

萃取色层柱的制备:用湿法将树脂装入玻璃色层交换柱(内径 7 mm)中,床高 70 mm。床的上、下两端用少量聚四氟乙烯填塞,用 25 mL 1 mol/L 硝酸溶液以 1 mL/min 的流速通过玻璃色层交换柱后备用。

萃取色层柱的再生:依次用 20 mL 0.025 mol/L 草酸-0.1 mol/L 盐酸溶液、25 mL 水、25 mL 1 mol/L 硝酸溶液以 1 mL/min 的流速通过萃取色层柱后备用。

2. 样品分析

取水样 10 L,加氢氧化钠溶液(10 mol/L)调节至 pH 值为 7,加 5.1 g 氯化镁(MgCl₂·6H₂O)。在 500 r/min 的转速下搅拌,缓慢滴加 10 mL 氢氧化钠溶液(10 mol/L),加完后继续搅拌 0.5 h。放置 15 h 以上,弃去上层清液。沉淀转入离心管中,在 2 000 r/min 的转速下离心 10 min,弃去上层清夜。用约 6 mL 硝酸(浓度 65.0%~68.0%)溶解沉淀。溶解液在上述转速下离心 10 min,上层清液以 1 mL/min 的流速通过萃取色层柱。用 200 mL 1 mol/L 硝酸溶液以 1 mL/min 的流速洗涤萃取色层柱,然后用 25 mL 洗涤,洗涤速度为 0.5 mL/min。用 30 mL 0.025 mol/L 草酸-0.1 mol/L 盐酸溶液以 0.3 mL/min 的流速解吸钍。收集解吸液于烧杯中,在电砂浴上缓慢蒸干。将上述烧杯中的残渣用 0.1 mol/L 草酸-6 mol/L 盐酸溶液溶解并转入 10 mL 容量瓶中,加入 0.5 mL 偶氮胂Ⅲ(1 g/L),用 0.1 mol/L 草酸-6 mol/L 盐酸溶液稀释至刻度。10 min 后,将此溶液转入 3 cm 比色皿中。以偶氮胂Ⅲ溶液作参比液,于分光光度计(5.2)660 nm 处测量其吸光度,从工作曲线上查出相应的钍量。

工作曲线绘制:准确移取 0、0.05、0.10、0.30、0.50 mL 钍标准溶液(10 μg/mL)置于一组盛有 10 L 自来水的塑料桶中,按待测水样方法进行分析处理。以偶氮胂Ⅲ溶液作参比液,于分光光度计 660 nm 处测量其吸光度。数据经线性回归处理后,以钍量为横坐标、吸光度为纵坐标绘制工作曲线。

试样中钍的浓度按下式计算:

$$C = W/V \qquad (4.19)$$

式中:C——试样中钍的浓度,μg/L;

　　W——从工作曲线上查得的钍量,μg;

V——试样体积,L。

注意事项:

① 显色剂偶氮胂Ⅲ溶液的使用期不得超过 1 个月,否则会影响钍的测定。

② 在分析中,若要更换试剂或分光光度计,需要调整;更换零件时,必须重作工作曲线。

③ 对于碳酸盐结构地层的水样,由于含碳酸根较高,碳酸根与钍形成五碳酸根络钍阴离子 $[Th(CO_3)_5^{6-}]$,从而影响钍的定量沉淀。此时,可在水样中加入过氧化氢,使钍形成溶度积小得多的水合过氧化钍 $(Th_2O_7 \cdot 11H_2O)$ 沉淀。

④ 用硝酸溶解沉淀时,要缓慢加入,硝酸用量以恰好溶解沉淀为宜。此溶解液在上柱前,一定要离心,防止硅酸盐胶体及其残渣堵塞柱子。

⑤ 解吸液在蒸发至近干时,应防止通风。

4.2　环境空气中核素的测定

在自然界的大气中,存在着大量的放射性核素,这些放射性核素大多来自于太空辐射,再加上人为生产所释放的放射性射线就构成了环境辐射本底值。发生核事故或是在大气中进行核试验时,释放的放射性核素可能会变为气态,凝聚成粒状或是附着在其他尘粒上,形成放射性颗粒或是放射性气溶胶。大气中的放射性核素会发生氧化反应、光化学反应、气溶胶的吸附等现象。如果大气中的污染物一旦与放射性核素结合,对环境和人类的威胁将更大。为了了解所在环境的辐射本底值,或者掌握事故对环境空气放射性强度的影响,需要开展环境空气中核素及其辐射水平的监测。

基于 GB/T 14584—1993《空气中碘-131 的取样与测定》和 GB/T 14582—1993《环境空气中氡的标准测量方法》的规定,本节中重点探讨核电厂释放的气体污染物中碘-131 和环境空气中氡的测量方法。所涉及的名词定义如下:

(1) 分布参数

如果一种物质在某种介质中按指数形式 e^{-ax} 分布,那么其中的 a 称为分布参数。

(2) 收集效率

它是指被过滤介质滞留下来的物质占通过这一过滤介质的空气中最初具有的该物质总量的百分比,也可以是采样器滤膜对取样体积内气载粒子收集的百分率。

(3) 计数效率

它是指在一定测量条件下,测到的由某一标准源发射的粒子或光子产生的计数与在同一时间间隔内该标准源发射出的该种粒子或光子总数的比值。

(4) 氡子体 α 潜能及其浓度

氡子体完全衰变为铅-210 的过程中放出的 α 粒子能量的总和,称为氡子体 α 潜能。单位体积空气中氡子体 α 潜能值,叫做氡子体 α 潜能浓度。

(5) 计数效率

它是指在一定的测量条件下,测到的粒子数与在同一时间间隔内放射源发射出的该种粒子总数的比值。

(6) 等待时间

它是指从采样结束至测量时间终点之间的时间间隔。

（7）探测下限

它是指在95％置信度下探测的放射性物质的最小浓度。

4.2.1　空气中碘-131的测定方法

1. 方法提要与仪器组件

用采样器收集空气中的微粒碘、无机碘和有机碘。微粒碘被收集在玻璃纤维滤纸上，元素碘及非元素无机碘主要收集在活性炭滤纸上，有机碘主要收集在浸渍活性炭的滤筒内。取样系统见图4.4。

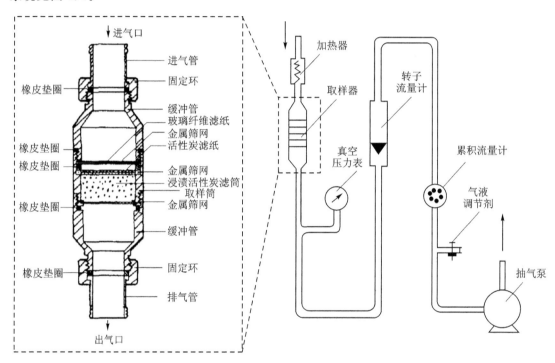

图4.4　空气中碘采样器系统示意图

用低本底γ能谱仪测量样品中碘-131的能量为0.365 MeV的特征γ射线。在γ能谱仪的探测下限为3.7×10^{-1} Bq、取样体积为100 m³的条件下，采用本小节描述的方法可测到空气中碘-131的浓度为3.7×10^{-1} Bq/m³。

取样器的收集介质由玻璃纤维滤纸、活性炭滤纸和浸渍活性炭滤筒组成。滤筒直径为5 cm、深为2 cm。部件及结构见图4.4。取样器所采用的玻璃纤维滤纸的材料为超细玻璃纤维，质量厚度为7.46 mg/cm²，有效直径为5 cm，对小于1 μm的气溶胶微粒的过滤效率近似为100％。对于活性炭滤纸，衬底材料为桑皮浆，纸浆厚度为10 mg/cm²，椰子壳活性炭，活性炭质量厚度为13～15 mg/cm²，粒度为50 μm以下，有效直径为5 cm。而浸渍活性炭滤筒则是装有20 g浸渍活性炭、内径为5 cm、深为2 cm的不锈钢筒，其中浸渍活性炭的基炭是粒度为12～16目的油棕炭，浸渍剂为2.0％ TEDA(三乙撑二胺)＋2.0％ KI(碘化钾)。缓冲筒是内径为5 cm、高为3 cm的不锈钢筒。

2. 仪器刻度

流量计应在标准温度和标准大气压下，经过标准仪器进行刻度。用标准流量计刻度时，应把被刻度的流量计接在标准流量计的后面。

能谱仪对滤纸的计数效率。应使标准源(碘-131 源或钡-133 源)溶液尽可能均匀地分布在滤纸上,标样滤纸的直径应与样品滤纸的直径相同。刻度时的条件应与样品测量时的条件相同。

玻璃纤维滤纸对微粒碘的收集效率可取 100%。活性炭滤纸对无机碘的收集效率与气流面速度和相对湿度的关系曲线如图 4.5 所示。

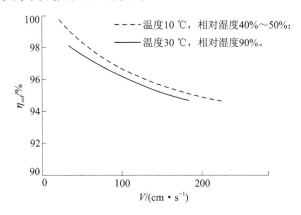

图 4.5　滤纸收集效率与气流面速度和相对湿度的关系

用标准面源刻度滤筒不同深度的截面层的计数效率,求出截面层的计数效率与层深的关系曲线或表达式。首先,根据取样期间的平均气流面速度和平均相对湿度,按下式求出对应面速度下的分布参数 α 值。在相对湿度不大于 50%、气流面速度不大于 170 cm/s 的条件下,对应面速度下的 α 值随气流面速度变化的关系式如下:

$$\alpha = 3.58 \times 10^{-1} - 1.04 \times 10^{-3} V - 1.12 \times 10^{-6} V^2 \tag{4.20}$$

式中: α——分布参数, mm^{-1} ;

　　V——气流面速度, cm/s。

按拟合公式(4.20)算出的不同气流面速度下的 α 值见表 4.3。

表 4.3　各种气流面速度下的 α 值

气流面速度/(cm·s⁻¹)	16.7	40.8	77.9	111.2	140.5
分布参数/mm⁻¹	0.34	0.31	0.27	0.23	0.19

当相对湿度不大于 50% 时,分布参数 α 与相对湿度无关,相对湿度大于 50% 时, α 随相对湿度的增大而减小。在面速度为 16.7 cm/s 的条件下,相对湿度在 50%~100% 范围内, α 值随相对湿度变化的关系式如下:

$$\alpha = 7.28 \times 10^{-1} - 8.88 \times 10^{-1} H + 2.55 \times 10^{-1} H^2 \tag{4.21}$$

式中: α——分布参数, mm^{-1} ;

　　H——相对湿度。

按拟合公式(4.21)算出的各种相对湿度下的 α 值及归一化因子见表 4.4。表中的归一化因子可用于修正其他面速度下相对湿度对 α 值的影响。

对应面速度下的 α 值(见式(4.20))乘以表 4.3 中对应相对湿度的归一化因子,得出样品的分布参数 α。按公式(4.20)求出不同深度处每毫米炭层的收集效率。

$$\eta_{coli} = (e^{a} - 1)e^{-ax_i}, \quad x_i = 1, 2, 3, \cdots, 20 \tag{4.22}$$

式中：η_{coli}——滤筒深度 x_i 处 1 mm 炭层的收集效率（即第 a 炭层的收集效率）；

$\quad a$——分布参数，mm^{-1}；

$\quad x_i$——离滤筒进气表面的垂直距离，mm。

表 4.4 各种相对湿度下的 a 值及归一化因子

相对湿度/%	分布参数/mm^{-1}	归一化因子	相对湿度/%	分布参数/mm^{-1}	归一化因子
50	0.35	1	80	0.18	0.51
55	0.32	0.91	85	0.16	0.46
60	0.29	0.83	90	0.14	0.40
65	0.26	0.74	95	0.11	0.31
70	0.23	0.66	100	0.09	0.26
75	0.21	0.60			

按下式求出 $\eta_{cou} \cdot \eta_{col}$ 值。

$$\eta_{cou} \cdot \eta_{col} = \sum_{i=1}^{20} \eta_{coui} \cdot \eta_{coli} \tag{4.23}$$

式中：η_{coui}——滤筒第 i 炭层（每层 1 mm）的计数效率；

$\quad \eta_{coli}$——滤筒第 i 炭层的收集效率。

对主探测器灵敏体积为 78 cm^3 的反康普顿 Ge(Li) γ 能谱仪，不同分布参数 a 所对应的 $\eta_{cou} \cdot \eta_{col}$ 值见表 4.5。

表 4.5 不同分布参数下的 $\eta_{cou} \cdot \eta_{col}$ 值

a/mm^{-1}	0.35	0.32	0.29	0.26	0.23	0.21	0.18	0.16	0.14	0.11	0.09	0.07	0.05
$\eta_{cou} \cdot \eta_{col}$/%	1.15	1.11	1.18	1.20	1.21	1.22	1.24	1.25	1.26	1.27	1.28	1.29	1.30

3. 取样要求

（1）取样准备

将浸渍活性炭放入烘箱内，在 100 ℃下烘烤 4 h 后，存入磨口瓶中待用。把烘烤后的浸渍活性炭、活性炭滤纸及玻璃纤维滤纸依次装入取样筒，并检查取样器的气密性。

（2）取样点的选择

取样点的选择必须考虑样品的代表性。环境监测取样点的位置和数目，应视污染区域和居民分布情况而定。污染区域可根据碘排放口的位置和气象条件按大气扩散模式估算。应着重在最大污染点和关键居民区设置取样点。工作场所的取样应尽量靠近呼吸带，可设在操作人员附近，或装在通风柜、手套箱等装置的表面处。

（3）取样体积

取样体积视取样目的、预计浓度及 γ 能谱仪的探测下限而定。

（4）相时湿度

为消除相对湿度对取样的影响，应采用加热器把取样器入口处的气流温度加热到 60～70 ℃。如未设置加热带，应记下取样期间的相对湿度。计算平均相对湿度时，对小于 50% 的值,均按 50% 计算。平均相时湿度的误差应不大于 ±10%。在不能满足前面要求的情况下,取样时也可以不考虑相对湿度的影响。

(5) 取样流量

取样时的流量应在 20～200 L/min 范围内。通过调节流量控制阀,把流量调到所需要的数值。平均流量的误差应不大于 ±5%。

(6) 取样管道

取样管道应选择适当的管道材料。一般取样采用铝管,高精度取样器用不锈钢管或聚四氟乙烯管,不可使用橡胶管。管道长度应尽可能短,并要尽量避免弯头,管道长于 3 m 时应测定气态碘在管道中的沉积率。设计取样管道时,应防止取样器收集到从抽气泵排出的气体。

(7) 大气灰尘阻塞

长时间取样时,由于灰尘阻塞,会使流量下降,当流量下降 20% 时,应更换玻璃纤维滤纸。取样器的入口气流应取铅垂方向。

4. 测量与计算

对浓度低的样品,应在取样结束 4 h 后测量。用低本底 γ 能谱仪分别测定玻璃纤维滤纸、活性炭滤纸和滤筒中碘-131 能量为 0.365 MeV 的特征 γ 射线的净计数。放置滤筒时应把进气表面朝上。应选择适当的测量时间,使在 95% 置信度下净计数的误差不大于 ±10%。

按式(4.24)对流量计读数进行修正。

$$q_t = q_i \sqrt{\frac{P \cdot T_e}{P_e \cdot T_u}} \tag{4.24}$$

式中:q_t——实际流量,L/min;

q_i——流量计的读数,L/min;

P_e——环境绝对大气压力,Pa;

P——取样器之后的绝对压力,其值为 $P_e - R$,R 为取样器的阻力(见图 4.6),Pa;

T_e——刻度时的热力学温度,K;

T_u——使用时的热力学温度,K。

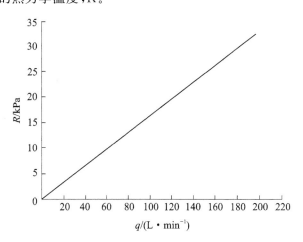

图 4.6　取样器的阻力与流量的关系

按式(4.25)分别计算空气中碘-131 的微粒碘、无机碘、有机碘的浓度。

$$c = 7.38 \times 10^{-11} \cdot \frac{c_s}{\eta_{cou} \cdot \eta_{col} \cdot q_e (1 - e^{-\lambda t_1})(e^{-\lambda t_2})(1 - e^{-\lambda t_3})} \tag{4.25}$$

式中：c——空气中碘-131的浓度，Bq/m^3；

$\quad c_s$——计数时间内样品的净计数；

$\quad \eta_{col}$——收集效率；

$\quad \eta_{cou}$——计数效率；

$\quad q_e$——平均流量，m^3/min；

$\quad \lambda$——碘-131的衰变常数，$5.987 \times 10^{-5}\ min^{-1}$；

$\quad t_1$——取样时间，min；

$\quad t_2$——取样结束至计数开始之间经过的时间，min；

$\quad t_3$——计数时间，min。

穿透活性炭滤纸的无机碘对有机碘浓度的影响按下式进行修正。

$$c_0' = c_0 - c_i(1 - \eta_{col}) \tag{4.26}$$

式中：c_0——修正前的有机碘的浓度，Bq/m^3；

$\quad c_0'$——修正后的有机碘的浓度，Bq/m^3；

$\quad c_i$——无机碘的浓度，Bq/m^3；

$\quad 1 - \eta_{col}$——活性炭滤纸对无机碘的穿透率。其中，η_{col}为活性炭滤纸对无机碘的收集效率。

在平均流量的最大相对误差为±5%、计数误差为±10%（置信水平95%）的条件下，微粒碘和无机碘浓度的最大相对误差都为±20%。在平均流量的最大相对误差为±5%、计数误差为±10%（置信水平95%）的条件下，有机碘浓度的误差还与取样期间的相对湿度有关，若相对湿度不大于50%，则浓度的最大相对误差为±20%；若平均相对湿度大于50%，并且平均相对湿度的最大相对误差为±10%，则浓度的最大相对误差为±23%；若不考虑相对湿度的影响，则浓度的最大相对误差为±27%。

4.2.2 环境空气中氡的测定方法

1. 环境空气中氡的径迹蚀刻法测定

室内空气中测量氡主要有几个目的：① 普查，调查一个地区或某类建筑物内空气中氡的水平，监视异常值；② 追踪，追踪测量的目的是确定普查中的异常值，估计居住者可能受到的最大照射，找出室内空气中氡的主要来源，为治理提供依据；③ 剂量估算，测量结果用于居民个人和集体剂量估算，进行剂量评价。

（1）方法提要

径迹蚀刻法属于被动式采样，能测量采样期间内氡的累积浓度，暴露20 d，其探测下限可达 $2.1 \times 10^3\ Bq \cdot h/m^3$。探测器是聚碳酸酯片或CR-39，置于一定形状的采样盒内，组成采样器，如图4.7所示。

氡及其子体发射的α粒子轰击探测器时，使其产生亚微观型损伤径迹。将此探测器在一定条件下进行化学或电化学蚀刻，扩大损伤径迹，以致能用显微镜或自动计数装置进行计数。单位面积上的径迹数与氡浓度和暴露时间的乘积成正比。用刻度系数可将径迹密度换算成氡浓度。

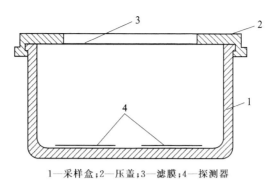

1—采样盒；2—压盖；3—滤膜；4—探测器

图 4.7 径迹蚀刻法采样器结构图

（2）聚碳酸酯片操作程序

样品制备。用切片机把聚碳酸酯膜切成一定形状的片子，一般为圆形，也可为方形；然后，用测厚仪测出每张片子的厚度，偏离标称值 10% 的片子应淘汰；用不干胶把 3 个片子固定在采样盒的底部，盒口用滤膜覆盖；把装好的采样器密封起来，隔绝外部空气。

布放与采样。首先在测量现场去掉密封包装；然后将采样器布放在测量现场，要根据测量目的确定采样要求。在室内测量时，采样器可悬挂起来，也可放在其他物体上，其开口面上方 20 cm 内不得有其他物体。采样终止时，取下采样器再密封起来，送回实验室。布放时间不少于 30 d。在采样期间必须做好记录，主要包括：村庄（街道）、房号、户主姓名；采样器的类型、编号；采样器在室内的位置；采样开始和终止日期、时间；是否符合标准采样条件；观察采样器是否完好，计算结果时要做修正；采集温度、湿度、气压等气象参数；采样者姓名；其他有用资料，如房屋类型、建筑材料、采暖方式、居住者的吸烟习惯，室内电扇、空调器等运转情况。

（3）采样条件与要求

根据采样目的的不同，采样条件可为 3 个方面。

1）普查的采样条件

总的要求是测量数据稳定、重复性好。

具体条件：采样要在密闭条件下进行，外面的门窗必须关闭，正常出入时外面门打开的时间不能超过几分钟，这种条件正是北方冬季正常的居住条件，因此普查测量最好在冬季进行；采样期间内外空气调节系统（吊扇和窗户上的风扇）要停止运行；在南方或者北方夏季采样测量，也要保持密闭条件，可在早晨采样，要靠居住者前一天晚上关闭门窗，直到采样结束再打开；若采样前 12 h 或采样期间出现大风，则停止采样。

选择采样点要求：在近于地基土壤的居住房间（如底层）内采样；仪器布置在室内通风率最低的地方，不设在走廊、厨房、浴室、厕所内。对于不同的仪器、方法所需要的采样时间列于表 4.6 中。

2）追踪测量的采样条件

总的要求是真实、准确，并找出氡的主要来源。具体条件同普查采样要求。

选择采样点的要求：重测普查中采样点；为找出氡的主要来源，可在其他地方布点。采样时间：追踪测量中的采样时间见表 4.6。

3）剂量估算测量的采样条件

总的要求：良好的时间代表性，测量结果能代表一年中的平均值，并反映出不同季节氡及其子体浓度的变化;良好的空间代表性,测量结果能代表住房内的实际水平。具体采样条件即为正常的居住条件。

表 4.6　普查测量的采样时间

仪器、方法	采样时间
α 径迹探测器	在密闭条件下,放置 3 个月
活性炭盒	在密闭条件下,放置 2～7 d
氡子体累积采样单元	在密闭条件下,连续采样 48 h
连续工作水平监测仪[①]	在密闭条件下,采样测量 24 h
连续氡监测仪	在密闭条件下,采样测量 24 h
瞬时法	在密闭条件下,上午 8～12 时采样测量,连续 2 d

　　① 工作水平(Working Level, WL)对应于氡子体 α 潜能浓度,1 个工作水平(1 WL)等于在氡浓度为 3 700 Bq/m³ 环境中平衡状态下的氡子体浓度。

在室内布置采样点必须满足下列要求:在采样期间内采样器不被扰动;采样点不要设在由于加热、空调、火炉、门、窗等引起的空气变化较剧烈的地方;采样点不设在走廊、厨房、浴室、厕所内;采样点应设在卧室、客厅、书房内;若是楼房,首先在一层布点;被动式采样器要距房屋外墙 1 m 以上,最好悬挂起来。剂量估算测量的采样时间列于表 4.7。

表 4.7　剂量估算测量的采样时间

仪器、方法	采样时间
α 径迹探测器	正常居住条件下,放置 12 个月
活性炭盒	正常居住条件下,每季测 1 次,每次放置 2～7 h
氡子体累积采样单元	正常居住条件下,每季测 1 次,每次采样 48 h
连续工作水平监测仪	正常居住条件下,每季测 1 次,每次测 24 h
连续氡监测仪	正常居住条件下,每季测 1 次,每次测 24 h
瞬时法	正常居住条件下,每季测 1 次,每次测 2 d

(4) 蚀刻与计算

蚀刻液配制。取分析纯氢氧化钾(含量不少于 80%)80 g 溶于 250 g 蒸馏水中,配成浓度为 16%(m/m)的氢氧化钾溶液。将配制好的氢氧化钾溶液与无水乙醇体积比按 1∶2 混合,得到化学蚀刻液。将氢氧化钾溶液与无水乙醇体积比按 1∶0.36 混合,得到电化学蚀刻液。

化学蚀刻。抽取 10 mL 化学蚀刻液加入烧杯中,取下探测器置于编号的烧杯内。将烧杯放入恒温带内,在 60 ℃下放置 30 min。化学蚀刻结束,用水清洗片子,晾干。

电化学蚀刻。测出化学蚀刻后的片子厚度,将厚度相近的分在一组。将片子固定在蚀刻槽中,每个槽注满电化学蚀刻液,插上电极。将蚀刻槽置于恒温器内,加上电压,以 20 kV/cm计(如片厚 200 μm,则为 400 V),频率 1 kHz,在 60 ℃下放置 2 h。放置 2 h 后取下片子,用清水洗净,晾干。

将处理好的片子用显微镜测读出单位面积上的径迹数,然后用下式计算氡浓度:

$$C_{Rn} = \frac{N_R}{T \cdot F_R} \tag{4.27}$$

式中：C_{Rn}——氡浓度，$\mathrm{Bq/m^3}$；

　　N_{R}——净径迹密度，$T_{\mathrm{c}}/\mathrm{cm^2}$，$T_{\mathrm{c}}$ 为径迹数；

　　T——暴露时间，h；

　　F_{R}——刻度系数。

2. 环境空气中氡的活性炭盒法测定

活性炭盒法也是被动式采样，能测量出采样期间内的平均氡浓度，暴露 3 d，探测下限可达到 $6~\mathrm{Bq/m^3}$。采样盒用塑料或金属制成，直径 6～10 cm，高 3～5 cm，内装 25～100 g 活性炭（椰壳炭 8～16 目）。盒的敞开面用滤膜封住，固定活性炭且允许氡进入采样器，如图 4.8 所示。

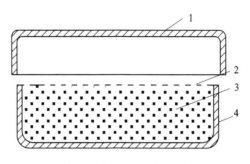

1—采样盒；2—滤膜；3—活性炭；4—装炭盒
图 4.8　活性炭盒结构

空气扩散进炭床内，其中的氡被活性炭吸附，同时衰变，新生的子体便沉积在活性炭内。用 γ 能谱仪测量活性炭盒的氡子体特征 γ 射线峰（或峰群）强度。根据特征峰面积可计算出氡的浓度。

将选定的活性炭放入烘箱内，在 120 ℃烘烤 5～6 h，存入磨口瓶中待用。然后称取一定量烘烤后的活性炭装入采样盒中，并盖以滤膜，再称量样品盒的总重量。把活性炭盘密封起来，隔绝外面的空气。

在待测现场去掉密封包装，放置 3～7 d。将活性炭盒放置在采样点上，其采样条件与径迹法采样条件要求相同。活性炭盒放置在距地面 50 cm 以上的桌子或架子上，敞开面朝上，其上面 20 cm 内不得有其他物体。采样终止时将活性炭盘再密封起来，迅速送回实验室。采样期间应记录的内容与径迹法相同。

采样停止 3 h 后方可开始测量。先称量，以计算水分吸收量。然后将活性炭盒在 γ 能谱仪上计数，测出氡子体特征 γ 射线峰（或峰群）面积。测量几何条件与刻度时要一致。用下式计算氡浓度：

$$C_{\mathrm{Rn}} = \frac{a n_{\mathrm{r}}}{t_1^b \cdot \mathrm{e}^{-\lambda_{Rn} t_2}} \tag{4.28}$$

式中：C_{Rn}——氡浓度，$\mathrm{Bq/m^3}$；

　　a——采样 1 h 的响应系数，$\mathrm{Bq/m^3/}$计数$/\min$；

　　n_{r}——特征峰〈峰群〉对应的净计数率，计数$/\min$；

　　t_1——采样时间，h；

　　b——累积指数，0.49；

λ_{Rn}——氡衰变常数，7.55×10^{-3} h；

t_2——采样时间终点至测量开始时刻之间的时间间隔，h。

要在不同的湿度下(至少三个湿度：30%、50%、80%)刻度其响应系数 a，以确保测量结果的准确可靠。

3．环境空气中氡的双滤膜法测量

双滤膜法是主动式采样，能测量采样瞬间的氡浓度，探测下限为 3.3 Bq/m³。采样装置如图 4.9 所示。

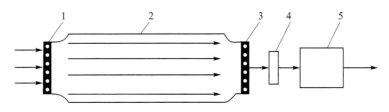

1—入口膜；2—衰变筒；3—出口膜；4—流量计；5—抽气泵

图 4.9　双滤膜法采样系统示意图

基本原理：抽气泵开动后含氡空气经过滤膜进入衰变筒，被滤掉子体的纯氡在通过衰变筒的过程中又生成新子体，新子体的一部分被出口滤膜所收集。测量出口滤膜上的 α 放射性就可换算出氡浓度。

(1)测量前需要进行采样系统和计数设备的检查

采样系统检查包括：抽气泵运转是否正常，能否达到现定采样流速；流量计工作是否正常；采样系统有无泄漏。计数设备检查包括：计数秒表工作是否正常；α 测量仪的计数效率和本底有无变化；检查测量仪的稳定性，对 α 源进行每分钟 1 次的 10 次测量，对结果进行 X^2 检验，若工作状态不正常，要查明原因，加以处理。

(2)采样点的布设分室内采样和室外采样

室内采样测量应满足下列要求：布点原则及采样条件与径迹法的要求相同；进气口距地面 1.5 m，且与出气口高度差要大于 50 cm，并在不同方向上。在室外采样测量应满足下列要求：采样点要有明显的标志；要远离公路，远离烟囱；地势开阔，周围 10 m 内无树木和建筑物；若不能做 24 h 连续测量，则应在上午 8：00—12：00 采样测量，且连接 2 d；在雨天，雨后 24 h 内或大风过后 12 h 内停止采样。

采样点确定后，就可以开始采样。首先，装好滤膜，按图 4.9 把采样设备连接起来；然后，以流速 q(L/min)采样 t(min)；在采样结束后 $T_1\sim T_2$ 时间间隔内测量出口膜上的 α 放射性。用下式计算氡浓度：

$$C_{Rn}=K_t\cdot N_\alpha=\frac{16.5N_\alpha}{V\cdot E\cdot\eta\cdot Z\cdot F_f} \tag{4.29}$$

式中：C_{Rn}——氡浓度，Bq/m³；

$\quad K_t$——总刻度系数，Bq/m³/计数；

$\quad N_\alpha$——$T_1\sim T_2$ 间隔的净 α 计数，计数；

$\quad V$——衰变筒容积，L；

$\quad E$——计数效率，$\%$；

η——滤膜过滤效率,%;

Z——与 t、$T_1 \sim T_2$ 有关的常数;

F_f——新生子体到达出口滤膜的份额,%。

(3) 计数效率 E 的确定方法

在与样品测量相同的几何条件下,测得 α 标准源的净计数率;将计数率除以源的活度,即得到计数效率 E;针对不同的探测器要进行能量修正。

(4) 滤膜对粒子的自吸收因子 β 的确定方法

按规定采样条件,将氡子体收集在滤膜上。等待 30 min 后,在相同的条件下依次快速地(如每 1 min)测量滤膜正面、反面及正面盖上同类质量厚度相近的空白滤膜后的 α 计数率,记为 C_1、C_2、C_3;按下式计算 β 值:

$$\beta = \frac{2C_1}{2C_1 + C_2 - C_3} \tag{4.30}$$

式中:C_1——正面 α 计数率,计数/min;

C_2——反面 α 计数率,计数/min;

C_3——正面盖上同类空白滤膜后的 α 计数率,计数/min。

对每一批滤膜都要测定 β 值,每次至少测 3 个样品,求出 β 平均值。

(5) 滤膜过滤效率 η 的测定方法

选 2 张质量厚度相近的滤膜,重叠在一起,滤膜之间要有 2.0 mm 的距离,以规定的流速采样 5 min;采样结束后,将 2 张滤膜分别装在 2 个同样的采样头上,在同一台仪器上交替测量或在 2 台仪器上平行测量(2 台仪器效率不同应加以修正),得到 2 条衰变曲线;取同一时刻或同一时间间隔的计数,得到 n_1、n_2,代入下式即得 η 值:

$$\eta = 1 - \frac{n_2}{n_1} \tag{4.31}$$

式中:n_1——第一张滤膜计数;

n_2——第二张滤膜计数。

(6) 常数 Z 的确定方法

对于氡通过衰变筒的时间 T_s,可以用下式求出:

$$T_s = \frac{0.06l \cdot S}{q} \tag{4.32}$$

式中:T_s——氡通过衰变筒的时间,s;

l——衰变筒的长度,cm;

S——衰变筒的横截面积,cm^2;

q——采样速率,L/min。

当 $T_s < 10$ s 时,由表 4.8 查 Z 值;当 $T_s \geqslant 10$ s 时,由表 4.9 查 Z 值。表中,t 为采样时间(min);T_1 为采样结束至开始测量的时间,可理解为氡衰变平衡时间(min),一般取 1 min;T_2 为测量开始至测量结束时间,即测量时间(min);$T_1 \sim T_2$ 为在采样结束至测量结束的时间间隔(min)。

新生子体到达出口滤膜的份额 F_t 可以根据 μ 值从表 4.10 中查出,其中,按下式计算 μ 值:

$$\mu = \frac{\pi D l}{q} \qquad (4.33)$$

式中：μ——无量纲常数；

D——新生子体的扩散系数，0.085 cm^2/s；

l——衰变筒长度，cm；

q——采样流速，cm^3/s。

表 4.8 Z 值表（$T_s < 10\ s$）

t/min	T_1/min	T_2/min	Z
5	1	6	1.673
		15	2.597
		30	3.411
		100	6.314
10	1	6	2.312
		15	3.803
		30	5.425
		100	11.068
15	1	6	2.656
		15	4.634
		30	7.070
		100	15.281

表 4.9 Z 值表（$T_s \geqslant 10\ s$）

T_s/s	t/min	$T_1 \sim T_2/min$					
		1~11		1~21		1~31	
		Z	$\sigma/\%$	Z	$\sigma/\%$	Z	$\sigma/\%$
10	5	2.273	1.64	2.890	1.40	3.425	1.18
	10	3.274	1.48	4.403	1.19	5.481	0.94
	20	4.403	1.19	6.634	0.82	8.797	0.62
	30	5.461	0.94	8.797	0.62	11.898	0.46
	60	8.506	0.63	14.570	0.40	20.166	0.31
40	5	2.165	6.32	2.774	5.32	3.310	4.50
	10	3.108	5.70	4.255	4.49	5.334	3.60
	20	4.255	4.49	6.480	3.15	8.640	2.38
	30	5.334	3.60	8.640	2.38	11.820	1.78
	60	8.363	2.42	14.401	1.50	19.997	1.15
90	5	2.002	13.37	2.599	11.23	3.136	9.52
	10	2.898	12.07	4.031	9.52	5.111	7.63
	20	4.031	9.52	6.240	6.68	8.404	5.05
	30	5.111	7.63	8.424	5.65	11.580	3.77
	60	8.123	5.10	14.145	3.31	19.716	2.54

表 4.10　新生子体到达出口滤膜的份额 F_t 值

μ	F_t	μ	F_t	μ	F_t	μ	F_t	μ	F_t
0.005	0.877	0.06	0.645	0.16	0.562	0.45	0.320	1.50	0.110
0.008	0.849	0.07	0.633	0.18	0.481	0.50	0.282	2.00	0.083
0.01	0.834	0.08	0.614	0.20	0.462	0.60	0.248	2.50	0.067
0.02	0.778	0.09	0.596	0.25	0.420	0.70	0.220	3.00	0.056
0.03	0.731	0.10	0.580	0.30	0.384	0.80	0.197	4.00	0.042
0.04	0.705	0.12	0.551	0.35	0.349	0.90	0.178	5.00	0.033
0.05	0.678	0.14	0.525	0.40	0.324	1.00	0.162		

（7）质量保证措施

每年用标准氡室测量装置刻度一次，得到总的刻度系数。用另外一种方法与本方法进行平行采样测量。用成对数据 t 检验方法来检验两种方法结果的差异，若 t 超过临界值，则应查明原因。平行采样数不低于样品数的 10%。

操作时应注意几个方面：入口滤膜至少要 3 层，全部滤掉氡子体；采样头尺寸要一致，保证滤膜表面与探测器之间的距离为 2 mm 左右；严格控制操作时间，不得出任何差错，否则样品作废；当相对湿度低于 20% 时，要进行湿度校正；采样条件要与流量计刻度条件相一致。

4. 环境空气中氡的气球法测量

此法属主动式采样，能测量出采样瞬间空气中氡及其子体的浓度。探测下限：氡 2.2 Bq/m^3，子体 5.7×10^{-7} J/m^3。气球法采样系统如图 4.10 所示，其工作原理同双滤膜法，只不过气球代替了衰变筒。把气球法测氡和马尔柯夫法测潜能联合起来，一次操作用 26 min，即可得到氡及其子体 α 的潜能浓度。其时间程序如图 4.11 所示。

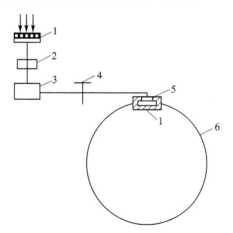

1—采样头；2—流量计；3—抽气泵；4—调节阀；5—套环；6—气球
图 4.10　气球法采样系统示意图

每次测量前，要对采样设备、计数仪器进行严格的检查，检查内容与双滤膜采样法相同。在室内采样测量，其布点原则与采样条件与径迹法采样条件要求相同；进气口距离地面 1.5 m 左右。在室外采样测量时，其布点原则与采样条件双滤膜采样法相同。

采样操作程序：装好入、出口滤膜，把采样设备连接起来；在 0～5 min 内以流速 40 L/min

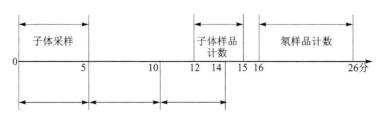

图4.11 气球法测量的时间程序

向气球充气;取下入口采样头,置于计数器上,气露出口接到抽气泵入口;在 10～14 min 内以流速 50 L/min 排气;在 12～15 min 内测量入口滤膜上的 α 放射性;在 16～26 min 内测量出口滤膜上的 α 放射性;分别用下式计算 α 潜能浓度和氡浓度:

$$C_p = K_m(N_E - 3R) \tag{4.34}$$

$$C_{Rn} = K_b(N_R - 10R) \tag{4.35}$$

式中:C_p——α 潜能浓度,J/m³;

  K_m——马尔柯夫法系数,J/(m³·计数);

  N_E——入口滤膜的总 α 计数,计数;

  C_{Rn}——氡浓度,J/m³;

  K_b——气球刻度常数,Bq/(m³·计数);

  N_R——出口滤膜的总 α 计数,计数;

  R——本底计数率,计数/min。

用库斯尼茨法标定马尔柯夫法的总系数 K_m:以规定流速采样 5 min;在采样结束后 7～10 min 内测滤膜样品的 α 计数(N_E);在采样结束后 40～90 min 内任意时间间隔对此样品进行第二次 α 计数(如测量 10 min),其 α 净计数为 N_R;最后用下式计算 K_m(至少作 3 次测量,求出 K_m 平均值):

$$K_m = \frac{K_K \cdot N_K}{N_E - 3R} \tag{4.36}$$

式中:K_K——库斯尼茨法系数,J/m³·计数。K_K 由下式确定:

$$K_K = \frac{4.16 \times 10^{-6}}{v \cdot E \cdot \eta \cdot \beta \cdot t_m \cdot K_{(T)}}, \quad K_{(T)} = \begin{cases} 230 - 2T, & 40 \leqslant T \leqslant 70 \\ 195 - 1.5T, & 70 < T \leqslant 90 \end{cases} \tag{4.37}$$

式中:v——采样速率,L/min

  E——计数效率,%;

  η——滤膜过滤效率,%;

  β——滤膜对 α 粒子的自吸收因子,%;

  t_m——第二次 α 计数时间,min;

  $K_{(T)}$——与等待时间 T(min)有关的系数。

系数 E、η、β 测定方法与双滤膜采样法相同。

质量保证措施。每年用标准氡室对测量装置刻度一次,得到总的刻度系数。用另一种方法与本方法平行采样测量,用成对数据的 t 检验方法检查两种方法结果的差异。若 t 值大于临界值,则应查明原因。平行采样量不少于全部样品量的 10%。

操作中注意事项:入口滤膜至少要 3 层,全部滤掉氡子体;气球颈部应尽量短,使采样器端面处于球面上;排气过程中,气球始终要保持为球形,排气结束时要及时停泵;采样头尺寸要一致,保证滤膜表面与探测器表面之间的距离为 2 mm 左右;严格控制操作时间,每一步都不得出现差错,否则样品作废;应在不同温度下标定出刻度系数。

4.2.3　氡子体剂量估算与测量

居民吸入氡子体所产生的年有效剂量当量用下式计算:

$$H_E(\alpha) = 8\,760(k_{in}f_{in}c_{pin} + k_{ou}f_{ou}c_{pou}) \qquad (4.38)$$

式中:$H_E(\alpha)$——年有效剂量当量,Sv;

　　　8 760——全年的小时数,h;

　　　k——居留因子,下标 in、ou 分别表示室内外;

　　　f——剂量转换因子,下标 in、ou 分别表示室内外;

　　　c_p——子体 α 潜能浓度,J·h/m³,下标 in、ou 分别表示室内外。

居留因子 k 由实际调查结果确定,也可采用国内外的推荐值。居民吸入氡子体的剂量转换因子列于表 4.11。子体浓度是以 J/m³ 和平衡等效氡浓度两种形式给出的。

表 4.11　居民吸入氡子体的剂量转换因子

类　别	成人		儿童(0～10 岁)	
剂量单位	Sv/(J·h·m⁻³)	Sv/(Bq·h·m⁻³)	Sv/(J·h·m⁻³)	Sv/(Bq·h·m⁻³)
室内	1.8	1.0×10^{-8}	2.7	1.5×10^{-8}
室外	2.5	1.4×10^{-8}	3.8	2.1×10^{-8}

适用于环境空气中氡及其子体的测量方法摘要分别列于表 4.12 和表 4.13。

表 4.12　环境空气中氡的测量方法

方　法	采样方式	采样动力	探测器	探测下限	说　明
α 径迹蚀刻法	累积	被动式	聚碳酸酯膜 CR-39	2.1×10^3 Bq·h/cm³	
活性炭盒法	累积	被动式	NaI(TI)或半导体	6.0 Bq/m³	
双滤膜法	瞬时	主动式	金硅面	3.3 Bq/m³	
气球法	瞬时	主动式	金硅面	2.2 Bq/m³	200 mL 气球, 0.5 L 闪烁室
连续氡监测仪	连续	主动式	金硅面	10.0 Bq/m³	
闪烁室法	瞬时或连续	主动式	闪烁室	40.0 Bq/m³	
活性炭浓集法	瞬时	主动式	闪烁室或电离室	3.0 Bq/m³	

表 4.13　环境空气中氡子体测量方法

方　法	采样方式	采样动力	探测器	探测下限	说　明
被动式 α 径迹蚀刻法	累积	被动式	聚碳酸酯膜 CR-39	6×10^{-5} J·h/m³	
主动式 α 径迹蚀刻法	累积	主动式	聚碳酸酯膜 CR-39	2.1×10^{-5} J·h/m³	
氡子体累积采样单元	累积	主动式	TLD	1×10^{-8} J/m³	用泵或 加静电场
库斯尼茨法	瞬时	主动式	金硅面	1×10^{-8} J/m³	
马尔柯夫法	瞬时	主动式	金硅面	5.7×10^{-8} J/m³	
三段法	瞬时	主动式	金硅面	2.0×10^{-8} J/m³	

4.3 土壤中放射性核素分析方法

土壤、空气和水是生物维持存活生长的基本环境要素,在环境核辐射常规监测和环境放射性本底调查中,对土壤的监测必不可少。土壤中的核辐射主要来源于两个方面:一方面是天然本底中的铀、钍、钾等,其所造成的人体内照射和外照射剂量很低;另一方面是人类活动,主要有核试验、核电站、放射性核素生产、核工业等。土壤核辐射污染主要取决于其核素的属性、土壤成分和化学反应的环境等因素。放射性核素进入土壤后与土壤结合在一起,如果被污染的土壤作为潜在的食品和动物饲料中放射性核素的长期来源,则会对人体健康造成伤害。本节重点讨论在土壤环境的核辐射常规监测、本底调查和核事故应急监测过程中,土壤代表性样品的采集与制备,以及使用高分辨半导体或 NaI(Tl) γ 能谱分析土壤中天然或人工放射性核素比活度的常规方法。

(1)土壤、土壤质地与土壤代表性样品

土壤是地球陆地表面具有肥力、能生长植物的疏松表层,该表层由岩石风化而成的矿物质、动植物残体腐解而产生的有机物质以及水分、空气等组成。土壤是有发展历史的自然体。土壤质地指土壤中矿物质颗粒的大小和其组合比例,即土壤的粗细、砂粘状况。按土壤中砂粒、粉砂粒和粘粒的含量百分数,土壤质地可分为粗砂土、沙壤土、壤土、粘壤土和粘土。区分不同质地土壤的手测标准见表4.14。土壤代表性样品是指土壤采集中所获得的一定量的土壤样品,它与被取样的总体在性质与特点上完全相同。

表 4.14 土壤质地手测标准表

质地名称	土壤的感官状态
粗砂土	粗砂粒明显可见;干时为分散状态;用手接触时,有砂粒棱角感
沙壤土	干时成团;极易压碎
壤土	土块较难压碎;手搓时有粉状细腻感
粘壤土	其小团带棱角,难压碎
粘土	小块状坚硬,且带尖锐棱角,不能用手压碎

(2)采集与采样场所

采集是指获得有代表性样品的过程。采样场所是指根据监测目的所确定的采集样品的地方。

(3)半宽度

它是指在仅由单峰构成的分布曲线上峰高一半处两点间以能量或道数为单位的距离,有时也叫半高宽或半峰宽(full width at half maximum)。

(4)能量分辨率

对于某一给定的能量,辐射谱仪能分辨的两个粒子能量之间的最小相对差值的量度,称为能量分辨率(energγresolution)。在一般应用中,能量分辨率是用能谱仪对单能粒子测得的能量分布曲线中峰的半高宽除以峰位所对应的能量来表示的。

(5)本底计数率

在 γ 能谱中,除样品的放射性外,其他因素引起的计数率总称为本底计数率(background

count rate)。

（6）探测限、探测器效率与探测效率

探测限（lower limit of detection）是指在给定的置信度下，能谱仪可以探测的最低活度。探测器效率（detector efficiency）指探测器测到的粒子数与在同一时间间隔内射到探测器上的该种粒子数的比值。探测效率（detection efficiency）指在一定的探测条件下，测到的粒子数与在同一时间间隔内辐射源发射出的该种粒子总数的比值。

4.3.1　土壤样品的采集

1. 采样点的选择与布设

采样场所的选择主要取决于监测的目的。核设施运行前和运行期间的采样场所，其位置不应变动，但后者采样不应重叠在前一次的采样点上。为测定沉飘到地面上的气载长寿命放射污染而进行的土壤采样，其采样场所应开阔平坦，土壤应有良好的渗透性，最好是矮草地，同时尽可能远离建筑物和树木。为对几年内的沉积进行估计，其采样点应当选择在没有受到干扰的地方。采样场所必须是能够重复采样的地方，并且不受施肥、灌溉所致的放射性影响。

采样点的布设取决于：监测目的；核设施的性质、规模、操作放射性物质的种类和数量；该地区的气象条件和水文条件；人口分布及其他一些偶然因素。核设施运行前本底调查中的土壤采样，其采样点布设应尽量考虑到同运行期间采样点一致。核设施运行期间环境监测中的土壤采样，其采样点应布设在可能受到污染的地区。核事故情况下的应急监测中的土壤采样，其采样点的布设取决于事故的性质和可能受到污染的范围。

2. 采样深度与采样量

采样深度取决于采样目的、土壤的理化特性、分析核素的种类。在核设施运行前后的环境常规监测中，土壤采样深度为 5 cm。在事故应急监测中，其土壤采样深度为 2 cm。为测定早期核试验落下的灰在土壤中的沉积量，其土壤采样深度必须深至 30 cm。为测定近期沉积到地面上的气载放射性核素，其土壤采样深度为 5 cm。为了解放射性废水在土壤中的渗透情况，土壤采样深度可视需要而定。考虑到样品制备、分析与保存，采样量为 3～5 kg。

3. 采样设备

根据采样场所土壤质地和采样深度的不同，常见的采样器有以下三种：第一种采样器 SS1 是一段带把手的钢管，其内径为 8 cm，高为 20 cm，下端为锐利的刀口（见图 4.12（a））。第二种采样器 SS2 是一段带把手的钢管，其内径为 8 cm，高为 70～100 cm，下端装有特殊的刀子，使用时插入用第一种采样器挖好的孔中，旋转向下推进，用于采集深层土壤样品（见图 4.12（b））。第三种采样器是内径为 10 cm、高为 5 cm 的钢环，用于采集表层干的、松散的砂质土壤样品。

其他采样用具包括：铁锹、移植瓦刀；塑料布、塑料袋、布袋或编织袋；大木锤或橡皮锤；卷尺、刻度尺（100 cm）、标签、木签、小勺、罗盘、绳子等；台称，可称量 10 kg，感量 50 g。

4. 采样步骤

进入采样场所后，首先对地形、土壤利用情况、土壤种类、植被情况进行观察与记录。清除采样点上的杂物，植被只留 1～2 cm 高，如需要，可保留完整的植物。非表层土壤采样不受此限制。在清理后的采样场所，划定两块面积为 1.0 m² 的区域，两块区域间隔 3 m。在每个区域的中心和四角处采样。为满足采样量，可以增加采样区域。

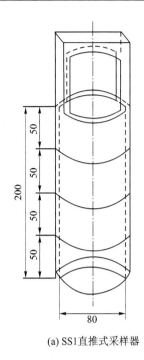

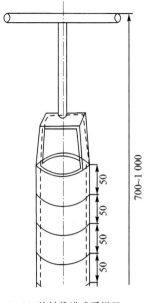

(a) SS1直推式采样器   (b) SS2旋转推进式采样器

图 4.12　土壤采样器(尺寸单位:mm)

　　表层土壤采样时,将 SS1 采样器垂直立在地面,用锤冲打采样器至预定深度。用铁锹、移植瓦刀等挖出采样器。如遇砂质土壤,在回收采样器时为防止采样器内的土壤滑落,可用移植瓦刀将采样器开口部位堵住。去掉采样器外表的土壤,从采样器中取出土芯。对于过于干松的土壤,可在采样前喷洒适量的水以使地面湿润。对于干松质土壤,可用第三种采样器,将采样器压入土壤中,用小勺取出环内的土壤。深层土壤采样时,可用 SS1 采样器依次继续取得下层土壤,也可用 SS2 采样器在 SS1 采样器挖好的孔位旋转向下推进取样。

　　把采集的土芯装入塑料袋中,密封称重、贴签,再装入布袋或编织袋中。记录土壤样品湿重 W。清洗用过的采样设备,避免交叉污染。

4.3.2　土壤样品的制备与保存

　　制样设备包括:台秤,可称量 10 kg,感量 50 g;烘箱;盘状器皿,如搪瓷盘、不锈钢盘等;粉碎机;系列分样筛;聚乙烯桶或聚乙烯瓶;小铲或大勺。

　　取得的土壤样品放在搪瓷盘或不锈钢盘中摊开,敲碎土块,用剪刀把植物剪碎使其均匀分布(是否保留植物,根据采样目的而定)。将盛有土壤样品的盘子置于烘箱中,在 110 ℃下烘烤 24 h。称量烘干的土壤样品,称量误差在 1% 以内,记录干土样重量 D。把研碎的样品摊开按四分法取至 1 kg,将 1 kg 粉碎样磨细并用 100 目(154 μm)分样筛过筛。将筛后的土样称重,装入聚乙烯瓶或聚乙烯桶中,贴上标签,密封保存待用,作好制样记录。清洗制样设备,避免交叉污染。制样人员必须戴口罩和手套操作。

　　土壤芯样含水量 A 和密度 B 分别按照下式计算:

$$A = \frac{W - D}{W} \times 100\% \tag{4.39}$$

$$B = \frac{W}{F \cdot V} \qquad (4.40)$$

式中:A——土壤芯样含水量,g;

　　　W——土壤芯样湿重,g;

　　　D——土壤芯样干重,g;

　　　B——土壤芯样密度,g/cm³;

　　　F——土壤芯样数目,个;

　　　V——土壤芯样体积,cm³。

对于需要运输的样品,要确保样品容器不被损伤,防止标签丢失和样品交叉污染,并附带记录清单一份。样品应置于贮存室内保存,贮存室应保持干燥,通风良好。必要时,贮存样品应一式两份并异地保存。同时,定期核查贮存样品及记录,确保样品不被丢失和混用。

记录下列内容并保存记录清单一式两份:

① 样品编号;

② 采样日期、时间;

③ 采样场所、地名、地方编号(经纬度);

④ 植被情况(如乔木、灌木、草类、农作物等);

⑤ 地形、土壤利用情况(如水田、旱地、果园地、草地、荒地或空地等);

⑥ 土壤种类(见表 4.14);

⑦ 采样当天及前一天的天气情况;

⑧ 采样者姓名;

⑨ 采样方法、采样深度、采样器类型、采集的土芯数目;

⑩ 采样重量;

⑪ 制样者姓名;

⑫ 制样状况、烘烤温度、过筛目数;

⑬ 运输状况、运输方法、样品形态及样品数量。

4.3.3　土壤中放射性核素的 γ 能谱分析方法

1. 仪器装置

(1) 碘化钠[NaI(Tl)]探测器

应用尺寸不小于 φ7.5 cm×H7.5 cm 的圆柱形 NaI(Tl)探测器测量土壤样品。优先选用低钾 NaI(Tl)晶体和低噪声光电倍增管。整个晶体密封于有透光窗的密封容器中,晶体与光电倍增管形成光耦合。探测器对 Cs-137 位于 661.6 keV 光峰的分辨率应优于 9%。

(2) 半导体探测器

应根据 γ 射线能量范围采用不同材料和不同类型的半导体探测器。测量土壤样品可优先采用单开端同轴高纯锗探测器,其对 Co-60 位于 1 332.5 keV 的 γ 射线的能量分辨率(FWHM)应优于 2.5 keV,相对于 φ7.5 cm×H7.5 cm (3″×3″) NaI(Tl)探测器的相对效率不低于 20%。

(3) 屏　蔽

探测器装置应置于等效铅当量不小于 10 cm 的金属屏蔽室中,屏蔽室内壁距晶体表面的距离＞13 cm,在铅室的内表面应有原子序数逐渐递减的多层内屏蔽材料,内屏蔽从外向里依次衬有厚度 ≥1.6 mm 的镉或锡、厚度≥0.4 mm 的铜以及 2～3 mm 厚的有机玻璃,以减少能量为 72～95 keV 的 Pb 特征 X 射线的影响,如可由 0.4 mm 的铜、1.6 mm 的镉及 2～3 mm 厚的有机玻璃等组成。屏蔽室应有便于取、放样品的门或窗。

（4）高压电源

应有保证探测器稳定工作的高压电源,其相对纹波电压不大于±0.01‰,对半导体探测器应在 0～±5 000 V、1 A～100 pA 范围内连续可调,不能有间断点。

（5）能谱放大器

应有与前置放大器及脉冲高度分析器匹配的、具有波形调节功能的放大器。

（6）脉冲高度分析器

NaI(Tl)谱仪的道数应不少于 512 道,对于高纯锗 γ 能谱仪,其道数应不少于 8 192 道。

（7）计算机系统

要求与整套能谱仪系统硬件相匹配,并已安装适合整套能谱仪系统的获谱、解谱软件,以及配套输出终端,如打印机等。

（8）测量容器

根据样品的多少及探测器的形状、大小选用不同尺寸及形状的样品盒,如:容器底部直径等于或小于探测器直径的圆柱形样品盒,或与探测器尺寸相匹配的环形样品盒。容器应由天然放射性核素含量低、无人工放射性污染的材料制成,如 ABS(丙烯腈-苯乙烯-丁二烯共聚物)树脂或聚乙烯。

2. γ 能谱仪的刻度

（1）能量刻度

用已知核素的刻度源刻度 γ 能谱系统,能量刻度范围应从 40～2 000 keV。适用于能量刻度的单能和多能核素参见表 4.15。能量刻度至少包括四个能量均匀分布在所需刻度能区的刻度点。记录刻度源的特征 γ 射线能量和相应全能峰峰位道址,可在直角坐标纸上作图或对数据作最小二乘直线或抛物线拟合。高纯锗 γ 能谱仪的能量非线性绝对值不应超过 0.5‰,NaI(Tl)γ 能谱仪的能量非线性绝对值不应超过 5‰。

表 4.15　能量刻度用单能和多能核素

核　素	半衰期	γ 射线能量/keV	γ 射线发射概率/%
Pb－210	22.3 a	46.5	4.25
Am－241	432.6 a	59.54	35.78
Cd－109	461.4 d	88.03	3.626
Co－57	271.8 d	122.1	85.51
Ce－141	32.508 d	145.4	48.29
Cr－51	27.703 d	320.1	9.87
Cs－137	30.018 a	661.7	84.99
Mn－54	312.13 d	834.84	99.974 6
Na－22	2.602 7 a	1 274.54	99.940

续表 4.15

核　素	半衰期	γ 射线能量/keV	γ 射线发射概率/%
Y - 88	106.626 d	898.0	93.90
		1 836.1	99.32
Co - 60	5.271 a	1 173.2	99.85
		1 332.5	99.982 6
Eu - 152	13.522 a	121.8	28.41
		344.3	26.59
		964.1	14.50
		1 112.1	13.41
		1 408.0	20.85

能量和道址的关系:若能量刻度曲线的斜率和截距的变化绝对值不超过 0.5%,则可利用已有的刻度数据,否则应重新刻度。γ 能谱仪的稳定性越好,能量刻度变化的可能性就越小。

（2）效率刻度

1）效率刻度体标准源

对于一般土壤样品测量,用铀、镭,钍、钾的体标准源进行效率刻度。用作效率刻度的标准源,其几何形状要与被测样品相同,基质密度和有效原子序数要尽量与被测样品相近。对于某些涉及长寿命人工放射性核素（如 Cs - 137）的测量,还应另外制备 Cs - 137 体标准源备用。

2）效率刻度曲线

若级联和跨越效应可忽略,则 γ 射线全吸收峰探测效率是 γ 射线能量的函数。求出若干个不同能量单能 γ 射线全吸收峰探测效率,可在坐标纸上作出探测效率与 γ 射线能量的关系曲线（即效率曲线）,或用计算机对实验点作加权最小二乘法曲线,拟合得到效率曲线。在 40～2 000 keV 范围内用 n 次对数多项式拟合,可达到满意的效果,表达式如下:

$$\ln \varepsilon = \sum_{i=0}^{n-1} a_i (\ln E_\gamma)^i \qquad (4.41)$$

式中:ε——实验 γ 射线全吸收峰效率值;

　　a_i——拟合常数;

　　E_γ——相应的 γ 射线能量,keV。

效率刻度的相对标准不确定度应小于 5%。

3. 体标准源与样品的制备

（1）体标准源要求

γ 能谱仪效率刻度用的体标准源由模拟基质加特定核素的标准溶液或标准矿粉均匀混合后制成,应满足均匀性好,核素活度准确、稳定、密封等要求。

（2）模拟基质

选用放射性本底低、容易均匀混合、与待测样品密度相近的物质作为模拟基质。对于填充密度在 0.8～1.6 g/cm³ 的土壤样品的体标准源,以一定比例的氧化铝和二氧化硅作为模拟基质。

（3）体标准源活度

体标准源的活度要适中，一般为被测样品的 10～30 倍，具体倍数根据样品量的多少及强弱而定。

（4）体标准源密封

制备好的铀镭体标准源，应放入样品盒中密封 3～4 周，使铀镭及其短寿命子体达到平衡后再使用。

（5）体标准源的不确定度

体标准源活度的总不确定度应在 5％以内。

（6）土壤样品制备

剔除杂草、碎石等异物的土壤样品经 100 ℃烘干至恒重，压碎过筛（40～60 目），称重后装入与刻度 γ 能谱仪的体标准源相一致的样品盒中，密封，放置 3～4 周后测量。

4. 样品测量

（1）本底测量

应测量模拟基质本底谱和空样品盒本底谱，在求体标准源全能峰净面积时，应将体标准源全能峰计数减去相应模拟基质本底计数，土壤样品的全能峰计数应扣除相应空样品盒本底计数。

（2）体标准源测量

测量体标准源时，其相对探测器的位置应与测量土壤样品时相同。

（3）测量时间

测量时间根据被测体标准源或样品的强弱而定。放射性较强的样品或标准源，测量时间可以较短；放射性较弱的样品或标准源，测量时间应当较长。

（4）测量计数不确定度

体标准源的测量不确定度应小于 5％。土壤样品中放射性核素活度的扩展不确定度（包含因子为 2）应满足：铀小于 20％，镭、钍、钾小于 10％，Cs - 137 小于 15％。

5. γ 能谱分析方法

（1）相对比较法

相对比较法适用于有待测核素体标准源可利用的情况下，样品中放射性核素活度浓度的分析。

利用多种计算机解谱方法，如总峰面积法、函数拟合法、逐道最小二乘拟合法等，计算出体标准源和样品谱中各特征峰的全能峰净面积。体标准源中第 j 种核素的第 i 个特征峰的刻度系数 C_{ji} 见下式：

$$C_{ji} = \frac{A_j}{\mathrm{N}et_{ji}} \tag{4.42}$$

式中：A_j——体标准源中第 j 种核素的活度，Bq；

$\mathrm{N}et_{ji}$——体标准源中第 j 种核素的第 i 个特征峰的全能峰净面积计数率，计数/s。

被测样品中第 j 种核素的活度浓度 Q_j 见下式：

$$Q_j = \frac{C_{ji}(A_{ji} - A_{jib})}{W \cdot D_j} \tag{4.43}$$

式中：Q_j——被测样品中第 j 种核素的活度浓度，Bq/kg；

A_{ji}——被测样品第 j 种核素的第 i 个特征峰的全能峰净面积计数率,计数/s;

A_{jib}——与 A_{ji} 相对应的特征峰本底净面积计数率,计数/s;

W ——被测样品净重,kg;

D_j ——第 j 种核素校正到采样时的衰变校正系数。

（2）效率曲线法

效率曲线法适用于已有效率刻度曲线可利用的情况下,求被测样品中放射性核素的活度浓度。

根据效率刻度后的效率曲线或效率曲线的拟合函数,求出某特定能量 γ 射线所对应的效率值 η_i。被测样品中第 j 种核素的活度浓度 Q_j 见下式:

$$Q_j = \frac{A_{ji} - A_{jib}}{P_{ji} \cdot \eta_i \cdot W \cdot D_j} \tag{4.44}$$

式中:η_i——第 i 个 γ 射线全吸收峰所对应的效率值;

P_{ji}——第 j 种核素发射第 i 个 γ 射线的发射概率,常用的 γ 射线发射概率大于1％的天然放射性核素表参见表 4.16;

A_{ji}——被测样品第 j 种核素的第 i 个特征峰的全能峰净面积计数率,计数/s;

A_{jib}——与 A_{ji} 相对应的特征峰本底净面积计数率,计数/s;

W ——被测样品净重,kg;

D_j ——第 j 种核素校正到采样时的衰变校正系数。

表 4.16　常用的 γ 射线发射概率大于1％的天然放射性核素表

核　素	能量/keV	发射概率/％	半衰期	产生方式
^{234}Th	63.3	4.8(7)	L	^{238}U 衰变
^{235}U	143.8	10.96(14)	$703.8(5) \times 10^6$ a	天然衰变
^{235}U	185.7	57.2(8)	$703.8(5) \times 10^6$ a	天然衰变
^{226}Ra	186.2	3.533(21)	1 600(7) a	天然衰变
^{212}Pb	238.6	43.6(3)	L	^{232}Th 衰变
^{224}Ra	241.0	4.12(4)	L	^{232}Th 衰变
^{208}Tl	277.4	6.6(3)	L	^{232}Th 衰变
^{214}Pb	295.2	19.3(2)	L	^{238}U 衰变
^{212}Pb	300.1	3.18(13)	L	^{232}Th 衰变
^{228}Ac	338.3	11.3(3)	L	^{232}Th 衰变
^{214}Pb	351.9	37.6(4)	L	^{238}U 衰变
^{208}Tl	583.2	85.0(3)	L	^{232}Th 衰变
^{214}Bi	609.3	46.1(15)	L	^{238}U 衰变
^{212}Bi	727.3	6.74(12)	L	^{232}Th 衰变
^{208}Tl	860.6	12.5(1)	L	^{232}Th 衰变
^{228}Ac	911.2	26.6(7)	L	^{232}Th 衰变
^{228}Ac	969.0	16.2(4)	L	^{232}Th 衰变

核 素	能量/keV	发射概率/%	半衰期	产生方式
^{214}Bi	1 120.3	15.1(2)	L	^{238}U 衰变
^{40}K	1 460.82	10.66(13)	1.265(13)$\times 10^9$ a	天然衰变
^{212}Bi	1 620.7	1.51(3)	L	^{232}Th 衰变
^{214}Bi	1 764.5	15.4(2)	L	^{238}U 衰变

注:圆括号中数值为前面相应数据的不确定度,其不确定度值参照圆括号前数值按照最后一位小数点对齐原则给出,如:4.8(7)表示 4.8±0.7;L 表示该核素的半衰期取其母体核素的半衰期;当由能量为 583.2 keV 的 ^{208}Tl 来计算母体 ^{232}Th 活度时,应将其发射概率乘以 0.36。

（3）γ 能谱分析的逆矩阵法

逆矩阵法主要用于样品中核素成分已知,而能谱又部分重叠的情况。用 NaI(Tl)γ 能谱仪分析土壤样品中天然放射性核素 U-238、Th-232、Ra-226、K-40 和人工放射性核素 Cs-137 的活度浓度可用逆矩阵法。

逆矩阵法应先确定响应矩阵,确定响应矩阵的体标准源应包括待测样品中的全部待求核素,且与待测样品有相同的几何和相近的机体,不同核素所选特征峰道区不能重合。正确选择特征峰道区,是逆矩阵法解析 γ 能谱的基础。特征峰道区选择原则如下:

① 对于发射多种能量 γ 射线的核素,特征峰道区应选择发射概率最大的 γ 射线全能峰道区;

② 若几种能量的 γ 射线的发射概率接近,则应选择其他核素 γ 射线的康谱顿贡献少、能量高的 γ 射线特征峰道区;

③ 若两种核素发射概率最大的 γ 射线特征峰道区重叠,则其中一种核素只能取其次要的 γ 射线特征峰;

④ 特征峰道区宽度的选取,应使多道分析器的漂移效应以及相邻峰的重叠保持最小。

用逆矩阵求解土壤中放射性核素的活度浓度,各核素选用的特征峰道区建议值如表 4.17 所列。

表 4.17　各核素选用的特征峰道区建议值

核素名称	建议选用的特征峰道区/keV
U-238	92.6
Ra-226	352 或 609.4
Th-232	238.6 或 583.1 或 911.1
K-40	1 460.8
Cs-137	661.6

当求得多种核素混合样品的 γ 能谱中某一特征峰道区的净计数率后,样品中的第 j 种核素的活度浓度 Q_j 见下式:

$$Q_j = \frac{1}{WD_j} \cdot X_j = \frac{1}{WD_j} \cdot \sum_{i=1}^{m} a_{ij}^{-1} C_j \tag{4.45}$$

式中：a_{ij}——第 j 种核素对第 i 个特征峰道区的响应系数；

　　C_i——样品 γ 能谱在第 i 个特征峰道区上的计数率，计数/s；

　　X_j——样品第 j 种核素的活度，Bq；

　　W——被测样品净重，kg；

　　D_j——第 j 种核素校正到采样时的衰变校正系数。

对于 γ 能谱分析中的逆矩阵法，详细的计算方法概述如下：

在多种核素混合样品的 γ 能谱中，某一能峰特征道区的计数率除了该峰所对应的核素的贡献外，还叠加了发射更高能量 γ 射线核素的 γ 辐射的康普顿贡献，以及能量接近的其他同位素 γ 射线的光电峰贡献。因此，混合 γ 辐射体的 γ 能谱扣除空样品盒本底后，某一能峰道区的计数率应是各核素在该道区贡献的总和，如下式：

$$C_i = \sum_{j=1}^{m} a_{ij} X_j \qquad (4.46)$$

式中：j——混合样品中核素的序号；

　　i——特征道区序号；

　　m——混合样品所包含的全部核素种数；

　　C_i——混合样品 γ 能谱在第 i 个特征峰道区上的计数率，计数/s；

　　X_j——样品中第 j 种核素的未知活度；

　　a_{ij}——第 i 个特征峰道区对第 j 种核素的响应系数，见下式：

$$a_{ij} = \frac{\mathrm{Net}_{ji}}{A_j} \qquad (4.47)$$

式中：Net_{ji}——第 j 种核素标准谱在第 i 特征道区上的计数率，计数/s；

　　A_j——第 j 种同位素标准源的放射性活度，Bq。

由式(4.46)，样品中第 j 种核素的活度 X_j 可用下式计算：

$$X_j = \sum_{i=1}^{m} a_{ij}^{-1} C_j \qquad (4.48)$$

由实验可测定响应矩阵 $\boldsymbol{a}_{ij}$，从而求得逆矩阵 $\boldsymbol{a}_{ij}^{-1}$。因此，只需测得样品各个相应的特征道区的计数率就可计算出各种核素的活度。当土壤中含有且仅含有天然放射性核素和 Cs-137 时，通过 5 个特征峰道区的逆矩阵程序，可同时求出土壤中 U-238、Th-232、Ra-226、K-40 和 Cs-137 的活度。

(4) 干扰和影响因素

对测试过程和结果的干扰主要来自于几个方面：γ 射线能量相近的干扰、曲线基底和斜坡基底的干扰、级联加和干扰、全谱计数率限制、密度差异等。

① 对于 γ 射线能量相近的干扰。当两种或两种以上核素发射的 γ 射线能量相近，全能峰重叠或不能完全分开时，彼此形成干扰；在核素的活度相差很大或能量高的核素在活度上占优势时，对活度较小、能量较低的核素的分析也带来干扰。数据处理时应尽量避免利用重峰进行计算，以减少由此产生的附加分析不确定度。如：铀系的主要 γ 射线是 Th-234 的 92.6 keV，钍系有一个 93.4 keV 的 X 射线，当被测样品钍核素含量高时，93.4 keV 的 X 射线峰对铀系的 92.6 keV 的峰就会产生严重干扰。

② 对于曲线基底和斜坡基底的干扰。在复杂 γ 能谱中，曲线基底和斜坡基底对位于其上

的全能峰分析构成干扰。只要有其他成分替代全能峰,就不应利用这类全能峰进行计算。

③ 对于级联加和干扰。级联 γ 射线在探测器中产生级联加和现象,可以通过增加样品(或刻度源)到探测器距离的方法,减少级联加和的影响。

④ 对于全谱计数率限制。应将全谱计数率限制到小于 2 000 计数/s,使随机加和损失降到 1% 以下。

⑤ 对于密度差异。应使效率刻度源的密度与被分析样品的密度相同或尽量接近,以避免或减少密度差异的影响。

6. 报告与探测下限

报告土壤样品分析结果时,应包含样品中活度超过探测下限的所有核素的活度浓度及其相应的不确定度。

(1) 计数不确定度

对于由统计计数引起的不确定度 μ,可由下式计算得到:

$$\mu = \sqrt{\frac{N_s}{t_s^2} + \frac{N_b}{t_b^2}} \tag{4.49}$$

式中:N_s——全能峰净面积计数;

   t_s——样品测量时间,s;

   N_b——相应全能峰的本底净面积计数;

   t_b——本底测量时间,s。

(2) 扩展不确定度

测量结果的扩展不确定度包括:A 类不确定度(μ_A),由 μ 贡献;B 类不确定度(μ_B),主要由刻度源的不确定度贡献。扩展不确定度 U 由下式计算得到:

$$U = k \cdot \sqrt{\mu_A^2 + \mu_B^2} \tag{4.50}$$

式中:k——包含因子,一般取 2,相应置信度约为 95%。

(3) 低于探测下限报告与探测下限计算方法

在报告低活度浓度土壤样品分析结果时,常遇到低于仪器探测下限的情况,这时只需要把结果表示为"小于探测下限"即可。

一般而言,γ 能谱测量的探测下限(LLD)可近似表示为下式:

$$\text{LLD} \approx (K_\alpha + K_\beta)\sigma \tag{4.51}$$

式中:K_α——与预选的错误判断放射性存在的风险几率(α)相应的标准正态变量的上限百分位数值;

   K_β——与探测放射性存在的预选置信度($1-\beta$)相应的值;

   σ——净样品放射性的标准偏差。

如果 α 和 β 值在同一水平上,则 $K_\alpha = K_\beta = K$,那么 $\text{LLD} \approx 2K\sigma$。若总样品放射性与本底接近,则可进一步简化,见下式:

$$\text{LLD} \approx \frac{2.83K}{t_b}\sqrt{N_b} \tag{4.52}$$

式中:t_b——本底谱测量时间,s;

   N_b——本底谱中相应于某一全能峰的本底计数。

式(4.52)中探测限是以计数率为单位的。考虑到核素特性、探测效率、用样量,即可把计数率转换成活度表示的探测下限。

对于不同的 α 值，K 值见表 4.18。

表 4.18　计算探测下限的 α 值和 K 值对应表

风险几率(α)	置信度($1-\beta$)	K	$2\sqrt{2}K$
0.01	0.99	2.326	6.58
0.02	0.98	2.082	5.89
0.05	0.95	1.645	4.65
0.10	0.90	1.282	3.63
0.20	0.80	0.877	2.48
0.50	0.50	0	0

4.4　食品中放射性核素分析方法

环境中的放射性核素会被植物的根和叶吸收富集，而后经由食物链，被人食入或吸入后最终进入人体。电离辐射对人体的伤害过程极其复杂，涉及很多物理、化学、生物效应，如核酸、蛋白质等生物大分子被电离或是激发后，细胞功能被破坏，会导致器官衰竭甚至死亡。食品安全是过去和当前我国最突出的问题之一，准确掌握食品中放射性物质的含量，对于提高我国食品安全具有重要意义。本节重点针对核电厂容易对周围环境带来影响的放射性碘-131(^{131}I)在各类食品中的分析检验方法进行介绍。

对裂变 6 天内新鲜裂变产物中碘-131 的测定最好应用 γ 能谱法，否则应进行衰变测量，以排除短寿命碘放射性同位素的干扰。放射化学测定法和 γ 能谱法测定限分别为 6.4×10^{-3} Bq/kg 和 3.9 Bq/kg。

4.4.1　放射化学测定法

基本原理：食品鲜样在碳酸钾溶液浸泡后炭化、灰化，水浸取液用四氯化碳萃取分离碘化银形式制源，以低本底 β 测量仪测量 ^{131}I 的 β 放射性浓度。

首先，建立计数效率-样品质量标准曲线。准确配制一系列含不同量碘载体的溶液，各加入等量的 ^{131}I 标准溶液(约 1×10^{3} 衰变/min)，然后利用硝酸银溶液将碘沉淀下来。以碘化银沉淀质量为横坐标，以测得的放射性活度(I)除以加入 ^{131}I 标准溶液活度(I_0)为纵坐标，在普通坐标纸上作图，即得有效计数率-样品质量标准曲线；可根据样品源的质量查得相应的有效计数效率。用监督源测定标定时监督源的计数效率。

1. 样品的处理

蔬菜、粮食、肉类等固体食品：按饮食习惯采取样品中的可食部分，洗涤、晾干、切碎，称取200 g 于 300 mL 蒸发皿中，加入 1.00 mL 15 mg I⁻/mL 碘载体溶液(配制方法：称取碘化钠1.772 g，溶于水，完全转移到 100 mL 容量瓶中，稀释至刻度)和 10 mL 2.5 mol/L 碳酸钾溶液，加入少量水并充分地拌匀，放置 0.5 h 后，在干燥箱内烤干，置于电炉上炭化至无烟。加1 g 亚硝酸钠，拌匀后在高温炉 450～500 ℃灰化至白色。

牛奶和液体饮料：取样 500 mL，加入 1.00 mL 15 mg I^-/mL 碘载体溶液和 10 mL 2.5 mol/L 碳酸钾溶液，搅拌后分次移入 300 mL 蒸发皿中。预处理过程中，灰化温度不能大于 500 ℃，过高会导致碘挥发损失。

2. 分离纯化

将灰化好的样品灰用水加热浸取，过滤入 250 mL 分液漏斗中，并多次用水洗蒸发皿，洗液过滤，总体积控制在 60 mL 左右，弃去残渣。加入分液漏斗 430 mL 四氯化碳、2 mL 次氯酸钠溶液，振摇 2 min，然后加入 6 mL 1 mol/L 盐酸羟胺溶液，振摇 2 min。加入 0.5 g 亚硝酸钠，振摇溶解后逐滴加入硝酸至反应完全，同时不断振摇，萃取至有机相紫色不再加深（注意放气），静置分层后将有机相移入另一分液漏斗。（注：碘在酸性介质中易挥发损失，在加入硝酸后应立即加盖振摇萃取。）

加 15 mL 四氯化碳入盛水相分液漏斗，再萃取一次，合并有机相，弃去水相。有机相用 30 mL 水洗一次，振摇 2 min 后弃去水相。向盛有四氯化碳的分液漏斗中加入 20 mL 水和数滴 0.1 mol/L 亚硫酸氢钠溶液，振摇至有机相无色，静置分层，将有机相转入另一分液漏斗，水相放入 100 mL 烧杯，再用 5 mL 水洗有机相一次，振摇后弃去四氯化碳（或回收），合并水相。向烧杯内加入 3 滴铁载体 Fe^{3+} 溶液（10 mg/mL），用 2 mol/L 氢氧化钠溶液调至碱性，加热，趁热过滤于 100 mL 烧杯中，用少量弱碱性水洗沉淀，弃去沉淀。（注：若无明显稀土元素污染，则此步可忽略。）

加热煮沸清液，冷却，加入 2 mol/L 硝酸 5 mL 后立即搅拌并加入 1% 硝酸银溶液 3 mL，加热凝聚沉淀；冷却后将沉淀用可拆卸漏斗抽滤在已恒量的滤纸上，用 1% 硝酸溶液洗沉淀数次，无水乙醇洗涤后，110 ℃ 烘干，样品称至恒量。将制得的样品源和监督源在低本底 β 测量仪上测量放射性。

3. 样品放射性计算

运用下式计算样品中 ^{131}I 的放射性浓度 A：

$$A = \frac{D}{60WRe^{-\lambda t}} \tag{4.53}$$

式中：A——样品中 ^{131}I 的放射性浓度，Bq/kg 或 Bq/L；

$\quad D$——样品源的衰变率，$D = \dfrac{N \cdot E'_{Cs}}{E_e \cdot E_{Cs}}$，衰变/min；

$\quad E_e$——^{131}I 的有效计数效率（包括自吸收校正），可在计数效率-质量曲线上查得；

$\quad E_{Cs}$——监督源在测定样品时测得的计数效率；

$\quad E'_{Cs}$——监督源在标定有效计数效率时测得的计数效率；

$\quad N$——样品中测得 ^{131}I 的净计数率，计数/min；

$\quad R$——碘的化学回收率；

$\quad t$——采样到测量间的时间间隔，h；

$\quad W$——分析样品质量或体积，kg 或 L；

$\quad \lambda$——^{131}I 的衰变常数，h^{-1}。

4.4.2　γ 能谱法测定

食品鲜样直接或经前处理后装入一定形状和体积的样品盆内，在 γ 能谱仪上测量 ^{131}I 的

γ射线特征峰强度以测定^{131}I的放射性浓度。

1. 能量刻度和全能峰的探测效率刻度

能量刻度用γ放射源：可采用一个发射多种已知能量γ射线的单核素或多核素放射源（如铕-152、铕-154、镭-226及其放射性子体、钍-232及其放射性子体等），也可采用多个发射单种γ射线的放射源，其主要γ射线能量应均匀地分布在50~3 000 keV的范围内。记录刻度源的特征γ射线能量和相应全能峰峰位道址，可通过在直角坐标纸上作图或对数据作最小二乘法拟合得到能量和道址的关系图。

首先制备不同高度的Cs-137水溶液标准源：各取5~10个 ϕ75 mm×75 mm的样品盒，各加入不同量的蒸馏水和2 mL Cs-137标准溶液使其高度在1~5 cm范围内，然后测量制备的不同高度的Cs-137水溶液标准源，最后按下式计算各自在661.6 keV γ射线全能峰的探测效率E_h：

$$E_h = \frac{N}{A \cdot T \cdot B} \tag{4.54}$$

式中：N——661.6 keV γ射线全能峰净面积，计数；

A——Cs-137标准源活度，Bq；

T——测量时间，s；

B——Cs-137位于661.6 keV γ射线分支比，为84.62%。

根据上述方法测出数据，用最小二乘法拟合出E_h-H的关系曲线。

2. 测量样品制备

粮食类样品：取500 g样品均匀地铺在搪瓷盘内，在烘箱中以70 ℃左右烘约5 h，称量，求出干鲜比。颗粒状粮食干燥后直接放入样品盒内夯实；对细粉状粮食用压样器压实，使样品高度为4 cm左右。记录待测样品的干重、高度，计算出表观密度。

蔬菜类样品：取3 kg左右样品，除去不可食部分，洗净，擦去或晾干表面水珠，切碎后称鲜重。铺放在搪瓷盘中70 ℃左右烘至近干而发软，称量，求出干鲜比。取一定量干样，放入不锈钢模具内（见图4.13），在油压机上以2.45×10^6 Pa(25 kgf/cm^2)压力或用手工压样器压缩成形，使样品高度为4 cm左右。将压好的样品迅速放入样品盒；上面加贴一定厚度的有机玻璃压板填满、密封。记录干样质量、高度，计算表观密度。

肉类样品：取500 g可食部分搅成肉末。放在搪瓷盘中用烘箱在70 ℃左右烘约5 h，称量，求出干鲜比。取一定干样放入样品盒，手工压实，使高度为4 cm左右。记录样品的干重、高度，计算表观密度。

奶类样品：取500 mL奶，加20 mL、1.5 mol/L氢氧化钠溶液，混匀后蒸发浓缩至170 mL以下，装入样品盒，求出浓缩系数。记录样品质量、高度，计算表观密度。

注：样品盒内外在用前应清洗干净。

3. 样品测量与结果计算

将待测样品的样品盒放到探测器端帽上或支架上（样品底面距探测器端帽应小于0.5 cm），测量位置应与基准峰效率刻度时相同。对I-131用364.5 keV全能峰，记录样品测量时间、全能峰净面积(TPA)和不准确度。用下式计算食品中I-131的含量：

$$A = \frac{N}{T \cdot E \cdot B \cdot W} \tag{4.55}$$

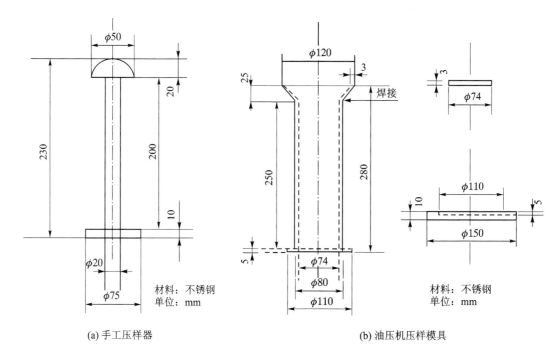

(a) 手工压样器   (b) 油压机压样模具

图 4.13 样品压样器

式中：A——食品中 I-131 含量，Bq/kg 或 Bq/L。

B——I-131 的 364.5 keV γ 射线分支比，为 81.24%。

E——I-131 全能峰探测效率，$E = E_h \cdot R(1 + F)$，其中，E_h 为基准峰效率，以 ^{137}Cs 661.6 keV 全能峰为基准峰，其数值从所绘制 E_h-H 关系曲线上查出；F 为测量效率总校正因子，%，见表 4.19；R 为相对峰效率，可采用 Cs-137 为基准峰，对 I-131 为 1.67，或通过实验方法得到；用模拟 I-131 的 ^{133}Ba 标准溶液作出 356.0 keV γ 射线的 E_h-H 关系曲线，求出 356.0 keV 峰与 661.6 keV 峰的探测效率比值，即为 I-131 的相对峰效率。

N——测出 ^{131}I 全能峰净面积，计数。

T——样品测量时间，s。

W——测量样品相应的鲜样量，kg 或 L。

表 4.19 不同高度和表观密度时 I-131 测量效率总校正因子 F

%

高度/cm \ 表观密度/(g·cm⁻³)	0.4	0.6	0.8	1.0	1.2	1.4	1.6
1.0	3.1	2.0	1.0	0	−1.0	−1.0	−2.9
1.5	4.5	2.9	1.5	0	−1.4	−2.8	−4.2
2.0	5.8	3.8	1.9	0	−1.8	−3.6	−5.3
2.5	7.0	4.6	2.3	0	−2.2	−4.3	−6.4
3.0	8.2	5.4	2.6	0	−2.5	−5.0	−7.3
3.5	9.4	6.1	3.0	0	−2.9	−5.6	−8.2

续表 4.19

表观密度/(g·cm⁻³) 高度/cm	0.4	0.6	0.8	1.0	1.2	1.4	1.6
4.0	10.5	6.8	3.3	0	−3.2	−6.2	−9.0
4.5	11.6	7.5	3.6	0	−3.4	−6.7	−9.8
5.0	12.6	8.1	3.9	0	−3.7	−7.2	−10.5

4.4.3 牛奶中碘-131 的分析方法

方法原理:牛奶样品中碘-131 用强碱性阴离子交换树脂浓集,然后经次氯酸钠解吸—四氯化碳萃取—亚硫酸钠还原—水反萃,制成碘化银沉淀源,最后用低本底 β 测量装置或低本底 γ 能谱仪测量。

1. 试剂与仪器

碘载体溶液配制:溶解 13.070 g 碘化钾于蒸馏水中,转入 1 L 容量瓶内,加少许无水碳酸钠,稀释至刻度。碘的浓度为 10 mg/mL。然后进行标定:在 6 个 100 mL 烧杯中,用移液管分别吸取 5 mL 碘载体溶液,加 50 mL 蒸馏水,搅拌下滴加浓硝酸。溶液呈金黄色,加 10 mL 硝酸银溶液。加热至微沸,冷却后,用 G4 玻璃砂坩埚抽滤,依次用 5 mL 水和 5 mL 无水乙醇各洗 3 次。在烘箱内 110 ℃烘干,冷却后称重。计算碘的浓度。

树脂处理:将新树脂于蒸馏水中浸泡 2 h,洗涤并除去漂浮在水面的树脂。用 5%(m/m) 氢氧化钠溶液浸泡 16 h,弃氢氧化钠溶液。蒸馏水洗涤树脂至中性。再用 1 mol/L 盐酸溶液浸泡 2 h 后,弃盐酸溶液,树脂转为 Cl⁻型。用蒸馏水洗至中性。

低本底 β 测量装置:对铯-137 平面源测量 100 min,当置信度为 95%时,最小探测限为 0.05 Bq;低本底 γ 能谱仪或 γ 测量装置:对单一的铯-137 薄源测量 1 000 min,当置信度为 95%时,最小探测限为 0.1 Bq。

2. 分析步骤

① 吸附。将牛奶样品搅拌均匀,每份试样 4 L,装入 5 L 烧杯中。加入 30 mg、10 mg/mL 碘载体溶液,用电动搅拌器搅拌 15 min。加入 30 mL 阴离子交换树脂,搅拌 30 min,静置 5 min,将牛奶转移到另一个 5 L 烧杯中,再加入 30 mL 阴离子交换树脂。重复以上步骤,将树脂合并于 150 mL 烧杯中,用蒸馏水漂洗树脂中的残余牛奶。

② 硝酸处理。向装有树脂的烧杯中加入 1+1(V/V)硝酸溶液 40 mL,在沸水浴中沸煮 1 h(不时搅拌),冷却至室温。把树脂转入玻璃解吸柱内,弃酸液。加入 50 mL 蒸馏水洗涤树脂,弃洗液。

③ 解吸。向玻璃解吸柱内加入 30 mL 次氯酸钠(活性氯含量 5.2%以上),用电动搅拌器搅拌 30 min。将解吸液收集到 500 mL 分液漏斗中,重复上次解吸程序。再用 15 mL 次氯酸钠(活性氯含量 5.2%以上)和 15 mL 蒸馏水搅拌解吸 20 min。合并三次解吸液。用 40 mL 蒸馏水分两次洗涤,每次搅拌 3～5 min,将洗液与解吸液合并。

④ 萃取。向解吸液中加入四氯化碳(99.5%)30 mL,加 8 mL 3 mol/L 盐酸羟胺溶液。搅拌下加硝酸($\rho=1.40$ g/mL)调水相酸度,调 pH 值为 1,振荡 2 min(注意放气),静置。把四氯化碳转入 250 mL 分液漏斗中,再重复萃取两次。每次用四氯化碳(99.5%)15 mL 合并

有机相,弃水相,将有机相转入另一个分液漏斗中。

⑤ 水洗。用等体积蒸馏水洗有机相。振荡 2 min,静置分相。将有机相转入另一个分液漏斗中。

⑥ 反萃。在有机相中加等体积蒸馏水,用 8 滴 5%(m/m)亚硫酸氢钠溶液。振荡 2 min(注意放气),紫色消退,静置分相,弃有机相。水相转入 100 mL 烧杯中。

⑦ 沉淀。将上述烧杯加热至溶液微沸,除净剩余的四氯化碳,冷却后,在搅拌下滴加硝酸($\rho = 1.40$ g/mL),当溶液呈金黄色时,立即加入 7 mL 1%(m/m)硝酸银溶液。加热至微沸,冷却至室温。

⑧ 制源。将碘化银沉淀转入垫有已恒重滤纸的玻璃可拆式漏斗中抽滤。用蒸馏水和乙醇各洗 3 次。取下载有沉淀的滤纸,放上不锈钢压源模具,置烘箱中 110 ℃烘干 15 min。在干燥器中冷却后称重。计算化学产额。

⑨ 封源。将沉淀源夹在两层质量厚度为 3 mg/cm² 的塑制膜中间,放好封源铜圈,将高频热合机的刀压在封源铜圈上,加热 5 s,粘牢后取下样品源。剪齐外源,待测。

3. β 测量和计算

绘制自吸收曲线。取 0.1 mL 适当活度的碘-131 参考溶液滴在不锈钢盘内,如 1 滴碱溶液,使其慢慢烘干,制成与样品测定条件一致的薄源。在低本底 β 测量装置上测量,放射性活度为 I_0。

取 6 个 100 mL 的烧杯,分别加入 0.5、1.0、1.5、2.0、2.5、3.0 mL 碘载体溶液。各加入 0.1 mL 碘-131 参考溶液,按前述操作方法制源。将薄源和制备的 6 个沉淀源,同时在低本底 β 测量装置上测定放射性活度。各源的放射性活度经化学产额校正为 I,以 I_0 为标准,求出不同厚度的碘化银沉淀源的自吸收系数 E。然后,以自吸收系数为纵坐标,以碘化银沉淀源质量厚度为横坐标,在方格坐标纸上绘制自吸收曲线。

仪器探测效率,用已知准确活度的铯-137 参考溶液制备薄源用于测定 β 探测效率。用下式计算试样中碘-131 放射性浓度。

$$A_\beta = \frac{n_c - n_b}{\eta_\beta \cdot E \cdot Y \cdot V \cdot e^{-\lambda t}} \tag{4.56}$$

式中:A_β——碘-131 放射性浓度,Bq/L;

n_c——试样测得的计数率,计数/s;

n_b——试样空白本底计数率,计数/s;

η_β——β 探测效率;

E——碘-131 的自吸收系数;

Y——化学产额;

V——所测试样的体积,L;

t——采样到测量的时间间隔;

λ——碘-131 的衰变常数。

4. γ 测量与计算

用低本底 γ 能谱仪测量 0.364 MeV 全能峰的计数率。牛奶中碘-131 放射性浓度按下式计算:

$$A_\gamma = \frac{n_c - n_b}{\eta_\gamma \cdot Y \cdot V \cdot K \cdot e^{-\lambda t}} \tag{4.57}$$

式中：A_γ——碘-131 放射性浓度，Bq/L；

　　　n_c——0.364 MeV 全能峰的计数率，计数/s；

　　　n_b——0.364 MeV 全能峰相应的本底计数率，计数/s；

　　　η_γ——γ 能谱仪对 0.364 MeV 左右（$\phi20$ 平面薄膜源）全能峰的探测效率；

　　　K——0.364 MeV 全能峰的分支比。

5. 注意事项

每当更换试剂时，必须进行空白试样试验，样品数不少于 6 个。取未污染的牛奶样 4 L 于 5 L 烧杯中，按第 2 点的分析步骤操作，并计算空白试样的平均计数率和标准偏差。

牛奶鲜样应立即分析，如需放置时，要在牛奶中加 37% 甲醛防腐（5 ml/L）。若使用容易解吸的树脂，则可以省去分析步骤中的硝酸处理环节。

分析流程中用次氯酸钠溶液解吸，其解吸与温度有关，适宜温度在 10～32 ℃。若高于 35 ℃，次氯酸钠将分解失效。因此，所采用次氯酸钠化学试剂必须在低温下保存。

按下式决定样品测量的时间 t_c。

$$t_c = \frac{N_c + \sqrt{N_c \cdot N_b}}{N^2 \cdot S^2} \tag{4.58}$$

式中：t_c——样品计数时间，min；

　　　N_c——样品源加本底的计数率，计数/min；

　　　N_b——本底计数率，计数/min；

　　　N——样品源净计数率，计数/min；

　　　S——预定的相对标准偏差。

碘化银源必须用塑料膜封源，膜的质量厚度为 3 mg/cm^2，膜的本底在仪器涨落范围内。如果没有高频热合机的条件，可将沉淀源夹在塑料膜内，盖上一层黄蜡绸，用 5 W 电烙铁沿沉淀源周围画一圈封合，剪齐外缘，待测。

关于用铯-137 薄源代替碘-131 源测定 β 探测效率的问题，按铯-137 β 衰变的分支比，加权以后的 β 粒子平均最大能量值为 0.547 MeV，碘-131 β 粒子平均最大能量值为 0.576 MeV，二者相对偏差为 4.9%。由此引起探测效率（包括空气层自吸收、反散射等）偏差在实验误差范围之内，因此用铯-137 薄源刻度 β 探测效率是可行的。

4.5　建筑材料放射性核素测定

建筑材料的放射性对我们日常生活造成了潜在的影响，准确掌握建筑材料的放射性情况，对于选择建筑材料及装饰材料具有重要的指导作用。本节主要阐述建筑材料放射性核素限量和天然放射性核素镭-226、钍-232、钾-40 放射性比活度的试验方法。

4.5.1　建筑物的分类

建筑物（building）是指供人类进行生产、工作、生活或其他活动的房屋或室内空间场所。根据建筑物用途不同，建筑物可分为民用建筑与工业建筑两类。

民用建筑（civil building）主要是针对工业建筑而言，指供人类居住、工作、学习、娱乐及购物等的建筑物。我国将民用建筑分为 I 类民用建筑和 II 类民用建筑，其中，I 类民用建筑包括住宅、老年公寓、托儿所、医院、学校、办公楼、宾馆等;Ⅱ类民用建筑包括商场、文化娱乐场所、书店、图书馆、展览馆、体育馆、公共交通等候室、餐厅、理发店等。

工业建筑(industrial building)是指供人类进行生产活动的建筑物,如生产车间、包装车间、维修车间和仓库等。

4.5.2 建材放射性水平的测定方法

建材放射性水平测定的基本步骤如下:随机抽取样品两份,每份不少于 2 kg。一份封存,另一份作为检验样品。然后将检验样品破碎,磨细至粒径不大于 0.16 mm。将其放入与标准样品几何形态一致的样品盘中,称重(精确至 0.1 g)、密封、待测。当检验样品中天然放射性衰变链基本达到平衡后,在与标准样品测量条件相同的情况下,采用低本底多道 γ 能谱仪对其进行镭-226、钍-232 和钾-40 比活度测量。

1. 放射性比活度

物质中的某种核素放射性活度与该物质的质量的比值,称为放射性比活度(specific activity),表达式为

$$C = A/m \tag{4.59}$$

式中:C ——放射性比活度,Bq/kg;

A ——核素放射性活度,Bq;

m ——物质的质量,kg。

2. 内照射指数

建筑材料中天然放射性核素镭-226 的放射性比活度与标准放射性比活度限量值(200 Bq/kg)的比值,称为内照射指数(internal exposure index)。内照射指数按照下式进行计算:

$$I_{Rn} = \frac{C_{Rn}}{200} \tag{4.60}$$

式中:I_{Rn}——内照射指数;

C_{Rn}——建筑材料中天然放射性核素镭-226 的放射性比活度,Bq/kg;

200 ——仅考虑内照射情况下,国家标准规定的建筑材料中放射性核素镭-226 的放射性比活度限量,Bq/kg。

3. 外照射指数

外照射指数(external exposure index)是指在建筑材料中,天然放射性核素镭-226、钍-232 和钾-40 的放射性比活度分别与其各单独存在时我国规定的限量值的比值的和。

外照射指数按照下式计算:

$$I_r = \frac{C_{Rn}}{370} + \frac{C_{Th}}{260} + \frac{C_K}{4\ 200} \tag{4.61}$$

式中:I_r——外照射指数;

C_{Rn}、C_{Th}、C_K——分别为建筑材料中天然放射性核素镭-226、钍-232 和钾-40 的放射性比活度,Bq/kg;

370、260、4 200 ——分别为仅考虑外照射情况下,建筑材料中天然放射性核素镭-226、钍-232 和钾-40 在各自单独存在时国家标准规定的放射性比活度限量,Bq/kg。

4.5.3 建材放射性水平的分类

1. 建筑主体材料

建筑主体材料中,天然放射性核素镭-226、钍-232 和钾-40 的放射性比活度应同时满足 $I_{Rn} \leqslant 1.0$ 和 $I_r \leqslant 1.0$。对空心率大于 25% 的建筑主体材料,其天然放射性核素镭-226、钍-232 和钾-40 的放射性比活度应同时满足 $I_{Rn} \leqslant 1.0$ 和 $I_r \leqslant 1.3$。其中,空心率是指空心建材制品的空心体积与整个空心建材制品体积之比的百分率。

2. 装饰装修材料

装饰装修材料的放射性水平大小划分为以下三类:

(1) A 类装饰装修材料

装饰装修材料中天然放射性核素镭-226、钍-232 和钾-40 的放射性比活度同时满足 $I_{Rn} \leqslant 1.0$ 和 $I_r \leqslant 1.3$ 要求的为 A 类装饰装修材料。A 类装饰装修材料产销与使用范围不受限制。

(2) B 类装饰装修材料

不满足 A 类装饰装修材料要求,但同时满足 $I_{Rn} \leqslant 1.0$ 和 $I_r \leqslant 1.9$ 要求的为 B 类装饰装修材料。B 类装饰装修材料不可用于 I 类民用建筑的内饰面,但可用于 II 类民用建筑物内饰面、工业建筑内饰面及其他一切建筑的外饰面。

(3) C 类装饰装修材制

不满足 A、B 类装修材料要求,但满足 $I_{Rn} \leqslant 1.0$ 和 $I_r \leqslant 2.8$ 要求的为 C 类装饰装修材料。C 类装饰装修材料只可用于建筑物的外饰面及室外其他用途。

根据我国国家标准要求,建筑材料生产企业应当按照建筑材料放射性水平分类方法的要求,在其产品包装或说明书中注明其放射性水平的类别。

在天然放射性本底较高的地区,单纯利用当地原材料生产的建筑材料产品,只要其放射性比活度不大于当地地表土壤中相应天然放射性核素平均本底水平的,可限在本地区使用。

4.5.4 建筑物表面氡析出率的测定

建筑物结构主体内部,会经由建筑物表面如天花板、楼面、地面、内墙和外墙等外表面,向外释放 ^{222}Rn 及其子体。氡子体是指 ^{222}Rn 的短寿命衰变产物,包括 ^{218}Po、^{214}Pb、^{214}Bi 和 ^{214}Po。通常用面积氡析出率来表明释放的程度。面积氡析出率是指在单位时间内自单位建筑物表面析出并进入空气中的氡活度,其单位用 $Bq \cdot m^{-2} \cdot s^{-1}$ 表示。

氡析出率的测量方法主要有活性炭吸附法和积累法。

1. 活性炭吸附法

(1) 仪器和设备

测量过程中用活性炭盒收集气体,测量所采用的仪器主要是 γ 能谱仪。

活性炭盒是采用低放射性材料(如聚乙烯、有机玻璃、不锈钢等)制成的内装活性炭的圆柱形容器,其底部直径应等于或稍小于 γ 探测器的直径,高度以直径的三分之一到三分之二为宜。活性炭选用微孔结构发达、比表面积大、粒径为 18~28 目的优质椰壳顺粒状活性炭。选用具有良好透气性的材料,例如尼龙纱网、金属筛网或纱布等,罩于活性炭盒开口表面,网罩栅孔密度应与活性炭粒径相匹配。收集时用真空封泥密封活性炭盒和待测介质表面之间的缝隙,固定它们之间的相对位置。

γ能谱仪可以选用闪烁探测器 NaI(Tl),其晶体体积应不小于 $\phi7.5\ cm \times 7.5\ cm$。探测器对 ^{137}Cs 的 661.6 keV γ射线的分辨率应优于 9%,NaI(Tl)能谱仪的道数应不少于 256 道。如果选用半导体探测器 Ge(Li)或高纯锗(HPGe)探测器,其灵敏体积大于 50 cm^3,对 ^{60}Co 的 1 332.5 keV 的特征 γ射线的分辨率应优于 2.2 keV,高分辨半导体能谱仪其道数应不小于 4 096 道。探测系统应选用放射性核素含量低且无表面污染的屏蔽材料搭建屏蔽室。探测器应置于壁厚不小于 10 cm 铅当量的屏蔽室中央,屏蔽室内壁距探测器表面的最小距离应大于 13 cm;铅室的内衬应由原子序数逐渐递减的多层屏蔽材料组成,从外向里可依次由 1.6 mm 的镉、0.4 mm 的铜及 2～3 mm 厚的有机玻璃材料等组成。屏蔽室应有便于取放样品的门。在测量过程中应有保证探测器稳定工作的高压电源,其纹波电压不大于 $\pm 0.01\%$,对半导体探测器高压应在 0～5 kV 范围内连续可调。

(2) 析出氡的收集和测量

首先要制备活性炭盒,将活性炭置于烘箱内,在 120 ℃下烘烤 7～8 h,以去除活性炭中残存的吸气。将烘烤过的活性炭装满活性炭盒容器,称重,各炭盒间重量差应小于 5%;然后加网罩、加盖,密封待用。留 1～2 个新制备且没有暴露于氡及其子体的活性炭盒(简称"新鲜"炭盒)于实验室中,作为本底计数测量用。

收集气体时要去除欲测建筑物表面的灰尘和砂粒。打开活性炭盒,倒扣于该表面,周围用真空泥固定和封严,记下开始收集析出氡的时刻。析出氡收集持续 5～7 天。收集结束时,除去真空泥,小心取下活性炭盒,加盖密封,记录结束时刻,带回实验室。

对收集到的氡进行测量时要先用 ^{222}Ra 检验源检查和调整 γ能谱仪,使之处于正常工作状态。在与样品测量相同的条件下,在 γ能谱仪上测量"新鲜"活性炭盒的本底 γ能谱。收集结束后的活性炭盒放置 3 h 以上。当用高分辨 γ能谱仪时,测量 ^{214}Bi 的 0.609 MeV 和 ^{214}Pb 的 0.241 MeV、0.295 MeV 和 0.352 MeV 中的一个或几个 γ射线峰计数率。当用 NaI(Tl)γ能谱仪时,测量上述能量相应能区的计数率。

(3) 氡析出率的计算

建筑物表面氡析出率按下式计算:

$$R = \frac{(n_c - n_b)\exp(\lambda t_2)\lambda}{S \cdot \varepsilon[1 - \exp(-\lambda t_1)]} \tag{4.62}$$

式中:R——氡的面积析出率,$Bq \cdot m^{-2} \cdot s^{-1}$;

$\quad n_c$——活性炭盒内所选定的氡子体 γ射线峰或能区的计数率,s^{-1};

$\quad n_b$——与 n_c 相对应的"新鲜"活性炭盒的计数率,s^{-1};

$\quad t_1$——活性炭盒收集析出氡的时间;

$\quad t_2$——收集结束时刻到测量开始时刻的间隔,s^{-1};

$\quad \varepsilon$——与 n_c 相应的 γ射线峰能量或能区处的探测效率;

$\quad S$——被测表面的面积,m^2;

$\quad \lambda$——氡的放射性衰变常数,取 $2.1 \times 10^{-6}\ s^{-1}$。

由上式可以看出,计算之前必须进行探测效率刻度,这就需要制备体标准源。标准源基质与活性炭盒所用的活性炭种类相同且等重。用万分之一天平准确称取由国家法定计量部门认定的已知比活度的碳酸钡镭标准粉末,其总活度应在 50～500 Bq 范围内,比活度的相对标准偏差不大于 4%。将标准粉末置于 500 mL 的烧杯中,以 1 mol 盐酸溶液溶解,再用 0.1 mol

的盐酸稀释到所需体积(应足以使活性炭基质全部浸入),倒入活性炭颗粒,并不断搅拌。将活性炭在红外灯下烘烤,使其水分不断蒸发,在将近恒重时,转移到另一干净烧杯中,用少量 0.1 mol 盐酸洗液清洗用过的 500 mL 烧杯,将清洗液倒入活性炭中(注意不要与目前盛放活性炭的干净烧杯壁接触),再用红外灯烘烤,不断搅匀,直至恒重。将活性炭转入空的活性炭盒中,铺平,加盖,密封,放置 30 天。待 ^{226}Ra 与氡及其子体处于放射性平衡后备用。标准源的综合不确定度(一倍标准偏差)应控制在 ±5% 以内。

对于 γ 能谱仪系统,要先进行能量刻度,然后在与样品测量相同的条件下,分别获取上述已知 ^{226}Ra 活度的体标准源 γ 能谱和"新鲜"活性炭盒本底谱。从净谱中选择氡的子体 ^{214}Pb 的 0.241 MeV、0.295 MeV、0.352 MeV 以及 ^{214}Bi 的 0.609 MeV 中的一个或几个 γ 射线的全能峰,并计算其净峰计数率。如果使用 NaI(Tl) 闪烁探测器,在上述几个 γ 射线峰不能清楚分开时,亦可计算包含上述一个以上峰的能区净计数。根据所选 γ 射线的全能峰(或所选能区)净计数率,计算探测效率。

(4) 测量的误差

面积氡析出率测量结果的相对标准偏差为

$$\sigma_{total} = \sqrt{\sigma_{calib}^2 + \sigma_{ct}^2} \qquad (4.63)$$

式中:σ_{total}——总相对标准偏差,%;

σ_{calib}——效率刻度的相对标准偏差,%;

σ_{ct}——测量计数相对标准偏差,%。

其中,σ_{ct} 可用下式计算:

$$\sigma_{ct} = \frac{\sqrt{N_a/t_a^2 + N_b/t_b^2}}{N_a/t_a - N_b/t_b} \qquad (4.64)$$

式中:N_a——活性炭盒内选定的氡子体 γ 射线峰或能区的积分计数;

N_b——与 N_a 相对应的"新鲜"活性炭盒的积分计数;

t_a——样品计数时间;

t_b——本底计数时间。

在实际的整个测量过程中,存在着一些干扰和影响的因素,比如活性炭盒倒扣于建筑物表面,所得结果不代表自然状态下氡的析出率,而相当于外界空气中氡浓度为 0 时氡的析出率,即最大析出率。这种方法不考虑外界空气风速、交换率的影响,但可能引起活性炭盒所扣处被测材料局部含水量的变化,对氡的析出率产生微小干扰。另外,在收集析出氡期间,面积氡析出率实际上受周围环境的气象、温度、湿度、气压、风速变化等影响,因此,测量结果只代表在对应的环境条件下收集期间内面积氡析出率的平均值。对于测量系统,在用 NaI(Tl) γ 能谱仪确定活性炭盒所收集的氡活度时,氡子体 ^{214}Pb 的 0.242 MeV γ 射线峰受 Th 射气子体 ^{212}Pb 的 0.238 MeV γ 射线峰的干扰,该干扰对测量结果的影响小于 1%。当用高分辨率的半导体探测器测量时,不存在这种干扰。

采用该方法测量的建筑物表面氡析出率的探测下限主要取决于所用 γ 能谱仪的探测下限,该探测下限是在给定置信度情况下该系统可以测到的最低活度。以计数为单位的探测下限可表示为

$$LLD \approx (K_\alpha + K_\beta) \cdot \sigma_0 \qquad (4.65)$$

式中:LLD——探测下限;

K_α——与预选的错误判断放射性存在的风险几率(α)相应的标准正态变量的上限百分位数值；

K_β——与探测放射性存在的预选置信度($1-\beta$)相应的值；

σ_0——净样品放射性测量的计数统计标准偏差。

对于各种 α 和 β 水平，K 值如表 4.20 所列。

表 4.20 不同 α 和 β 水平的 K 值

α	$1-\beta$	K	$2\sqrt{2} \cdot K$
0.01	0.99	2.327	6.59
0.02	0.98	2.054	5.81
0.05	0.95	1.645	4.66
0.10	0.90	1.282	3.63
0.20	0.80	0.842	2.38
0.50	0.50	0	0

如果 α 值和 β 值在同一水平上，则 $K_\alpha = K_\beta = K_0$，

$$\text{LLD} \approx 2K\sigma_0 \tag{4.66}$$

以计数率为单位的探测下限，是在给定条件下最小可探测的计数率。如果活性炭盒内氡的放射性活度与本底接近，则最小可探测计数率为

$$\text{LLD}_{CT} = 2\sqrt{2} \cdot K \sqrt{N_b}/t_b \tag{4.67}$$

式中：LLD_{CT}——最小可探测计数率；

t_b——本底谱测量时间；

N_b——本底谱中相应于某一全能峰或能区的本底计数。

根据最小可探测计数率，可以计算出最小可探测表面氡的析出率。

2. 积累测量法

（1）测量方法

除了用活性炭收集测量氡表面的析出率外，还可以采用积累法进行测量。积累法适用于地面及其他表面物质的氡析出率的测量。主要的测量方法是在待测的表面扣置一个不透气、不吸氡、不溶氡材料制成的集氡罩，周边用不透气、不吸氡材料密封。所扣表面析出的氡都被集氡罩收集，其浓度随时间延长而不断增加，最后达到平衡。在集氡罩内的氡浓度呈线性增长的时间范围内，取样并测量其氡浓度，再计算出待测表面的氡析出率。

积累测量法根据取样方法的不同，又分为真空取样法和循环取样法。其中，真空取样法的基本原理就是利用真空负压的作用，实现对表面氡的采集。首先，将集氡罩扣在拟取样物体表面并用胶泥密封；然后将本底较低的取氡容器（闪烁室或电离室）、干燥管、扩散器与集氡罩连接在一起，再将连接体系抽成真空；缓慢打开调节阀，开始采样；取样时间控制在 30～60 s 内。本节重点介绍循环取样法。

（2）装置及测量

采用循环法取样测量的装置如图 4.14 所示。测量时将取氡容器、干燥管、扩散器、膜片泵按图 4.14 与集氡罩连接，打开 K1、K3、K4、K5，开泵并记录开泵时刻，开泵循环时间应确保取

氡容器内的氡浓度与集氡罩内的氡浓度相等,记下停泵时刻。关闭 K1、K3、K4、K5,已取氡的取氡容器从系统中取出待测量。用双连球排除干燥管、扩散器内的残氡,待用。将另一个取氡容器和干燥管、扩散器、膜片泵按图 4.14 与集氡罩连接;再次取集氡罩内的氡,操作过程同第一次。

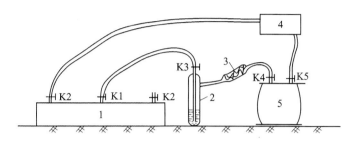

1—集氡罩;2—扩散器;3—干燥管;4—膜片泵;5—取氡容器;K1~K5—弹簧夹

图 4.14　循环法取样测量装置示意图

雨天测量应防止取样容器内部被雨水淋湿或被泥沙沾污;真空法取样时,要经常检验取样容器是否漏气。使用新集氡罩时需认真复核集氡罩的容积和有效扣罩面积。取样时应选择平坦表面扣集氡罩,若无平坦表面,则可事先稍加平整,应当根据现场情况和氡析出率的高低选择集氡罩的积累时间。积累时间确定方法是扣罩后测 t 时刻集氡罩内的氡浓度 C,作 C-t 曲线。该曲线的线性段的时间区间内的任一时刻均可为扣罩后的取样时间。若待测表面性质、环境条件、氡析出率范围相近,则可选取有代表性的待测表面作 C-t 曲线后确定的取样时间作为每次测量的取样时间,而不必每次测量都确定一个取样时间。当析出率数值相差很大时,必须重新确定取样时间。氡析出率测量时应记录气温、气压、湿度、风速、风向、被测物料的含水量和地温等数据,用以对测量结果进行分析比较。

（3）计算及误差

取样后等待 3 h,使氡及其子体平衡,用 α 闪烁计数器测量闪烁室内的放射性(若要提前测量,则需按氡及其子体的平衡规律进行修正)。氡浓度的计算公式如下:

$$C_t = K \cdot f(n - n_0) \tag{4.68}$$

式中:C_t——扣罩积累时间为 t 时,集氡罩内空气中的氡浓度,Bq/m³;

K——仪器的刻度系数,Bq/m³、计数/min;

n——取样后测得的计数率,计数/min;

n_0——闪烁室的本底计数率,计数/min;

f——体积修正系数,当用循环法取样时,f 可用下式表示:

$$f = V_总 / V$$

式中:V——集氡罩与被扣表面间的容积,m³;

$V_总$——闪烁室和膜片泵、扩散器、干燥管、管路系统内部空间容积与 V 之和,m³。

氡析出率计算公式如下:

$$J = \frac{V}{S} \cdot \frac{C_2 - C_1}{\Delta T} \tag{4.69}$$

式中:J——集氡罩所扣表面的氡析出率,Bq/(m²·s);

S——集氡罩所扣表面面积,m²;

C_1、C_2——分别为第一次、第二次取样时集氡罩内空气中的氡浓度，Bq/m³；

V——集氡罩与被扣表面间的容积，m³；

ΔT——两次取样时间间隔，s。

当被扣罩表面较平坦时，氡析出率的测量误差计算式为

$$\sigma^2 = \frac{V}{ST}(\sigma_1^2 + \sigma_2^2) \tag{4.70}$$

式中：σ——氡析出率测量标准差，Bq/(m²·s)；

σ_1、σ_2——分别为第一次、第二次取样测量集氡罩内氡浓度的标准差，Bq/m³。

4.5.5 建材放射性水平测量影响因素

国家标准对建材放射性水平测量时在样品细度、称量准确性、样品放置时间等方面均有明确要求：① 样品磨细至粒径≤0.16 mm；② 样品称量准确至 0.1 g；③ 样品须放置达到基本平衡。

有研究者针对环境温度、样品颗粒细度、重量以及放置时间等，开展了对放射性水平测试结果的影响研究，发现：

① 温度高时，内照指数高，温度降低时，内照指数也随之有所降低；

② 温度对外照指数的影响相对较小；

③ 样品放置时间长短对检测结果的影响不大；

④ 样品颗粒细度即粒径的影响不明显；

⑤ 样品重量变化达 1% 时，检测结果最大变化为 4.2%。

事实上，国标 GB 6566—2010 要求样品细度对提高样品的均匀性有一定作用，对重要的样品（如标样和能力比对等样品）而言非常必要，这有利于提高代表性和可比性；但对一般样品，由于粉碎或研磨需耗费较多的成本，可以适当降低要求。

较长的测量时间，可以获得更准确的测试结果。有研究者考察了不同测试时间下，石材样品不同核素的放射性活度浓度，如表 4.21 所列。

表 4.21　某石材样品不同测量时间核素放射性活度浓度

Bq/kg

测量时间/h、活度平均值	镭-226	钍-232	钾-40
0.5	62.1	83.6	1 234.6
1.0	61.7	84.3	1 218.6
2.0	63.3	85.8	1 246.7
4.0	63.9	85.9	1 248.9
6.0	63.7	86.3	1 272.7
8.0	63.6	86.2	1 255.9
活度平均值	63.05	85.35	1 246.23

从表中的测试结果数据可以看出，测量的精度随时间的延长而增高。其中，钾-40 的测量值离散相对较大，其误差亦较大；镭-226、钍-232 的测量值离散相对较小，其误差亦较小。但测量不确定度都在可接受的范围内。事实上，研究者还发现，当测试时间为 7 200 s(2 h)时，试

验周期较好,其测试结果能够满足试验的要求,且与平均值较接近,具有代表性,工作效率也较高。

4.6　水中可能存在的 γ 放射性核素

水中可能存在的 γ 放射性核素如表 4.22 所列。

表 4.22　水中可能存在的 γ 放射性核素表

γ-能量/keV	核素	半衰期[①]	发射几率[②]	γ-能量/keV	核素	半衰期[①]	发射几率[②]
46.5	^{210}Pb	22.3 a	0.041	143.8	^{235}U	7E8 a	0.109
59.5	^{241}Am	432.2 a	0.359	145.4	^{141}Ce	32.5 d	0.484
59.5	^{237}U	6.75 d	0.335	151.2	^{85m}Kr	4.48 h	0.751
63.3	^{234}Th	L	0.038	153.2	^{136}Cs	13.0 d	0.075
80.1	^{144}Ce	284.3 d	0.016	162.6	^{140}Ba	12.8 d	0.056
80.1	^{131}I	8.04 d	0.026	163.4	^{236}U	7E8 a	0.051
81.0	^{133}Ba	3 981 d	0.329	163.9	^{136}Cs	13.0 d	0.046
81.0	^{133}Xe	5.25 d	0.371	163.9	^{131m}Xe	12.0 d	0.020
86.3	^{136}Cs	13.0 d	0.063	165.9	^{139}Ce	137.7 d	0.800
86.5	^{155}Eu	4.53 a	0.308	166.0	^{88}Kr	2.84 h	0.031
88.0	^{109}Cd	464.0 d	0.036	176.3	^{125}Sb	2.77 a	0.069
91.1	^{147}Nd	11.0 d	0.279	176.6	^{136}Cs	13.0 d	0.136
92.4	^{234}Th	L	0.027	181.1	^{99}Mo	66.0 h	0.065
92.8	^{234}Th	L	0.027	185.7	^{235}U	7E8 a	0.561
105.3	^{155}Eu	4.53 a	0.205	186.2	^{226}Ra	1 602 a	0.033
106.1	^{239}Np	2.36 d	0.227	192.3	^{59}Fe	44.6 d	0.031
109.3	^{235}U	7E8 a	0.014	196.3	^{88}Kr	2.84 h	0.263
111.8	^{132}Te	78.2 h	0.019	197.9	^{101}Rh	3.0 a	0.750
116.3	^{132}Te	78.2 h	0.019	205.3	^{235}U	7E8 a	0.047
121.8	^{152}Eu	4 869 d	0.284	208.0	^{237}U	6.75 d	0.217
122.1	^{57}Co	270.9 d	0.856	228.2	^{239}Np	2.36 d	0.107
123.1	^{154}Eu	8.49 a	0.405	228.2	^{132}Te	78.2 h	0.882
127.2	^{101}Rh	3.0 a	0.880	233.2	^{133m}Xe	2.19 d	0.103
133.5	^{144}Ce	284.3 d	0.108	238.6	^{212}Pb	L	0.446
136.0	^{75}Se	119.8 d	0.590	241.0	^{224}Ra	L	0.040
137.5	^{57}Co	270.9 d	0.106	242.0	^{214}Pb	L	0.075
140.5	^{99}Mo	66.0 h	0.057	244.7	^{152}Eu	13.5 a	0.075
140.5	^{99m}Tc	6.02 h	0.889	248.0	^{154}Eu	8.6 a	0.066

γ-能量/keV	核　素	半衰期①	发射几率②	γ-能量/keV	核　素	半衰期①	发射几率②
249.8	¹³⁵Xe	9.08 h	0.899	383.9	¹³³Ba	3 981 d	0.089
256.3	²²⁷Th	L	0.067	391.7	¹¹³Sn	116.1 d	0.642
264.7	⁷⁵Se	119.8 d	0.566	402.6	⁸⁷Kr	1.272 h	0.495
270.2	²²⁸Ac	L	0.038	409.5	²²⁸Ac	L	0.021
273.7	¹³⁶Cs	13.0 d	0.127	411.1	¹⁵²Eu	13.5 a	0.022
276.4	¹³³Ba	10.7 a	0.073	411.8	¹⁹⁸Au	2.696 d	0.955
277.2	²⁰⁸Tl	L	0.024	415.3	¹⁰²Rh	2.89 a	0.021
277.6	²³⁹Np	2.36 d	0.141	418.5	¹⁰²Rh	2.89 a	0.094
279.2	²⁰³Hg	46.6 2	0.816	420.4	¹⁰²Rh	2.89 a	0.032
279.5	⁷⁵Se	119.8 d	0.252	423.8	¹⁴⁰Ba	12.8 d	0.025
284.3	¹³¹I	8.04 d	0.061	427.9	¹²⁵Sb	2.77 a	0.294
293.3	¹⁴³Ce	1.38 d	0.420	432.6	¹⁴⁰La	40.2 h	0.029
295.2	²¹⁴Pb	L	0.192	434.0	¹⁰⁸ᵐAg	127.0 a	0.907
300.1	²¹²Pb	L	0.034	437.6	¹⁴⁰Ba	12.8 d	0.015
302.9	¹³³Ba	3 981 d	0.187	439.9	¹⁴⁷Nd	11.1 d	0.012
304.8	¹⁴⁰Be	12.8 d	0.034	446.8	¹¹⁰ᵐAg	251 d	0.037
304.9	⁸⁵ᵐKr	4.48 h	0.137	463.0	²²⁸Ac	L	0.047
315.9	²³⁹Np	2.36 d	0.016	463.4	¹²⁵Sb	2.77 a	0.106
319.4	¹⁴⁷Nd	11.1 d	0.020	468.6	¹⁰²ᵐRh	206.0 d	0.029
320.1	⁵¹Cr	27.7 d	0.099	475.0	¹⁰²ᵐRh	206.0 d	0.460
326.0	¹⁰¹Rh	3.0 a	0.110	475.1	¹⁰²Rh	2.89 a	0.950
328.0	²²⁸Ac	L	0.033	475.4	¹³⁴Cs	2.06 a	0.015
328.8	¹⁴⁰La	40.2 h	0.200	477.6	⁷Be	53.3 d	0.103
333.0	¹⁹⁶Au	6.183 d	0.229	487.0	¹⁴⁰La	40.2 h	0.455
334.2	²³⁹Np	2.36 d	0.020	497.1	¹⁰³Ru	39.95 d	0.895
338.5	²²⁸Ac	L	0.123	510.7	²⁰⁸Tl	L	0.090
340.6	¹³⁶Cs	13.0 d	0.468	511.0	⁶⁵Zn	244.0 d	0.029
344.3	¹⁵²Eu	4 869 d	0.267	511.0	⁵⁶Co	70.8 d	0.300
351.9	²¹⁴Pb	L	0.372	511.0	²²Na	2.60 a	1.808
355.7	¹⁹⁶Au	6.183 d	0.869	511.9	¹⁰⁶Ru	368.2 d	0.206
356.0	¹³³Ba	3 981 d	0.626	514.0	⁸⁵Kr	10.72 a	0.004
364.5	¹³¹I	8.04 d	0.812	514.0	⁸⁵Sr	64.84 d	0.983
366.4	⁹⁹Mo	66.0 h	0.014	529.5	⁸³Br	2.39 h	0.013
380.5	¹²⁵Sb	2.77 a	0.016	529.9	¹³¹I	20.8 h	0.873

续表 4.22

γ-能量/keV	核　素	半衰期[①]	发射几率[②]	γ-能量/keV	核　素	半衰期[①]	发射几率[②]
531.0	^{147}Nd	11.0 d	0.131	695.2	^{102}Rh	2.89 a	0.029
537.3	^{140}Ba	12.8 d	0.244	696.5	^{144}Ce	284 d	0.013
554.3	^{82}Br	1.47 d	0.706	697.5	^{102}Rh	2.89 a	0.440
556.6	^{102m}Rh	206 a	0.020	706.7	^{110m}Ag	251.0 d	0.164
563.2	^{134}Cs	2.06 a	0.084	709.3	^{124}Sb	60.2 d	0.014
569.3	^{134}Ca	2.06 a	0.154	713.8	^{124}Sb	60.2 d	0.024
569.7	^{207}Bi	38.0 a	0.978	722.8	^{124}Sb	60.2 d	0.113
583.2	^{208}Tl	L	0.30	723.0	^{108m}Ag	127.0 a	0.915
591.7	^{154}Eu	8.6 a	0.048	723.3	^{154}Eu	8.49 a	0.197
600.6	^{125}Sb	2.77 a	0.178	724.2	^{96}Zr	65.0 d	0.437
602.7	^{124}Sb	60.2 d	0.979	727.2	^{212}Bi	L	0.076
604.7	^{134}Cs	2.06 a	0.976	739.5	^{99}Mo	66.0 h	0.130
606.7	^{125}Sb	2.77 a	0.05	744.3	^{110m}Ag	251.0 d	0.047
609.3	^{214}Bi	L	0.463	715.9	^{140}La	40.2 h	0.043
610.3	^{103}Ru	39.95 d	0.056	755.1	^{228}Ac	L	0.011
614.4	^{108m}Ag	127.0 a	0.907	756.7	^{95}Zr	65.0 d	0.553
619.1	^{82}Br	1.47 d	0.431	763.9	^{110m}Ag	251.0 d	0.224
620.3	^{110m}Ag	251 d	0.028	765.8	^{95}Nb	35.1 d	0.998
621.8	^{106}Ru	368.2 d	0.098	766.8	^{102}Rh	2.89 a	0.340
626.1	^{102m}Rh	206 a	0.045	768.4	^{214}Bi	L	0.050
628.1	^{102}Rh	2.89 a	0.083	771.9	^{228}Ac	L	0.017
631.3	^{102}Rh	2.89 a	0.560	772.6	^{132}I	2.03 h	0.762
635.9	^{125}Sb	2.77 d	0.113	773.7	^{131m}Te	30.0 h	0.381
637	^{131}I	8.04 d	0.073	776.5	^{82}Br	1.47 d	0.834
645.8	^{124}Sb	60.2 d	0.072	777.9	^{99}Mo	66.0 h	0.046
657.8	^{110m}Ag	251.0 a	0.944	778.9	^{152}Eu	4 869 d	0.130
661.6	^{137}Cs	30.17 a	0.852	785.5	^{212}Bi	L	0.013
665.6	^{214}Bi	L	0.016	793.8	^{131m}Te	30.0 h	0.138
667.7	^{132}I	2.30 h	0.987	794.9	^{228}Ac	L	0.049
671.4	^{125}Sb	2.77 a	0.018	759.9	^{134}Cs	2.06 a	0.854
677.6	^{110m}Ag	251.0 d	0.106	801.9	^{134}Cs	2.06 a	0.087
687.0	^{110m}Ag	251.0 d	0.065	806.2	^{214}Bi	L	0.0212
692.4	^{102}Rh	2.89 a	0.016	810.8	^{58}Co	70.8 d	0.994
692.4	^{154}Eu	8.6 a	0.017	815.8	^{140}La	40.2 d	0.235

续表 4.22

γ-能量/keV	核　素	半衰期①	发射几率②	γ-能量/keV	核　素	半衰期①	发射几率②
818.0	110mAg	251.0 d	0.073	1 103.2	102Rh	2.89 a	0.046
818.5	136Cs	13.0 d	1.000	1 112.1	152Eu	4 869 d	0.136
834.8	54Mn	312.7 d	1.000	1 112.8	102Rh	2.89 a	0.190
845.4	87Kr	1.272 h	0.073	1 115.5	65Zn	244.0 d	0.507
852.2	131mTe	30.0 h	0.206	1 120.3	214Bi	L	0.151
860.6	208Tl	L	0.047	1 120.5	46Sc	83.85	1.000
867.4	152Eu	4 869 d	0.042	1 121.3	182Ta	114.7 d	0.350
867.9	140La	40.2 d	0.055	1 131.5	135I	6.61 h	0.225
873.2	154Eu	8.6 a	0.115	1 136.0	132I	2.30 h	0.030
884.7	110mAg	251.0 d	0.730	1 155.3	214Bi	L	0.019
889.3	46Sc	83.85 d	1.000	1 167.9	134Cs	2.06 a	0.018
898.0	88Y	106.66	0.950	1 173.2	60Co	5.26 a	0.999
911.0	228Ac	L	0.277	1 189.1	182Ta	114.7 d	0.163
919.7	140La	40.2 d	0.027	1 212.8	152Eu	4 869 d	0.014
925.2	140La	40.2 d	0.071	1 216.0	76As	1.097 d	0.038
934.1	214Bi	L	0.032	1 221.4	182Ta	114.7 d	0.271
937.5	110mAg	251.0 d	0.344	1 235.3	136Cs	13.0 d	0.198
964.0	152Eu	4 869 d	0.146	1 238.2	214Bi	L	0.059
964.6	228Ac	L	0.055	1 260.4	135I	6.61 h	0.286
968.3	124Sb	60.2 d	0.018	1 274.5	154Eu	8.6 a	0.355
968.9	228Ac	L	0.175	1 274.5	22Na	950.4 d	1.000
996.3	154Eu	8.6 a	0.103	1 291.6	59Fe	44.6 d	0.432
1 001.0	234mPa	L	0.006	1 293.6	41Ar	1.83 h	0.992
1 004.8	154Eu	8.6 a	0.174	1 299.0	152Eu	4 869 h	0.016
1 038.6	134Cs	2.06 a	0.010	1 325.5	124Sb	60.2 d	0.014
1 045.2	124Sb	60.2 d	0.018	1 332.5	60Co	5.26 a	1.000
1 046.6	102Rh	2.89 a	0.340	1 368.2	124Sb	60.2 d	0.024
1 048.1	136Cs	13.0 d	0.797	1 368.5	24Na	15.0 h	1.000
1 050.5	106Ru	368.2 d	0.017	1 377.8	214Bi	L	0.048
1 063.6	207Bi	38.0 a	0.740	1 384.3	110mAg	251.0 d	0.247
1 085.3	140La	40.2 h	0.011	1 408.0	152Eu	4 869 d	0.209
1 085.8	152Eu	4 869 d	0.102	1 436.7	124Sb	60.2 d	0.010
1 099.2	59Fe	44.6 d	0.565	1 460.8	40K	1.28E10 a	0.107
1 103.2	102mRh	206 d	0.029	1 475.8	110mAg	251.0 d	0.040

γ-能量/keV	核 素	半衰期①	发射几率②	γ-能量/keV	核 素	半衰期①	发射几率②
1 505.0	¹¹⁰ᵐAg	251.0 d	0.133	2 091.0	¹²⁴Sb	60.2 d	0.056
1 596.5	¹⁴⁰La	40.2 h	0.955	2 118.9	²¹⁴Bi	L	0.012
1 678.0	¹³⁵I	6.61 h	0.095	2 204.5	²¹⁴Bi	L	0.049
1 691.0	¹²⁴Sb	60.2 d	0.488	2 392.1	⁸⁸Kr	2.84 h	0.350
1 764.5	²¹⁴Bi	L	0.158	2 448.0	²¹⁴Bi	L	0.016
1 770.2	²⁰⁷Bi	38.0 a	0.073	2 614.5	²⁰⁸Tl	L	0.36
1 836.0	⁸⁸Y	106.66 d	0.994	2 753.9	²²Na	15.0 h	0.998

注:① 半衰期为"L"者,是天然衰变系列长寿命母体核素的衰变子体。

② 发射几率定义为核素每次衰变发射该能量 γ 光子的个数。

第 5 章　电磁辐射环境监测

5.1　电磁辐射与电磁辐射污染

5.1.1　电磁辐射

电场和磁场的交互变化产生电磁波,电磁波向空中发射或泄漏的现象,叫电磁辐射。电磁辐射环境是一种看不见、摸不着的场。人类生存的地球本身就是一个大磁场,它表面的热辐射和雷电都可产生电磁辐射,太阳及其他星球也从外层空间源源不断地产生电磁辐射。围绕在人类身边的天然磁场、太阳光、家用电器等都会发出强度不同的辐射。电磁辐射是物质内部原子、分子处于运动状态的一种外在表现形式。

1. 电磁辐射的特性

电磁辐射(有时简称 EMR)的形式为在真空中或物质中的自传播波。电磁辐射有一个电场和磁场分量的振荡,分别在两个相互垂直的方向传播能量。电磁辐射根据频率或波长分为不同类型,这些类型(按序频率增加)包括:电力、无线电波、微波、太赫兹辐射、红外辐射、可见光、紫外线、X 射线和伽马射线。其中,无线电波的波长最长,而伽马射线的波长最短。X 射线和伽马射线电离能力很强,其他电磁辐射电离能力相对较弱,而更低频的没有电离能力。

波长和频率决定了电磁场的另外一个特性:电磁波是以小微粒光子作为载体的。高频率(短波长)电磁波的光子会比低频率(长波长)电磁波的光子携带更多的能量。一些电磁波的每个光子携带的能量可以大到拥有破坏分子间化学键的能力。在电磁波谱中,放射性物质产生的伽马射线、宇宙射线和 X 光具有这种特性,被称作“电离性辐射”。光子的能量不足以破坏分子化学键的电磁场称作“非电离性辐射”。组成我们现代生活重要部分的一些电磁场的人造来源,像电力(输变电、家用电器等)、微波(微波炉、微波信号发射塔等)、无线电波(手机移动通信、广播电视塔发射等),在电磁波谱中处于相对长的波长和低的频率一端,它们的光子没有能力破坏化学键。因此,此类电磁波为非电离性电磁场,对人体的影响为即时性的,类似声波影响;而电离对人体的影响为累积性的。

电场可以被电导体材料屏蔽或者削弱,这些材料甚至也可以是一些不良导体,包括树木、建筑物和人的皮肤。然而磁场则可以穿透大部分的物质,因此很难屏蔽掉。但是无论电场还是磁场都随着与发生源距离的增加而迅速衰减。电磁场的特性是由它们的波长、频率和幅度(强度)所决定的。

2. 电磁辐射的能量

电磁辐射所衍生的能量,取决于频率的高低和强度的大小。一般而言,频率愈高,强度越大,能量就愈大。

频率极高的 X 光和伽马射线可产生较大的能量,能够破坏构成人体组织的分子。事实上,X 光和伽马射线的能量之巨,足以令原子和分子电离化,故被列为“电离”辐射。这两种射线虽具医学用途,但照射过量将会损害健康。X 光和伽马射线所产生的电磁能量,有别于射频发射装置所产生的电磁能量。射频装置的电磁能量属于频谱中频率较低的那一端,不能破解把分子紧扣一起的化学键,故被列为"非电离"辐射。与本书其他章节不同的是,本章所论述的电磁辐射仅限于非电离辐射。

哪里会有电磁辐射呢?电磁辐射的来源有多种。人体内外均布满由天然和人造辐射源所发出的电能量和磁能量。闪电便是天然辐射源的例子之一。至于人造辐射源,则包括微波炉、收音机、电视广播发射机和卫星通信装置等。

3. 电磁辐射的分类

电磁辐射分两个级别:工频电磁辐射和射频电磁波(射频辐射)。

(1) 工频电磁辐射

工频电磁辐射是指由 50 Hz 或 60 Hz 的交变电场引起的电磁辐射。在电力或动力领域中,通常将 50 Hz 或 60 Hz 频率称之为"工业频率"(简称"工频")。在邻近输电线路或电力设施的周围环境中产生工频电场与工频磁场,它们属于低频感应场。工频段国家标准电场强度为 4 000 V/m,磁感应强度为 0.1 mT。

工频电场与工频磁场分别存在、分别作用,沿传播方向上电场与磁场无固定关系,而不像高频场那样,电场、磁场矢量以波阻抗关系紧密耦合,形成"电磁辐射",并穿透生物体。工频电场、磁场不能以电磁波形式形成有效的电磁能量辐射或形成体内能量吸收。工频电场、磁场与高频电磁波相比,在存在形式、生物作用等方面,存在极大的差异。工频电场、磁场为感应场,电压感应出电场,电流感应出磁场。它们可以被看作两个独立的实体,其特点是随着距离的增大呈指数级衰减。

工频电磁辐射是处于工频电磁场中的电磁辐射。工频电磁场(EMF)是一些围绕在任何一种电器设备周围的人们肉眼所不能看见的"力"线。输电线、电线和电器设备都会产生工频电磁场。工频电磁辐射较为典型的来源是变电站、高压电线和家用电器(如电视机、电吹风、电冰箱)、笔记本电脑等,这部分设备因为使用交流电,其电磁场变化频率较低。

以变电站的工频电磁辐射为例,城区变电站多采用全户内布置的形式,高压设备选用全封闭成套装置。同时由于工频电磁辐射能量极低,所有的电气设备均布置在一栋建筑物内,经过建筑物的屏蔽后,极大降低了其辐射水平。因此,全室内变电站,本身工频辐射能量已经非常小,加上建筑物屏蔽的作用,在一般情况下,在变电站院墙之外,就无法辨别是变电站设备所产生的工频电磁场还是环境中自然存在的电磁场。

(2) 射频电磁波或射频辐射

射频辐射(Radio Frequency Radiation,RFR)是非电离辐射的一部分,是频率在 100 kHz～300 GHz 的电磁辐射。其又称无线电波,包括高频电磁波和微波,特点是能量较小、波长较长,波长范围在 1 mm～3 000 m。高频电磁波是频率处于 100 kHz～300 MHz 范围的电磁波;微波是频率处于 300 MHz～300 GHz 范围的电磁波。射频电磁波能量的单位是 $\mu W/cm^2$,国家标准限值为 40 $\mu W/cm^2$,对于一般公众环评,取值为其 20%。

在日常生活中,普通民众接触射频辐射的机会包括:

- 高频感应加热:高频热处理、焊接、冶炼;半导体材料加工,如区域熔炼、外延、淬火、食品工业用的高频炉。
- 高频介质加热:如塑料制品的热合,木材、棉纱烘干,橡胶硫化等。

- 微波:雷达导航、探测、通信、微波加热(微波炉)、电视、核物理科学研究。微波的应用发展很快,用于木材、纸张、药材、皮革的干燥,以及食品加工、医学上的理疗、移动电话等。

对于射频电磁辐射,常见的预防措施及其限值包括:

- 首先是用铜丝网隔离,但一定要接地;其次是距离越远越好。
- 对于高频电磁场,采用场源屏蔽、距离防护、合理布局等防护方式,其安全标准是连续波不大于 0.05 mW/cm^2。
- 对于微波的防护,其基本原则是屏蔽辐射源,加大辐射源与作业点的距离,采取个人防护措施。

根据《工作场所有害因素职业接触限值 第 2 部分:物理因素》(GBZ 2.2—2007)规定,工业场所微波防护的限值如表 5.1 所列。

表 5.1 工作场所微波职业接触限值

辐射范围	辐射波类型	日剂量/ ($\mu W \cdot h \cdot cm^{-2}$)	8h 平均功率密度/ ($\mu W \cdot cm^{-2}$)	非 8 h 平均功率密度/ ($\mu W \cdot cm^{-2}$)	短时间接触功率密度/ ($mW \cdot cm^{-2}$)
全身辐射	连续微波	400	50	400/t	5
全身辐射	脉冲微波	200	25	200/t	5
肢体局部辐射	连续微波或脉冲微波	4 000	500	4 000/t	5

注:t 为受辐射时间,单位为 h。

5.1.2 电磁辐射污染

所谓电磁辐射污染,是指人类使用产生电磁辐射的器具而泄漏的电磁能量传播到社区的室内外空气中,其量超出本底值,且其性质、频率、强度和持续时间等综合影响而引起该区居民中一些人或众多人的不适感,并使健康和福利受到恶劣影响。这里所谓对健康的影响,是指从对人体生理影响到急性病、慢性病以及更为严重乃至死亡的广泛范围的影响,所谓对福利的影响,则包括对与人类共存的动植物、自然环境、各种器物等的影响。

随着现代科技的高速发展,一种看不见、摸不着的污染源日益受到各界的关注,这就是被人们称为"隐形杀手"电磁辐射。今天,越来越多的电子、电气设备的投入使用使得各种频率、不同能量的电磁波充斥着地球的每一个角落乃至更加广阔的宇宙空间。对于人体这一良导体,电磁波不可避免地会构成一定程度的危害。

1. 电磁辐射污染源的种类

电磁辐射的来源主要有天然和人为两类。其中,天然电磁辐射源产生于自然界,由某些自然现象所引起,例如,雷电、云层放电、太阳黑子活动、火山爆发等。这些自然现象会对广大地区产生严重的电磁干扰。

人为电磁辐射产生于人工制造的若干系统在正常工作时所产生的各种不同波长和频率的电磁波。影响较大的包括电力系统、广播电视发射系统、移动通信系统、交通运输系统、工业与医疗科研高频设备。

（1）电力系统

经济的发展促使各种用电设备日益增多,用电负荷急剧增大,电网规模快速膨胀,高压输电线路和变电站日益增多。由高压、超高压输配电线路、变电站和电力变压器等产生的交变磁场,在近区场会产生严重的电磁干扰。

（2）广播电视发射系统

广播电视发射塔是城市中最大的电磁辐射源,这些设备大多建在城市的中心地区,很多广播电视发射设备被居民区包围,在局部居民生活区形成强场区。

（3）移动通信系统

移动通信基站是主要的电磁辐射源。随着电信事业的飞速发展,移动基站的数目不断增加,为防止干扰,基站高度逐渐下降,发射的电磁波反射到居民楼的概率增大,基站和基站之间的距离逐渐减小,分布日渐广泛,使电磁辐射水平不断增加。

（4）交通运输系统

交通运输包括有轨、无轨电车,电气化铁路,汽车,地铁等。这种辐射源主要以传导、感应、辐射等形式产生电磁辐射,如汽车发动机的点火系统会产生很强的宽带电磁噪声。

（5）工业与医疗科研高频设备

工业与医疗科研高频设备产生的强辐射对环境及人体健康都将产生不良影响。

2. 电磁辐射的生物学效应

电磁辐射使生物系统产生的与生命现象有关的响应称为电磁辐射的生物学效应。影响电磁辐射生物学效应的主要参数是频率和强度,不同频率和强度的电磁辐射产生生物学效应的方式不同,效应也不同。电磁辐射生物学效应从热作用方式上分为热效应和非热效应。

（1）热效应

人体 70% 以上是水,水分子受到电磁波辐射后相互摩擦,引起机体升温,从而影响到体内器官的正常工作。产生热效应的电磁波功率密度在 $10\ \mathrm{mW/cm^2}$ 以上;微观致热效应功率在 $1\sim10\ \mathrm{mW/cm^2}$ 之间;浅致热效应在 $10\ \mathrm{mW/cm^2}$ 以下。热效应可造成人体组织或器官不可恢复的伤害,如:眼睛产生白内障,男性不育;当功率为 $1\ 000\ \mathrm{W}$ 的微波直接照射人时,可在几秒内致人死亡。

（2）非热效应

人体的器官和组织都存在微弱的电磁场,它们是稳定和有序的,一旦受到外界电磁场的干扰,处于平衡状态的微弱电磁场即将对人体产生的非热效应体现在以下几个方面:

① 神经系统:人体反复受到电磁辐射后,中枢神经系统及其他方面的功能发生变化,如条件反射性活动受到抑制,出现心动过缓等。

② 感觉系统:低强度的电磁辐射,可使人的嗅觉机能下降,当人头部受到低频小功率的声频脉冲照射时,就会使人听到好像机器响,或者昆虫或鸟儿鸣的声音。

③ 免疫系统:我国研究者初步观察到,长期接触低强度微波的人和同龄正常人相比,其体液与细胞免疫指标中的免疫球蛋白 lgG 降低,T 细胞花环与淋巴细胞转换率的乘积减小,使人体的体液与细胞免疫能力下降。

④ 内分泌系统:低强度微波辐射,可使人的丘脑—垂体—肾上腺功能紊乱;CRT、ACTH 活性增加,内分泌功能受到显著影响。

⑤ 遗传效应:微波能损伤染色体。动物试验已经发现,用 195 MHz、2.45 GHz 和 96 Hz

的微波照射老鼠,会在 4%～12% 的精原细胞骨形成染色体缺陷,老鼠能继承这种缺陷,染色体缺陷可引起受伤者智力迟钝、平均寿命缩短。

（3）累积效应

热效应和非热效应作用于人体后,对人体的伤害尚未来得及自我修复之前,再次受到电磁波辐射的话,其伤害程度就会发生累积,久之会成为永久性病态,危及生命。对于长期接触电磁波辐射的群体,即使功率很小,频率很低,也可能会诱发想不到的病变,应引起警惕。

5.1.3　电磁辐射的防护

据英国流行病调查人员的结论:居住在有电磁辐射环境下的儿童,其白血病发病率为 1/700,比居住在无电磁辐射环境下的儿童发病率(1/1 400)高出 1 倍。瑞典国家工业与技术发展委员会的结论:① 15 岁以下儿童如果暴露在平均磁感应强度大于 0.2 μT 的环境中,则患白血病为一般儿童的 2.7 倍以上;② 若磁感应度大于 0.3 μT,则为 3.8 倍。因此,开展电磁辐射环境监测和防护十分必要,我国在电磁辐射监测及其限值方面均有明确的规定。

电磁辐射的防护对于不同的电磁辐射污染源,其防护方法是很多的,只要能降低辐射源的辐射,达到国家标准的要求,就可以使用设备。

1. 电磁辐射区内人员的防护

推测或检测到射频功率密度超过 40 μW/cm^2 的区域,应认为是电磁辐射潜在危险区。人员容易误入的危险区域应设有警告标记。除非有紧急情况,凡经计算或用场强计测量超过 40 μW/cm^2 的区域不允许人员在未采取防护措施的情况下进入。

应利用保护用品使辐射危害减至最小,必须保证在发射天线射束区内工作的维护人员穿好保护服装。应该禁止身上带有金属移植件、心脏起搏器等辅助装置的人员进入电磁辐射区。应给受到辐射源、电磁能和高压装置辐射的人员做定期身体检查。

2. 室内电磁辐射的防护

对于室内环境中办公设备、家用电器和手机带来的电磁辐射危害,人们应采取如下保护措施:

- 自觉遵守国家标准,正确使用计算机、手机、微波炉等办公设备和家用电器。
- 电器摆放不能过于集中。在卧室中,要尽量少放甚至不放电器。
- 电器使用时间不宜过长,尽量避免同时使用多台电器。
- 注意人与电器的距离,能远则远。
- 尽量缩短使用电剃须刀和吹风机的时间。
- 长时间坐在计算机前工作时,最好穿防辐射大褂或马甲、围裙等防护用品。在视频显示终端,要加装荧光屏防护网。
- 经常饮茶或服用螺旋藻片,加强肌体抵抗电磁辐射的能力。
- 对辐射较大的家用电器,如电褥子、微波炉、电磁炉等,可采用不锈钢纤维布做成罩子,或进行化学镀膜来反射和吸收阻隔电磁辐射。
- 正确使用手机。在手机接通的瞬间,释放的电磁辐射量最大,瞬间可达 2 000 mGs(毫高斯)。据报道,场强在 10～150 mGs 时,即可使体内抑制肿瘤的基因 R53 发生病变,从而增加患癌儿率。在手机接通几秒后,电磁辐射强度可减少一半。因此,人们最好在手机接通几秒后再接电话。在接电话时,要尽量使头部离手机远一点,或采用分离耳机与话筒来接听电话。同时,尽量减少通话时间,最好左右耳朵轮流听。平时不要将开着的手机挂在胸前,以防心脏受损。特别是女性,电磁辐射对内分泌和孕妇的影响更为显著。

5.2　电磁辐射的监测方法与控制限值

电磁辐射的测量按测量场所分为作业环境、特定公众暴露环境、一般公众暴露环境测量;按测量参数分为电场强度、磁场强度和电磁场功率通量密度等的测量。对于不同的测量应选用不同类型的仪器,以期获取最佳的测量结果。测量仪器根据测量目的分为非选频式宽带辐射测量仪和选频式辐射测量仪。

本节还探讨了电磁环境中控制公众暴露的电场、磁场、电磁场(1 Hz～300 GHz)的场量限值、评价方法和相关设施(设备)的豁免范围,这些限值也可用于电磁环境中控制公众暴露的评价和管理。然而,这些限值不适用于控制以治疗或诊断为目的所致病人或陪护人员暴露的评价与管理;不适用于控制无线通信终端、家用电器等对使用者暴露的评价与管理;也不能作为对产生电场、磁场、电磁场设施(设备)的产品的质量要求。

5.2.1　术语与定义

(1) 电磁环境与公众暴露

电磁环境(electromagnetic environment)是存在于给定场所的所有电磁现象的总和。

公众暴露(public exposure)是指公众所受到的全部电场、磁场、电磁场照射,不包括职业照射和医疗照射。

(2) 电场、磁场与电磁场

电场(electric field)是由电场强度与电通密度表征的电磁场的组成部分。

磁场(magnetic field)是由磁场强度与磁感应强度表征的电磁场的组成部分。

电磁场(electromagnetic field)是由电场强度、电通密度、磁场强度、磁感应强度四个相互有关矢量确定的,与电流密度和体电荷密度一起表征介质或真空中的电和磁状态的场。

(3) 电场强度、磁场强度与磁感应强度

电场强度(electric field strength)属于矢量场量 E,其作用在静止的带电粒子上的力等于 E 与粒子电荷的乘积,其单位为伏特每米(V/m)。

磁场强度(magnetic field strength)属于矢量场量 H,在给定点,等于磁感应强度除以磁导率,并减去磁化强度,其单位为安培每米(A/m)。

磁感应强度(magnetic induction strength)属于矢量场量 B,其作用在具有一定速度带电粒子上的力等于速度与 B 矢量积,再与粒子电荷的乘积,其单位为特斯拉(T)。在空气中,磁感应强度等于磁场强度乘以磁导率 μ_0,即 $B = \mu_0 H$。

(4) 功率密度与等效辐射功率

功率密度(power density)是标量场量 S,为穿过与电磁波的能量传播方向垂直的面元功率除以该面元的面积的值,单位为瓦特每平方米(W/m²)。

在 1 000 MHz 以下,等效辐射功率(equivalent radiation power)等于发射机标称功率与对半波天线而言的天线增益(倍数)的乘积;在 1 000 MHz 以上,等效辐射功率等于发射机标称功率与对全向天线而言的天线增益(倍数)的乘积。

半波天线的英文是"Dipole",依字面解释是"二极"的意思,也称为"偶极"天线。"半波"这个叫法是根据其长度为一个波长的一半,求其直接易懂。半波天线如图5.1(a)所示。全向天线,如图5.1(b)所示,即在水平方向上表现为360°都均匀辐射,也就是平常所说的无方向性;在垂直方向图上表现为有一定宽度的波束,一般情况下波瓣宽度越小,增益越大。全向天线在移动通信系统中一般应用于郊县大区制的站型,覆盖范围大。

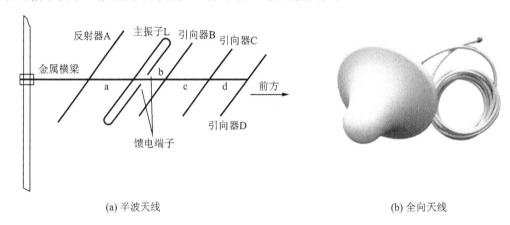

(a) 半波天线　　　　　　　　　　　　　　　　(b) 全向天线

图 5.1　常见的两种天线

电磁量直接单位换算如表5.2所列。

表 5.2　电磁量的单位换算公式

量的名称	量的单位	转换公式
功率密度	W/m^2	$mW/cm^2 \times 10$
电场强度平方	$(V/m)^2$	$mW/cm^2 \times 3\,763.6$
磁场强度平方	$(A/m)^2$	$mW/cm^2 \div 37.636$
能量密度	PJ/cm^3	$mW/cm^2 \times 0.033\,33$
电场强度	V/m	$\sqrt{mW/cm^2 \times 3\,763.6}$
磁场强度	A/m	$\sqrt{mW/cm^2 \div 37.636}$

5.2.2　电磁辐射测量仪器

1. 非选频式宽带辐射测量仪

对于由偶极子和检波二极管组成探头的非选频式宽带辐射测量仪,主要由三个正交的 $2 \sim 10$ cm 长的偶极子天线、端接肖特基检波二极管、RC 滤波器组成。非选频式宽带辐射测量仪探头的输出电压不受场源频率的影响,检波后的直流电流经高阻传输线或光缆送入数据处理和显示电路。当 $D \leqslant h$(D 为偶极子直径,h 为偶极子长度)时,偶极子互耦可忽略不计,由于偶极子相互正交,将不依赖场的极化方向。探头尺寸很小,对场的扰动也小,能分辨场的细微变化。偶极子等效电容 C_A、电感 L_A 根据双锥天线理论求得:

$$C_A = \frac{\pi \cdot \varepsilon_0 \cdot L}{\ln \dfrac{L}{a} + \dfrac{S}{2L} - 1} \tag{5.1}$$

$$L_A = \frac{\mu_0 \cdot L}{3\pi} \left(\ln \frac{2L}{a} - \frac{11}{b} \right) \tag{5.2}$$

式中：a——天线半径；

S——偶极子截面积；

L——偶极子实际长度。

偶极子天线阻抗呈容性，输出电压是频率的函数：

$$V = \frac{L}{2} \cdot \frac{\omega \cdot C_A \cdot R_L}{\sqrt{1 + \omega^2 (C_A + C_L)^2 R_L^2}} \tag{5.3}$$

式中：ω——角频率，$\omega = 2\pi f$，f 为频率；

C_L——天线缝隙电容和负载电容；

R_L——负载电阻。

由于 C_A、C_L 基本不变，故只要提高 R_L 就可使频响大为改善，使输出电压不受场源频率的影响，因此必须采用高阻传输线。

当三副正交偶极子组成探头时，它可以分别接收 x、y、z 三个方向的场分量，经理论分析得出：

$$\begin{aligned} U_{dc} &= C \cdot |Ke|^2 \cdot \left[|E_x(r \cdot w)|^2 + |E_y(r \cdot w)|^2 + |E_z(r \cdot w)|^2 \right] \\ &= C \cdot |Ke|^2 \cdot |\boldsymbol{E}(r \cdot w)|^2 \end{aligned} \tag{5.4}$$

式中：C——检波器引入的常数；

Ke——偶极子与高频感应电压间的比例系数；

E_x、E_y、E_z——分别对应于 x、y、z 方向的电场分量；

$\boldsymbol{E}$——待测场的电场矢量。

式(5.4)为待测场的厄米特(Hermitian)幅度，可见用端接平方律特性二极管的三维正交偶极子天线总的直流输出正比于待测场的平方，而功率密度亦正比于待测场的平方，因此经过校准后，U_{dc} 的值就等于待测电场的功率密度。如果电路引入开平方电路，那么 U_{dc} 值就等于待测电场强度值。偶极子的长度应远小于被测频率的半波长，以避免在被测频率下谐振。这一特性决定了这类仪器只能在低于几 GHz 的频率范围使用。

采用热电偶型探头的非选频式宽带辐射测量仪是采取三条相互垂直的热电偶结点阵作电场测量探头，提供了和热电偶元件切线方向场强平方成正比的直流输出。待测场强为

$$E = \sqrt{E_x^2 + E_y^2 + E_z^2} \tag{5.5}$$

与极化无关。沿热电偶元件直线方向分布的热电偶结点阵，保证了探头有极宽的频带。沿 x、y、z 三个方向分布的热电偶元件的最大尺寸应小于最高工作频率波长的 $1/4$，以避免产生谐振。整个探头像一组串联的低阻抗偶极子或像一个低 Q 值的谐振电路。

采用磁场探头的非选频式宽带辐射测量仪是由三个相互正交环天线和二极管、RC 滤波元件、高阻线组成的，从而保证其全向性和频率响应。环天线感应电势为

$$\zeta = \mu_0 \cdot N \cdot \pi \cdot b^2 \cdot \omega \cdot H \tag{5.6}$$

式中，N 为环匝数；b 为环半径；H 为待测场的磁场强度。

使用非选频式宽带辐射测量仪实施环境监测时,为了确保环境监测的质量,应对这类仪器电性能提出基本要求,主要包括:各向同性误差≤±1 dB;系统频率响应不均匀度≤±3 dB;灵敏度为0.5 V/m;校准精度为±0.5 dB。

表5.3为常用的非选频式宽带辐射测量仪的有关数据。实施环境电磁辐射监测时,可根据具体需要选用其中的仪器。

表5.3　常用非选频式辐射测量仪

名　称	频　带	量　程	各向同性	探头类型
微波漏能仪	0.915～12.4 GHz	0.005～30 mW/cm²	无	热偶结点阵
微波辐射测量仪	1～10 GHz	0.2～20 mW/cm²	有	肖特基二极管偶极子
电磁辐射监测仪	0.5～1 000 MHz	1～1 000 V/m	有	偶极子
全向宽带近区场强仪	0.2～1 000 MHz	1～1 000 V/m	有	偶极子
宽带电磁场强计	E:0.1～3 000 MHz H:0.5～30 MHz	E:0.5～1 000 V/m H:1～2 000 A/m	有	偶极子环天线
宽带电磁场强计	E:20～105 Hz H:50～60 Hz	E:1～20 000 V/m H:1～2 000 A/m	有	偶极子环天线
辐射危害计	0.3～18 GHz	0.1～200 mW/cm²	有	热偶结点阵
辐射危害计	200 kHz～26 GHz	0.001～20 mW/cm²	有	热偶结点阵
宽带全向辐射监测仪	0.3～26GHz	8621B 探头:0.005～20 mW/cm² 8623 探头:0.05～100 mW/cm²	有	热偶结点阵
宽带全向辐射监测仪	10～300 MHz	8631 探头:0.005～200 mW/cm² 8633 探头:0.05～100 mW/cm²	有	热偶结点阵
宽带全向辐射监测仪	0.3～26 GHz 10～300 MHz	8621B 探头:0.005～20 mW/cm² 8631 探头:0.05～100 mW/cm²	有	热偶结点阵
宽带全向辐射监测仪	8635、8633 探头: 10～3 000 MHz 8644 探头: 10～3 000 MHz	8633 探头:0.05～100 mW/cm² 8644 探头:0.000 5～2 W/cm² 8635 探头:0.002 5～10 W/cm²	有	热偶结点阵环天线
宽带全向辐射监测仪	由决定选用探头	由决定选用探头	有	热偶结点阵环天线
全向宽带场强仪	E:5×10⁻⁴～6 GHz H:0.3～3 000 MHz	E:0.1～30 V/m H:0.1～1 000 A/m²	有	偶极子磁环天线

2. 选频式辐射测量仪

这类仪器用于环境中低电平电场强度、电磁兼容、电磁干扰的测量。除场强仪(或称干扰场强仪)外,接收天线和频谱仪或测试接收机组成的测量系统经校准后,可用于环境电磁辐射测量。有关仪器系统的工作原理如下。

(1) 场强仪(干扰场强仪)

待测场的场强值:

$$E(\text{dB}\mu\text{V/m}) = K(\text{dB}) + Vr(\text{dB}\mu\text{V}) + L(\text{dB}) \tag{5.7}$$

式中,K 是天线校正系数,它是频率的函数,可由场强仪的附表中查得。场强仪的读数 Vr 必

须加上对应的 K 值和电缆损耗 L(查表可得)才能得出场强值。但近期生产的场强仪所附天线校正系数曲线所示 K 值已包括测量天线的电缆损耗 L 值。

当被测场是脉冲信号时,不同带宽 Vr 值不同。故此时需要归一化于 1 MHz 带宽的场强值,即

$$E(\mathrm{dB}\mu\mathrm{V/m}) = K(\mathrm{dB}) + \mathrm{Vr}(\mathrm{dB}\mu\mathrm{V}) + 20\lg(1/\mathrm{BW}) + L(\mathrm{dB}) \qquad (5.8)$$

式中,BW 为选用带宽,单位为 MHz。测量宽带信号环境辐射峰值场强时,要选用尽量宽的带宽。相应平均功率密度为

$$P_\mathrm{d}\left(\frac{\mu\mathrm{W}}{\mathrm{cm}^2}\right) = \frac{10^{\frac{E(\mathrm{dB}\mu\mathrm{V/m})-115.77}{10}}}{10q} \qquad (5.9)$$

式中,q 为脉冲信号占空比,于是 E 和 P_d 可以方便地计算出来。

（2）频谱仪测量系统

这种测量系统的工作原理和场强仪一致,只是用频谱仪作接收机,此时频谱仪的 dBm 读数须换算为 dBμV。对 50 Ω 系统,场强值为

$$E(\mathrm{dB}\mu\mathrm{V/m}) = K(\mathrm{dB}) + A(\mathrm{dBm}) + 107(\mathrm{dB}\mu\mathrm{V}) + L(\mathrm{dB}) \qquad (5.10)$$

频谱仪的类型不受限制,频谱仪的天线系统必须校准。

（3）微波测试接收机

用微波接收机、接收天线也可以组成环境监测系统。扣除电缆损耗,功率密度 P_d 按下式计算:

$$P_\mathrm{d} = \frac{4\pi}{G\lambda^2} \cdot 10^{\frac{A+B}{10}} \quad (\mathrm{mW/cm}^2) \qquad (5.11)$$

式中:G——天线增益,倍数;

λ——工作波长,cm;

A——数字幅度计读数,dBm;

B——0 dB 输入功率,dBm。

由上述测试接收机组成的监测装置的灵敏度取决于接收机灵敏度。天线系统应校准。

用于环境电磁辐射测量的仪器种类较多,凡是用于 EMC(电磁兼容)、EMI(电磁干扰)目的的测试接收机都可用于环境电磁辐射监测。专用的环境电磁辐射监测仪器,也可用上面介绍的方法组成测量装置实施环境监测。常用的选频式辐射测量仪见表 5.4。

表 5.4 常用选频式辐射测量仪

名 称	频 带	量程、灵敏度	备 注
干扰场强测量仪	$10\sim150$ kHz	$24\sim124$ dB	交直流两用
干扰场强测量仪	$0.15\sim30$ MHz	$28\sim132$ dB	交直流两用
干扰场强测量仪	$28\sim500$ MHz	$9\sim110$ dB	交直流两用
干扰场强测量仪	$0.47\sim1$ GHz	$27\sim120$ dB	交直流两用
干扰场强测量仪	$0.5\sim30$ MHz	$10\sim115$ dB	交直流两用
场强仪	$2\times10^{-8}\sim18$ GHz	$1\times10^{-8}\sim1$ V(NM-67)	只能用交流

续表 5.4

名　　称	频　带	量程、灵敏度	备　注
EMI 测试接收机	9 kHz～30 MHz 20 MHz～1 GHz 5 Hz～5 GHz 20 Hz～26.5 GHz	＜1 000 V/m	交流供电、显示被测场频谱
电视场强计	1～56 频道	灵敏度:10 μV	交直流两用
电视信号场强计	40～890 MHz	20～120 dBμ	交直流两用
场强仪	40～860 MHz	20～120 dBμ	交直流两用

5.2.3　电磁辐射污染源监测方法

① 环境条件。应符合行业标准和仪器标准中规定的使用条件。测量记录表应注明环境温度、相对湿度。

② 测量仪器。可使用各向同性响应或有方向性电场探头或磁场探头的宽带辐射测量仪。采用有方向性探头时,应在测量点调整探头方向以测出测量点最大辐射水平。测量仪器工作频带应满足待测场的要求,仪器应经计量标准定期鉴定。

③ 测量时间。在辐射体正常工作时间内进行测量,每个测点连续测 5 次,每次测量时间不应小于 15 s,并读取稳定状态的最大值。当测量读数起伏较大时,应适当延长测量时间。

④ 测量位置。电磁辐射污染源监测的测量位置包括:作业人员操作位置、辐射体各辅助设施(计算机房、供电室等)作业人员经常操作的位置,以及辐射体附近的固定哨位、值班位置等。其中,当涉及到作业人员位置的测量时,应取距地面 0.5 m、1.0 m、1.7 m 三个高度的测量部位,即人体主要暴露的高度。

⑤ 数据处理。求出每个测量部位平均场强值(若有几次读数)。

⑥ 评价。根据各操作位置的 E 值(H、P_d)按国家标准 GB 8702 或其他部委制定的"安全限值"作出分析评价。

5.2.4　一般环境电磁辐射的测量方法

1. 测量条件

气候条件应符合行业标准和仪器标准中规定的使用条件,测量记录表应注明环境温度、相对湿度。测量高度取离地面 1.7～2 m 的高度,也可根据不同目的选择测量高度。取电场强度测量值＞50 dBμV/m 的频率作为测量频率。

基本测量时间为 5:00—9:00、11:00—14:00、18:00—23:00 城市环境电磁辐射的高峰期。若 24 小时昼夜测量,则昼夜测量点不应少于 10 点。测量间隔时间为 1 h,每次测量观察时间不应小于 15 s,若指针摆动过大,则应适当延长观察时间。

2. 布点方法

对典型辐射体,采用蜘蛛网式布点。比如某个电视发射塔周围环境实施监测时,则以辐射体为中心,按间隔 45°的 8 个方位为测量线,每条测量线上选取距场源分别为 30 m、50 m、100 m 等不同距离定点测量,测量范围根据实际情况确定。

对一般环境测量布点,采用网格-中心点式布点。如对整个城市电磁辐射测量时,则应根据城市测绘地图,将全区划分为 1 km×1 km 或 2 km×2 km 的小方格,取方格中心为测量位置。

按上述方法在地图上布点后,应对实际测点进行考察。考虑地形地物影响,实际测点应避开高层建筑物、树木、高压线以及金属结构等,尽量选择空旷地方测试。允许对规定测点调整,测点调整最大为方格边长的 1/4,对特殊地区方格允许不进行测量。需要对高层建筑测量时,应在各层阳台或室内选点测量。

3. 测量仪器

如前所述,测量仪器包括:非选频式辐射测量仪和选频式辐射测量仪。具有各向同性响应或有方向性探头的宽带辐射测量仪属于非选频式辐射测量仪。用有方向性的探头时,应调整探头方向以测出最大辐射电平。各种专门用于 EMI 测量的场强仪、干扰测试接收机,以及用频谱仪、接收机、天线自行组成测量系统经标准场校准后可用于选频式辐射测量。测量误差应小于±3 dB,频率误差应小于被测频率的 10^{-3} 数量级。该测量系统经模/数转换与微机连接后,通过编制专用测量软件可组成自动测试系统,达到数据自动采集和统计的目的。

自动测试系统中,测量仪可设置于平均值(适用于较平稳的辐射测量)或准峰值(适用于脉冲辐射测量)检波方式。每次测试时间为 8～10 min,数据采集取样率为 2 次/s,进行连续取样。

4. 数据处理

如果测量仪器读出的场强瞬时值的单位为 dBμV/m,则先按下列公式换算成以 V/m 为单位的场强:

$$E_i = 10^{\left(\frac{x}{20} - 6\right)} \quad (\text{V/m}) \tag{5.12}$$

式中:x——场强仪读数(dBμV/m),然后依次按下列各公式计算:

$$E = \frac{1}{n} \sum^n E_i \quad (\text{V/m}) \tag{5.13}$$

$$E_s = \sqrt{\sum^n E^2} \quad (\text{V/m}) \tag{5.14}$$

$$E_G = \frac{1}{M} \sum E_s \quad (\text{V/m}) \tag{5.15}$$

式中:E_i——在某测量位、某频段中被测频率点 i 的测量场强瞬时值,V/m;

n——E_i 值的读数个数;

E——在某测量位、某频段中各被测频率点 i 的场强平均值,V/m;

E_s——在某测量位、某频段中各被测频率的综合场强,V/m;

E_G——在某测量位、在 24 h(或一定时间内)内测量某频段后的总的平均综合场强 (V/m);

M——在 24 h(或一定时间内)内某频段的测量次数。

测量的标准误差仍用通常公式计算。如果测量仪器是非选频式的,则不用式(5.14)。

对于自动测量系统的实测数据,可编制数据处理软件,分别统计每次测量中值的最大值 E_{max}、最小值 E_{min}、中值、95% 和 80% 时间概率的不超过场强值 $E_{(95\%)}$、$E_{(80\%)}$,上述统计值的单位均以 dBμV/m 表示。还应给出标准差值 σ(以 dB 表示)。

如系多次重复测量,则将每次测量值统计后,再按本部分方法进行数据处理。

5. 绘制污染图

绘制频率–场强、时间–场强、时间–频率、测量位–总场强值等各组对应曲线。对于典型辐射体环境污染图，以典型辐射体为圆心，按间隔45°的8个方位，标注等场强值线图（见图5.2）；或以典型辐射体为圆心，标注根据式（5.22）或式（5.23）得出的计算值的等值线图。

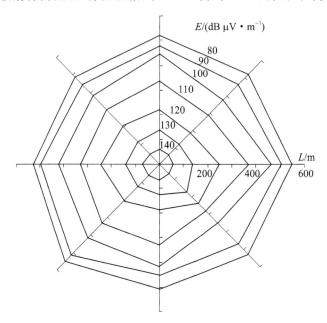

图 5.2 典型辐射体环境辐射等场强值线示意图

对于居民区环境污染图的绘制，在有比例的测绘地图上标注等场强值线图，或者标注根据式（5.22）或式（5.23）得出的计算值的等值线图。根据需要亦可在各地区地图上做好方格，用颜色或各种形状图线表示不同的场强值（见表5.5），或者标注根据式（5.22）或式（5.23）得出的计算值。

表 5.5 居民区环境辐射水平标准

种 类						
场强/ (mV·m⁻¹)	＞300	200～300	130～200	80～130	50～80	＜50

6. 环境质量评价

用非选频宽带辐射测量仪时，由于测量位测得的场强（功率密度）值是所有频率的综合场强值，故24 h内每次测量综合场强值的平均值即总场强值亦是所有频率的总场强。由于环境中辐射体频率主要在超短波频段（30～300 MHz），测量值和超短波频段安全限值的比值≤1，所以基本上对居民无影响。如果评价典型辐射体，则测量结果应和辐射体工作频率对应的安全限值进行比较。

$$\frac{E_{\mathrm{G}}}{L} \leqslant 1 \tag{5.16}$$

式中:E_G——某测量位置总场强值,V/m;

　　L——典型辐射体工作频率对应的安全限值或超短波频段安全限值,V/m。

用选频式场强仪时:

$$\sum \frac{R_{Gi}}{L_i} \leqslant 1 \tag{5.17}$$

式中:R_{Gi}——测量位置某频段总的平均综合场强值,V/m;

　　L_i——对应频段的安全限值,V/m。

5.2.5　环境质量预测的场强计算

为了估算辐射体对环境的影响,对于典型的中波、短波、超短波发射台站的发射天线在环境中辐射场强按式(5.18)~式(5.23)计算。对正方形、圆口面微波天线在环境中辐射场功率密度按式(5.24)和式(5.25)计算。

1. 中波(垂直极化波)

中波(垂直极化波)理论公式:

$$E = \frac{245}{d}\sqrt{P \cdot \eta \cdot G} \cdot F(h) \cdot F(\Delta \cdot \varphi) \cdot A \tag{5.18}$$

近似公式:

$$E = \frac{300}{d}\sqrt{P \cdot G} \cdot A \quad (\text{mV/m}) \tag{5.19}$$

式中:

$$A = 1.41 \cdot \frac{2 + 0.3X}{2 + X + 0.6X^2} \tag{5.20}$$

$$X = \frac{\pi d}{\lambda} \cdot \frac{\sqrt{(\varepsilon - 1)^2 + (60\lambda\sigma)^2}}{\varepsilon^2 + (60\lambda\sigma)^2} \tag{5.21}$$

式中:d——被测位置与发射天线的水平距离,km;

　　P——发射机标称功率,kW;

　　η——天线效率,%;

　　G——相对于接地基本振子(点源天线 $G=1$)的天线增益,倍数;

　　$F(h)$——发射天线高度因子,$F(h) = 1 \sim 1.43$;

　　$F(\Delta \cdot \varphi)$——发射天线垂直面(Δ 仰角)、水平面(方位角 φ)方向性函数,$\Delta_{\max}=0$;

　　A——地面衰减因子;

　　X——数量距离;

　　λ——波长,m;

　　ε——大地的介电常数,无量纲;

　　σ——大地的导电系数,1/($\Omega \cdot$m)。

式(5.19)的近似公式是由 $\eta \approx 1$、$F(h) \approx 1.2$、$F(\Delta \cdot \varphi)=1$ 得出的,即舒来依金-范德波尔公式。

2. 短波(水平极化波)

短波(水平极化波)场强计算公式同式(5.19)、式(5.20),但水平极化波的 X 按下式计算

（各量纲同前）：

$$X = \frac{\pi d}{\lambda} \cdot \frac{1}{\sqrt{(\varepsilon - 1)^2 + (60\lambda\sigma)^2}} \tag{5.22}$$

3. 超短波（电视、调频）

$$E = \frac{444\sqrt{P \cdot G}}{r} \cdot F(\theta) \quad (\text{V/m}) \tag{5.23}$$

式中：P——发射机标称功率，kW；

$\quad\ G$——相对于半波偶极子（$G_{0.5\lambda} = 1.64$）天线增益（倍数）；

$\quad\ r$——测量位置与天线的水平距离，km；

$\quad\ F(\theta)$——天线垂直面方向性函数（视天线形式和层数而异）。

4. 微　波

近场最大功率密度 P_{dmax} 和远场轴向功率密度 P_{d} 分别按下式计算：

$$P_{\text{dmax}} = \frac{4P_{\text{T}}}{S} \quad (\text{mW/cm}^2) \tag{5.24}$$

$$P_{\text{d}} = \frac{P \cdot G}{4\pi \cdot r^2} \quad (\text{mW/cm}^2) \tag{5.25}$$

式中：P_{T}——送入天线的净功率，mW；

$\quad\ S$——天线实际几何面积，cm^2；

$\quad\ P$——雷达发射机平均功率，mW；

$\quad\ G$——天线增益（倍数）；

$\quad\ r$——测量位置与天线的轴向距离，cm。

其中，式（5.24）给出的预测值，是对于具有正方形口面和圆锥形口面天线的情况（其精度＜±3 dB）下天线近场区内的最大功率密度值。

5.2.6　公众暴露控制限值与评价方法

1. 公众暴露控制限值

为控制电场、磁场、电磁场所致公众暴露，环境中电场、磁场、电磁场场量参数的均方根值应满足表 5.6 的要求。

表 5.6　公众暴露控制限值

频率范围	电场强度 $E/(\text{V} \cdot \text{m}^{-1})$	磁场强度 $H/(\text{A} \cdot \text{m}^{-1})$	磁感应强度 $B/\mu\text{T}$	等效平面波功率密度 $S_{\text{eq}}/(\text{W} \cdot \text{m}^{-2})$
1～8 Hz	8 000	$32\,000f^2$	$40\,000f^2$	—
8～25 Hz	8 000	$4\,000f$	$5\,000f$	—
0.025～1.2 kHz	$200f$	$4f$	$5f$	—
1.2～2.9 kHz	$200f$	3.3	4.1	—
2.9～57 kHz	70	$10f$	$12f$	—
57～100 kHz	$4\,000f$	$10f$	$12f$	—
0.1～3 MHz	40	0.1	0.12	4
3～30 MHz	$67f^{1/2}$	$0.17f^{1/2}$	$0.21f^{1/2}$	$12f$

续表 5.6

频率范围	电场强度 $E/(\text{V}\cdot\text{m}^{-1})$	磁场强度 $H/(\text{A}\cdot\text{m}^{-1})$	磁感应强度 $B/\mu\text{T}$	等效平面波功率密度 $S_{eq}/(\text{W}\cdot\text{m}^{-2})$
30～3 000 MHz	12	0.032	0.04	0.4
3 000～15 000 MHz	$0.22f^{1/2}$	$0.000\,59f^{1/2}$	$0.000\,74f^{1/2}$	$f/7\,500$
15～300 GHz	27	0.073	0.092	2

注：1. 频率 f 的单位为所在行中第一栏的单位。电场强度限值与频率变化的关系见图 5.3,磁感应强度限值与频率变化的关系见图 5.4。

2. 0.1 MHz～300 GHz 频率,场量参数是任意连续 6 min 内的均方根值。

3. 100 kHz 以下频率,需同时限制电场强度和磁感应强度;100 kHz 以上频率,在远场区,可以只限制电场强度或磁场强度,或等效平面波功率密度;在近场区,需同时限制电场强度和磁场强度。

4. 架空输电线路下的耕地、园地、牧草地、畜禽饲养地、养殖水面、道路等场所,其频率 50 Hz 的电场强度控制限值为 10 kV/m,且应给出警示和防护指示标志。

对于脉冲电磁波,除满足上述要求外,其功率密度的瞬时峰值不得超过表 5.6 中所列限值的 1 000 倍,或场强的瞬时峰值也不得超过表 5.6 中所列限值的 32 倍。

2. 公众电磁辐射暴露评价方法

当公众暴露在多个频率的电场、磁场、电磁场中时,应综合考虑多个频率的电场、磁场、电磁场所致暴露,以满足以下要求。

在 1 Hz～100 kHz 之间,电场强度和磁感应强度应满足以下关系式：

$$\sum_{i=1\,\text{Hz}}^{100\,\text{kHz}} \frac{E_i}{E_{\text{L},i}} \leqslant 1 \tag{5.26}$$

和

$$\sum_{i=1\,\text{Hz}}^{100\,\text{kHz}} \frac{B_i}{B_{\text{L},i}} \leqslant 1 \tag{5.27}$$

式中：E_i——频率点 i 的电场强度;

$E_{\text{L},i}$——表 5.6 中频率点 i 的电场强度限值;

B_i——频率点 i 的磁感应强度;

$B_{\text{L},i}$——表 5.6 中频率点 i 的磁感应强度限值。

在 0.1 MHz～300 GHz 之间,电场强度和磁感应强度应分别满足以下关系式：

$$\sum_{j=0.1\,\text{MHz}}^{300\,\text{GHz}} \frac{E_j^2}{E_{\text{L},j}^2} \leqslant 1 \tag{5.28}$$

和

$$\sum_{j=0.1\,\text{MHz}}^{300\,\text{GHz}} \frac{B_j^2}{B_{\text{L},j}^2} \leqslant 1 \tag{5.29}$$

式中：E_j——频率点 j 的电场强度;

$E_{\text{L},j}$——表 5.6 中频率点 j 的电场强度限值;

B_j——频率点 j 的磁感应强度;

$B_{\text{L},j}$——表 5.6 中频率点 j 的磁感应强度限值。

3. 电磁辐射监测与豁免范围

电磁环境监测工作应按照《环境监测管理办法》和 HJ/T 10.2、HJ 681 等国务院环境保护

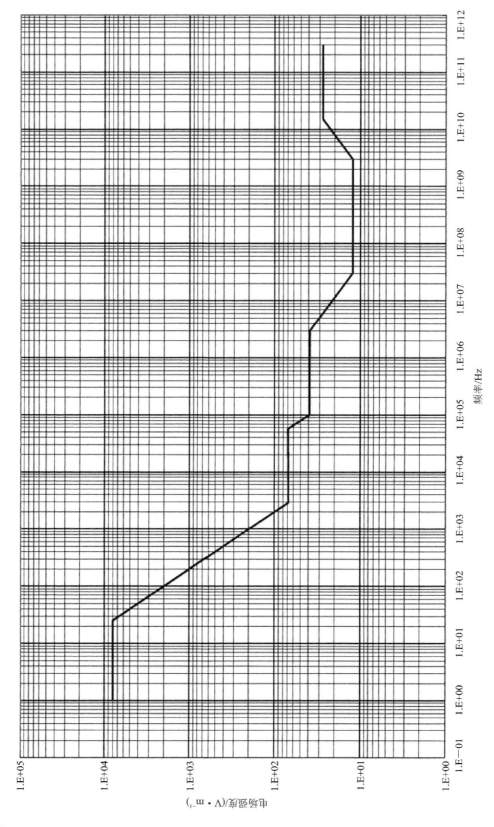

图5.3　公众暴露电场强度控制限值与频率的关系

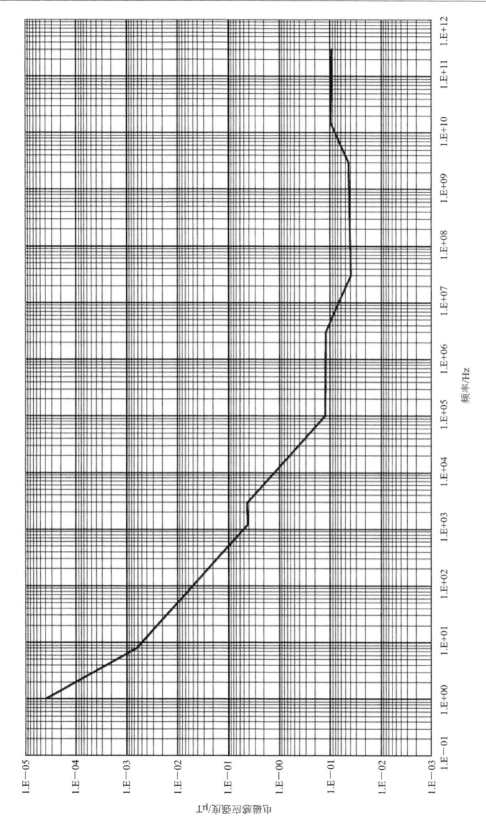

图5.4　公众暴露磁感应强度控制限值与频率的关系

主管部门制定的国家环境监测规范进行。

从电磁环境保护管理角度，下列产生电场、磁场、电磁场的设施(设备)可免于管理：

① 100 kV 以下电压等级的交流输变电设施；

② 向没有屏蔽空间发射 0.1 MHz～300 GHz 电磁场的，其等效辐射功率小于表 5.7 所列数值的设施(设备)。

表 5.7 可豁免设施(设备)的等效辐射功率

频率范围/MHz	等效辐射功率/W
0.1～3	300
>3～300 000	100

5.3 交流输变电工程电磁环境监测方法

根据法拉第电磁感应定律，高压交流输变电工程由于高压电流的输送会在周围环境中产生一定的电磁场，因而形成强度较高的电磁场。

交流输变电工程(AC electric power transmission and distribution project)指由交流电压供电的，将电能的特性(主要指电压)进行变换并从电能供应地输送至电能需求地的工程，包括输电线路和变电站(或开关站、串补站)。

工频电场(power frequency electric field)是随时间作 50 Hz 周期变化的电荷产生的电场。度量工频电场强度的物理量为电场强度，其单位为伏特每米(V/m)，工程上常用单位为千伏每米(kV/m)。

工频磁场(power frequency magnetic field)是随时间作 50 Hz 周期变化的电流产生的磁场。度量工频磁场强度的物理量为磁感应强度或磁场强度，其单位分别为特斯拉(T)和安培每米(A/m)，工程上磁感应强度常用单位为微特斯拉(μT)。

交流输变电工程电磁环境的监测因子为工频电场和工频磁场，监测指标分别为工频电场强度和工频磁感应强度(或磁场强度)。

5.3.1 高压设施周围的电磁环境

"十三五"时期是全面建成小康社会最后冲刺的五年与决胜时期，江苏作为东部率先发展的省份，城市规模不断扩大，同时电力需求也在不断飞涨。虽然国家已在大力发展特高压建设，但 110 kV 和 220 kV 高压输电设施作为直接面向用户的输变电工程，在电网建设中仍然担当着"新建、改建、扩建"主力军的角色，由于"城镇化"的建设进程加快，使得居民的生活区域出现越来越多的高压输电线路，电磁环境因此变得复杂起来。另一方面，公众环保维权的意识在逐步增强，对生活环境质量要求越来越高，使得输变电电磁问题引发的纠纷也慢慢增多。通常，由电厂产生的交流电距离用户较远，交流电需要通过高压输电线传送给用户，高压输电线路电压高，日常所见的高压架空输电线路，占地面积广且给人以时时刻刻向周边发射不可见的电磁波的想象。民众所产生的这种直观感受同凭借网络在社会上广为流传的例如"电磁辐射 N 大危害""高压输电线路有电磁辐射""环境电磁污染的害处"等似是而非的论点共同造成公众的误解和担忧。

自然界中由宇宙源和大气所产生的工频电场的本底值,大约维持在 0.000 1 V/m 的水平。日常生活环境中的工频电场值通常低于 1 V/m;而用电民众可抵达的公共地区,工频电场的变化区间为 1 V/m~12 kV/m,高压输电线路周围的工频电场较高。此外,变电站、房屋的室内外布线以及家用电器设备都有人工电场的存在。

交流输变电工程的电磁环境包含工频电场、工频磁场、可听噪声,输变电设施周围产生的电磁场则是一种极低频的场。因此,在电磁环境与公众健康领域,并不使用"电磁辐射"的概念,而是选用"磁场""电场"等专业用语。对于电磁辐射有两种定义,可在《电工术语　电磁兼容》(GB/T 4365—2003)中找到:

① 通过电磁波的形式由源发射到空间的能量的现象;

② 通过电磁波形式在空间传播的能量。

1. 工频电场

工频电场是频率为 50 Hz 的一种交变的准静态场,可以按照静电场的概念来分析电场效应。工频电场的方向在做周期性变化,正、负电荷在导体内部往复运动,而这种运动的本质是导体内部流动的交变电流。因为场是由电荷产生的,导线带电后,电荷分布于架空输电导线表面,从而在其周围空间产生电场。高压输电线路在其附近产生的工频电场强度主要由线路电压等级的高低决定,除此之外线路设计参数也会对其造成影响,主要包含:三相导线的离地高度;三相导线的布置方式;三相导线间的距离;分裂导线的分裂间距等。

高压输电线路周围工频电场有如下几个特点:

① 在距大地 0~2 m 的高度范围之内,工频电场的分布是近似均匀的;

② 三相导线共同决定线路周围某一点的工频电场的大小,随着时间的变化,空间中任何一点的场强大小和方向也都做周期性的变化;

③ 在距离边相导线不远处的地面附近,达到工频电场场强最大值,且场强随着距离的增加以近似指数函数的形式进行衰减;

④ 高压输变电线路周围附近存在建筑物时,电场会因建筑物的存在而发生畸变,导致房屋楼顶、阳台等地方的电场强度较其他地方偏高,而房屋附近地面及房内的电场强度较其他地方偏低。

2. 工频磁场

工频磁场是由以 50 Hz 为周期变化的电流所产生的磁场,这就导致其特点有:随着用电负荷的变化,磁感应强度也在不断变化;当监测点与输电线路的距离不断变大时,工频磁场快速下降,且随着距离的增加,磁感应强度比工频电场下降得更加迅速。工频磁场与工频电场的区别在于,只要是非磁性物质,工频磁场较少发生畸变,故这里不开展工频磁场畸变的研究。

3. 高压设施周围工频电磁场

高压架空线电磁环境的重点主要是研究工频电场,国内外学者为此做了很多的研究工作,这些研究大多是建立在对一些运行中的高压输电线路的工频电磁场强度模拟的基础上。此外,为了解工频电磁场具体的空间分布,有必要通过大量的实测数据来进行对比。

以麦克斯韦方程为理论基础计算工频电场的数值方法,通常有模拟电荷法、边界法、有限元法等。2007 年林秀丽等人所采用的计算方法是镜像法,对比理论计算与现场实际测得工频电场空间分布,验证了工频电场被建筑物屏蔽的效应;俞集辉等人在 2010 年创新地提出利用有限元模拟电荷混合法,来模拟计算超高压输电线周围的电场空间分布状况;汪泉弟等人在

2013年,选用模拟电荷的方法,建立以线电荷单元模型为基础的三维计算模型,从而证明了建筑物上方电场的确存在明显畸变,并且如果增大建筑物棱边曲率半径,建筑物附近电磁环境将会得到较好的改善。

上述学者们的研究表明,如果高压输电线路周围存在建筑物,该建筑物势必会发生静电感应现象,由此而生成的新电场叠加在原有电场上,使得原有电场的空间分布发生改变,相较于空旷地区,在建筑物群的界面处工频电场会发生较为明显的畸变,具体变化情况又与其同建筑物相对位置的差异而显现出不一样的规律。

目前国内大部分研究所对于高压线路工频电磁场的研究,运用理论分析和计算机模拟较多,仍有一定的局限性。针对湿度对于高压输电线路工频电场测量的影响,大量实测数据显示,所测量的工频电场值会随着环境相对湿度的增大而增大。孙涛等人验证了工频电场测量数据失真的重要原因是湿度对于仪器性能的影响,同时证明了湿度对于悬浮体场强仪的影响是导致数据失真的另一个因素。张广州等人讨论了湿度与工频电场分布的无关性,同时验证了同一电场下,电场测量值会受到不同潮湿程度的支架较大的影响。彭继文等人在现场测量的过程中发现,若空间相对湿度较高,则工频电场计算值与实测值相差甚远。

5.3.2　交流输变电工程电磁环境监测方法

在高压输电线路同大地之间,空间电场并非均匀分布,这是由于靠近输电线路的电场较为集中,如果单是以单相带电高压输电导线为例,在没有任何障碍物的空旷地区,导线同地面的空间范围之内,电位分布是按照近似指数的变化规律逐渐减弱的,且表现为随着与地面竖直距离的减小,电场强度也逐渐变小。而对于在人们日常活动所处的距地面 1.0～1.5 m 的平面高度的电场强度而言,沿着垂直于线路的方向,以中相导线正下方的地面投影点为起点向两侧延伸,地面电场强度同样分别以近似指数的衰减规律进行衰减。

而所谓的"静电感应",即无论何种导体,当它处于任意一电场之内时,该电场都会使其表面的电荷发生移动;当导体聚集电荷处产生一个新的电场时,新的电场同原来电场叠加后,使得导体周围的整个原有电场分布发生变化,此时该导体附近的电场即为"畸变场"。由于建筑物之内含有大量钢筋、铝合金落地窗体、门及一些暴露于建筑物之外的金属建筑材料等导电效果良好的导体,建筑物、树木等物体通常被认为是良导体,因此,工频电场在这些物体周围会发生一定程度的畸变。

1. 评价标准及监测仪器

国家环境保护部(原"环境保护总局")第一次颁布《500 kV 超高压送变电工程电磁辐射环境影响评价技术规范》是在 1998 年,即使这样仍未对高压输变电中产生电磁辐射制定系统化的限制标准。2014 年国家环境保护部为指导送变电工程电磁辐射环境影响的评价颁布了 HJ/T 24—2014《500 kV 超高压送变电工程技术规范》的第一次修订案,其中提到:该标准适用于 110 kV 及以上电压等级的交流输变电工程。对于高压输变电线路周围的电磁场强度已在 GB 8702—2014《电磁环境控制限值》内明确限制:在公众日常活动的区域,通常居民区工频电场限制标准为 4 kV/m,以 100 μT 作为居民区工频磁场的限制标准,见表5.5。

工频电场和磁场的监测应使用专用的探头或工频电场、磁场监测仪器。工频电场监测仪器和工频磁场监测仪器可以是单独的探头,也可以是将两者合成的仪器。

工频电场和磁场监测仪器的探头可为一维或三维。一维探头一次只能监测空间某一个方向的电场或磁场强度,三维探头可以同时测出空间某一点三个相互垂直方向(X、Y、Z)的电场、磁场强度分量。探头通过光纤与主机(手持机)连接时,光纤长度不应小于 2.5 m,监测仪器应用电池供电。

工频电场监测仪器探头支架应采用不易受潮的非导电材质。监测仪器的监测结果应选用仪器的均方根值读数,均方根值参见 GB/T 2900.1—2008《电工术语　基本术语》。

2. 监测点的选择与布设

环境条件应符合仪器的使用要求。监测工作应在无雨、无雾、无雪的天气下进行。监测时环境湿度应在 80% 以下,避免监测仪器支架泄漏电流等影响。监测点应选择在地势平坦、远离树木且没有其他电力线路、通信线路及广播线路的空地上。

监测仪器的探头应架设在地面(或立足平面)上方 1.5 m 高度处,也可根据需要在其他高度监测,并在监测报告中注明。监测工频电场时,监测人员与监测仪器探头的距离应不小于 2.5 m,监测仪器探头与固定物体的距离应不小于 1 m。监测工频磁场时,监测探头可以用一个小的电介质手柄支撑,并可由监测人员手持。采用一维探头监测工频磁场时,应调整探头位置,使其在监测最大值的方向。

(1)架空输电线路

断面监测路径应选择在以导线档距中央弧垂最低位置的横截面方向上,如图 5.5 所示。单回输电线路应以弧垂最低位置处中相导线对地投影点为起点,同塔多回输电线路应以弧垂段低位置处档距对应两杆塔中央连线对地投影为起点,监测点应均匀分布在边相导线两侧的横断面方向上。

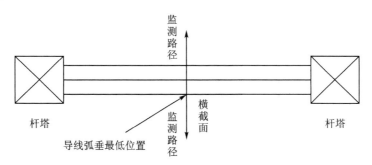

图 5.5　架空输电线路下方工频电场和工频磁场监测布点图

对于挂线方式以杆塔对称排列的输电线路,只需在杆塔侧的横断面方向上布置监测点。监测点间距一般为 5 m,顺序测至距离边导线对地投影 50 m 处为止。在测量最大值时,两相邻监测点的距离应不大于 1 m。

除在线路横断面监测外,也可在线路其他位置监测,应记录监测点与线路的相对位置关系以及周围的环境情况。

(2)地下输电电缆

断面监测路径是以地下输电电缆线路中心正上方的地面为起点,沿垂直于线路方向进行,监测点间距为 1 m,顺序测至电缆管廊两侧边缘各外延 5 m 处为止。对于以电缆管廊中心对称排列的地下输电电缆,只需在管廊一侧的横断面方向上布置监测点。

除在电缆横断面监测外,也可在线路其他位置监测,应记录监测点与电缆管廊的相对位置关系以及周围的环境情况。

（3）变电站（开关站、串补站）

监测点应选择在无进出线或远离进出线（距离边导线地面投影不少于 20 m）的田地外及距离围墙 5 m 处布置。如在其他位置监测，应记录监测点与围墙的相对位置关系以及周围的环境情况。

断面监测路径应以变电站围墙周围的工频电场和工频磁场监测最大值处为起点，在垂直于围墙的方向上布置，监测点间距为 5 m，顺序测至距离围墙 50 m 处为止。

（4）建（构）筑物

在建（构）筑物外监测，应选择在建筑物靠近输变电工程的一侧，且在距离建筑物不小于 1.0 m 处布点。在建（构）筑物内监测，应在距墙壁或其他固定物体 1.5 m 外的区域处布点。如不能满足上述距离要求，则取房屋立足平面中心位置作为监测点，但监测点与周围固定物体（如墙壁）间的距离不小于 1.0 m。

在建（构）筑物的阳台或平台监测，应在距离墙壁或其他固定物体（如护栏）1.5 m 外的区域布点。如不能满足上述距离要求，则取阳台或平台立足平面中心位置作为监测点。

3. 数据记录与质量保证

（1）数据记录

在输变电工程正常运行时间内进行监测，每个监测点连续测 5 次，每次监测时间不小于 15 s，并读取稳定状态的最大值。若仪器读数起伏较大，则应适当延长监测时间。求出每个监测位置的 5 次读数的算术平均值作为监测结果。

除监测数据外，应记录监测时的温度、相对湿度等环境条件以及监测仪器、监测时间等；对于输电线路，应记录导线排情况、导线高度、相间距离、导线型号，以及导线分裂数、线路电压、电流等。对于变电站，应记录监测位置处的设备布置、设备名称以及母线电压和电流等。

（2）质量保证

监测点位置的选取应具有代表性。监测所用仪器应与所测对象在频率、量程、响应时间等方面相符合。监测仪器应定期校准，并在其证书有效期内使用。每次监测前后均应检查仪器，确保仪器在正常工作状态。

监测人员应经业务培训，考核合格并取得岗位合格证书。现场监测工作须不少于两名监测人员才能进行。

监测中异常数据的取舍以及监测结果的数据处理应按统计学原则处理。监测时尽可能排除干扰因素，包括人为的干扰因素和环境干扰因素。应建立完整的监测文件档案。

5.3.3　工频电场计算模型

1. 工频电场数值计算方法

在高压输电线路的电磁环境问题日益凸显的背景之下，为了解工频电场分布，建立合适的预测模型是很有必要的。对于工频电场场强值通常有以下三种求解方法。

（1）模拟电荷法（Charge Simulation Method）

模拟电荷法的基本思想是电场的唯一性定理，将空间中连续分布的自由电荷进行切分，用有限的一组离散化的模拟电荷来等值代替，然后应用叠加原理来计算离散电荷求解电场场域内的电位分布和电场强度。从数学的角度出发，模拟电荷法属于等效源的方法，在静态场与准静态中均应用较为广泛。

（2）有限元法（Finite Element Method）

有限元法的基本思想是变分原理和剖分插值，将待求微分方程的数学模型的边值问题转化为泛函数，再求极值的问题；然后通过剖分差值，把变分问题离散成简单的多元函数求极值问题；最后，组成一个代数方程组（多元），求解代数方程组便得出待求边值问题的数值解。此方法的根本思想在于剖分插值，把连续场离散成有限个单元，然后每个单元的解通过简单的插值函数来表示，将所有单元总体整合后，再将确定的边界条件引入，这样无需要求边界条件被每个试探解满足。

（3）边界元法（Boundary Element Method）

边界元法的基本思想是将边界问题等价地转化成边界积分方程问题，通过采用有限元离散形式所构造的一种方法。主要特点有：计算精度高，适合应用在开域的问题上；降低计算问题的空间维数。

上述三种电场数值的计算方法，模拟电荷法比较适合用来计算开域的静态场问题，而有限元法则是以划分网格的形式处理封闭的场域，然后再进行计算的，并不适合用来处理开域问题。而边界元法虽能够求解开域问题，但是该方法要求的系数矩阵阶数会较高，而且是非对称的满阵，这会对最终求解线性方程组带来困难。因此，下面重点介绍模拟电荷法。

2. 模拟电荷法

用模拟电荷法处理静电场问题，就是用有限的一组离散化的模拟电荷来等效替代空间中连续分布的自由电荷，再对这些模拟电荷运用叠加原理来计算场域内的电位分布与电场分布。具体应用如下：

① 对所研究场进行定性分析，假设有 n 条平行架设的输电线，与大地共同构成一个系统。假设每一条输电线 l 的线电荷密度 q_i 与对地电位 U_i 的关系如下式：

$$
\begin{bmatrix} u_1 \\ \vdots \\ u_i \\ \vdots \\ u_n \end{bmatrix} =
\begin{bmatrix} a_{11} & \cdots & a_{1i} & \cdots & a_{1j} \\ \vdots & & \vdots & & \vdots \\ a_{i1} & \cdots & a_{ii} & \cdots & a_{ij} \\ \vdots & & \vdots & & \vdots \\ a_{j1} & \cdots & a_{ji} & \cdots & a_{jj} \end{bmatrix}
\begin{bmatrix} q_1 \\ \vdots \\ q_i \\ \vdots \\ q_j \end{bmatrix}
\tag{5.30}
$$

$$
\left.
\begin{aligned}
a_{ii} &= \frac{1}{2\pi\varepsilon_0}\ln\frac{2h_i}{r_i} = 18\times 10^6 \ln\frac{2h_i}{r_i} \\
a_{in} &= \frac{1}{2\pi\varepsilon_0}\ln\frac{2D_i}{d_i} = 18\times 10^6 \ln\frac{2D_i}{d_i}
\end{aligned}
\right\}
\tag{5.31}
$$

式中，u_i 表示单位为 V 的输电线 l 的对地电位；a_{ii} 表示单位为 F/km 的输电线 l 的自电位系数；q_i 表示单位为 C/km 的输电线 l 的线密度；h_i 表示单位为 m 的输电线 l 距地面的平均高度；r_i 表示单位为 m 的输电线的半径；D_i 表示单位为 m 的输电线 l 与 j 的镜像间的距离；d_i 表示单位为 m 的输电线 l 与 j 之间的距离；ε_0 表示空气的介电常数，$\varepsilon_0 = \dfrac{1}{36\pi\times 10^6}$ F/km。

② 在已给边界条件的电极上，设立与模拟电荷相同数量的匹配点。将式（5.30）和式（5.31）矩阵方程进行变换可得到以下等式：

$$
\boldsymbol{Q} = \boldsymbol{P}^{-1}\boldsymbol{U}
\tag{5.32}
$$

$$
\boldsymbol{B} = \boldsymbol{P}^{-1}
\tag{5.33}
$$

且有

$$\boldsymbol{B} = \begin{bmatrix} B_{11} & L & B_{1i} & L & B_{1j} \\ \vdots & \vdots & \vdots & \vdots & \vdots \\ B_{i1} & \cdots & B_{ii} & \cdots & B_{ij} \\ \vdots & \vdots & & \vdots & \vdots \\ B_{j1} & \cdots & B_{ji} & \cdots & B_{jj} \end{bmatrix}$$

式中,$\boldsymbol{B}$ 为电容系数矩阵。

输电线路的相位及电压决定矩阵中的 $\boldsymbol{U}$,从环保的角度出发,计算电压是额定电压的 1.05 倍,由此可知各输电线的对地电压为

$$U_A = U_B = U_C = \frac{1.05 U_0}{\sqrt{3}}$$

各条线路对地电压的分量为

$$U_A = \left(\frac{1.05 U_0}{\sqrt{3}} + j_0 \right)$$

$$U_B = \left(\frac{1.05 U_0}{\sqrt{3}} \cos 30° - j \frac{1.05 U_0}{\sqrt{3}} \sin 30° \right)$$

$$U_C = \left(-\frac{1.05 U_0}{\sqrt{3}} \cos 30° - j \frac{1.05 U_0}{\sqrt{3}} \sin 30° \right)$$

③ 应用叠加原理计算已求得的输电线等效电荷,即可得到空间中任意一点的电场强度,设点 $P(x_0, y_0)$ 的电场强度分量为 E_{x_0} 和 E_{y_0},则

$$E_{x_0} = \frac{1}{2\pi\varepsilon_0} \sum_1^n Q_i \left(\frac{x - x_i}{L_i^2} - \frac{x - x_i}{L_i'^2} \right) \tag{5.34}$$

$$E_{y_0} = \frac{1}{2\pi\varepsilon_0} \sum_1^n Q_i \left(\frac{y - y_i}{L_i^2} - \frac{y - y_i}{L_i'^2} \right) \tag{5.35}$$

式中,x_i、y_i 表示输电线 l 的坐标,$i = 1, 2, \cdots, n$;n 为输电线数目;L_i 表示计算点到输电线 l 的距离,L_i' 表示计算点到输电线 l 镜像的距离。

5.3.4 高压输电线路下的电场畸变

一般情况下,输电线路投入运行后,较强的电场与磁场便从线路自身周围的高电压与大电流中产生,但在邻近居民生活区域时,又会由于建筑物、树木等物体的出现,原有的电场分布发生了变化,此现象被称为"畸变"。为了深入研究高压输电线路周围工频电场的畸变,根据畸变规律给出屏蔽意见,这对分析及处理因高压变电设施跨越邻近住宅区时电场畸变而造成的纠纷将具有一定的指导价值。

众多国内外研究显示,线路周围工频电场的分布,在无障碍物的空旷地区,是按照指数衰减规律而变化的,但是当周边出现建筑物、树木等障碍物时,又会有"畸变场"的出现。当湿度明显变化时,测量电场值较原来的电场分布又会出现较大的差别。因此,有必要研究在南方湿润气候条件下,不同电压等级线周围的工频电场在障碍物周围的分布,了解输电线路对周边电磁环境的影响。

1. 监测目的

实验 1:扬州市(2015 年 12 月 10 日,晴,9 ℃),主要研究 110 kV 等级高压输电线下建筑物周围电场的分布规律。

实验 2:南通市(2015 年 12 月 31 日,多云,14 ℃),主要研究 220 kV 等级高压输电线下建筑物周围电场的分布规律。

实验 3:盐城市(2016 年 04 月 05 日,晴,18 ℃),主要研究高压输电线下树木周围电场的分布规律。

以上实验现场监测路段地势平坦,线路周围 200 m 范围内无其他输电线路干扰,监测环境较为理想。

采用德国 Narda 公司生产的 NBM-550 型电磁探测仪对工频电磁场进行现场监测,电场探头 EHP-50(三维探头/电场、磁场探头合成)为边长 10 cm 的正方体,通过光缆将监测信号传输到主机频率响应:5 Hz～100 kHz,工频电场的测量范围为 0.01 V/m～100 kV/m,工频磁场的测量范围为 1 nT～10 mT。仪器使用条件:温度为 0～50 ℃,相对湿度小于 95%。

2. 监测过程

考虑到实际工作中的常见电压等级及我国对电磁环境保护相关的国家标准,选择电压等级为 110 kV 和 220 kV 的输电线路开展研究。本工频电场的实地监测范围为输电线路路径两侧 50 m 带状范围。

实验 1、2 在连续三天的晴好天气对两条线路进行了监测。监测断面如图 5.6(a)所示,以线路中相导线对地投影点为起点,垂直于输电线路中心线分别按路径图延伸直至距导线 50 m 处,在靠近线路中心 0～30 m 范围内每隔 1 m 设置一个监测点;在 30～50 m 范围内,每隔 5 m 设置一个监测点(输电线路周围的工频电场随着距离的增加以指数形式递减,在 30 m 范围以外衰减较为平缓)。路径 2 穿过某二层平顶楼房,路径 3 穿过房檐下方;同时,在可到达的二楼阳台与路径 3 平行的位置处设置监测点。

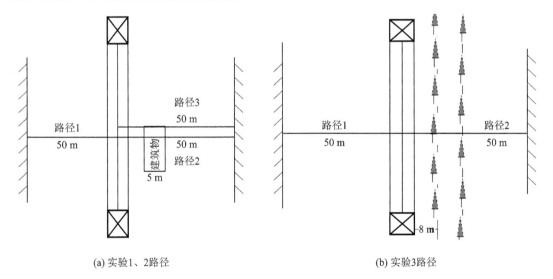

(a) 实验1、2路径　　　　　　　　　(b) 实验3路径

图 5.6　实验监测路径图

实验 3:监测断面如图 5.6(b)所示,水平距离高压架空线路 8 m 与线路平行处,有一条两

侧种植着树木的宽 5 m 的水泥路,树高 5 m。以线路中相导线对地投影点为起点,垂直于输电线路中心线分别沿图示路径延伸直至 50 m 处,在靠近线路的 0～30 m 范围内每隔 1 m 设置一个监测点;在 30～50 m 范围内,每隔 5 m 设置一个监测点。

在输电线路正常运行时间内进行监测,每个监测点连续 5 次测量,测量所得数据直接按下式求取算术平均值作为监测结果:

$$\overline{P} = \frac{1}{n} \sum_{j=1}^{1} P_{ij} \tag{5.36}$$

式中,P_{ij} 为第 i 个点测量的第 j 个数据;n 为第 i 个点的测量次数。

通过上式求出每个测量点的电场平均值,利用电场强度的平均值作图并进行比较,然后分析。

3. 监测结果分析

(1) 实验 1(障碍物为建筑物):在空旷地区及有障碍物的单回架设输电线路周围的电场分布

监测线路 1 为 110 kV 扬州线,该线单回架设。试验所选取的输电线路弧垂最低为 15 m,输电导线相间距为 8 m,距边相导线 5 m 处有一座二层平顶房屋(混凝土结构),长 8 m、宽 5 m、高 6.2 m。输电线路两侧距离地面 1.5 m 处电场强度曲线分布如图 5.7 所示。

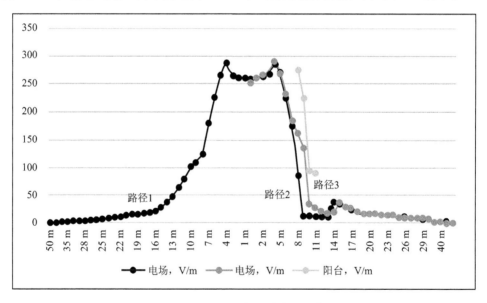

图 5.7 110 kV 扬州线电场分布

从图 5.7 可以看出,高压输电线路周围工频电场的空间分布,是以中相导线对地投影点处的监测点为中心的,垂直于线路方向的变化规律为先增大后减小,路径 1 所得数据验证了高压输电线路周围的工频电场强度随着距离的增加,以近似指数形式递减。

从图 5.7 对比路径 1、2、3 的工频电场变化规律可知,3 条路径上第一次出现工频电场差值最大处在距离测试原点 8 m 处,分别为 124.0 V/m(路径 1)、85.40 V/m(路径 2)、196.5 V/m(路径 3),其中在空旷地区的路径 1 上的监测点做对照点,路径 2 上位于建筑物内部的监测点电场值偏低,而在路径 3 上邻近阳台支柱的监测点电场值偏高。对比输电线路两侧工频电场值,邻近建筑物一侧的值较另一侧空旷地带的值低,在空旷地区与建筑物内部相对称的距离中相导线 13 m 的地方,工频电场值为 107.5 V/m,建筑物内部电场为 11.56 V/m,衰减率高达

829%。这说明建筑物对于高压输电线路在邻近地面的工频电场具有一定的屏蔽效果；而路径 3 上的测点位于房屋棱边（棱边为钢管支架），尖端放电效应导致该测点的电场畸变严重，且棱边影响电场分布范围约为 2 m；阳台棱边畸变效应同路径 3 相似。

（2）实验 2（障碍物为建筑物）：不同电压等级高压输电线下建筑物周围电场的空间分布

监测路径 2 为 220 kV 南通线，该线单回架设。试验所选取的输电线路弧垂最低 15 m，输电导线相间距为 8 m，距离边相导线 5 m 处有一座二层平顶房屋（混凝土结构），长 9 m、宽 5 m、高 6.7 m。同上述 110 kV 扬州线对比，在路径 2 和路径 3 距离地面 1.5 m 处电场强度空间分布对比如图 5.8 和图 5.9 所示。

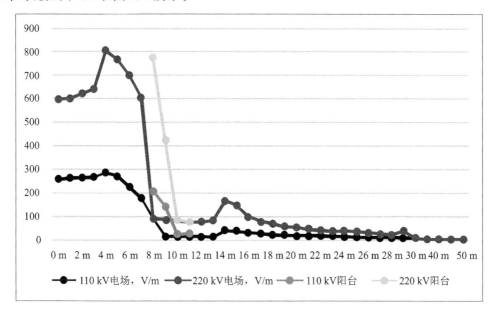

图 5.8　110 kV 与 220 kV 输电线路在路径 2 上的电场分布

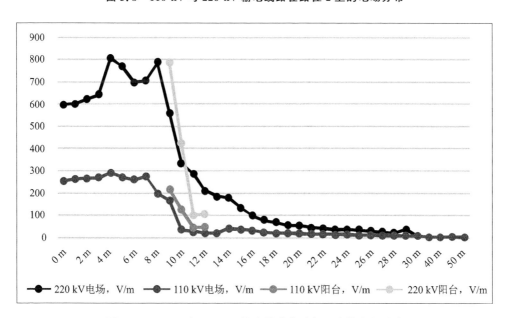

图 5.9　110 kV 与 220 kV 输电线路在路径 3 上的电场分布

对比图 5.8、图 5.9 结果可以看到,220 kV 输电线路周围的工频电场明显高于 110 kV 输电线路周围的工频电场,但不同电压等级输电线路的电场强度均低于国家所制定的相关标准限制 4 kV/m。分析结果表明:

① 110 kV 和 220 kV 两个不同电压等级的高压输电线路的工频电场有着基本一致的衰减规律,都是当监测点同中心导线对地投影的水平距离渐远时,电场强度先增加后减小,当水平距离增加到大约 18 m 之后,工频电场值已经衰减至很低的水平且趋于稳定。

② 220 kV 输电线路周围的工频电场显著高于 110 kV 输电线路周围的工频电场,说明影响工频电场大小的一个重要因素是输电线路电压等级的大小,因此在不同电压等级线路下所采取的屏蔽措施应该有所区别。

③ 当输电线路靠近建筑物时,由于建筑物上靠近输电线路的一侧有感应电荷出现,由此而激发的新的电场同原有电场叠加,使得工频电场的空间分布发生畸变。以 110 kV 线路为例,在靠近线路一侧的建筑物棱边,电场强度最大为 274.5 V/m;在建筑物下方,电场强度最大为 88.56 V/m,变大了 2.1 倍。而在阳台处,最大畸变电场强度值为 215.4 V/m,较建筑物下方电场强度增加了 1.4 倍。

(3) 实验 3(障碍物为树木):监测线路 3 为 220 kV 盐城线,该线单回架设

试验所选取的输电线路弧垂最低 15 m,导线相间距为 10 m,距边相导线 8 m 处有一条两侧种植着树木的宽 6 m 的水泥路,最高树木为 5 m。在邻近地面约 1.5 m 处,电场强度曲线分布如图 5.10 所示。

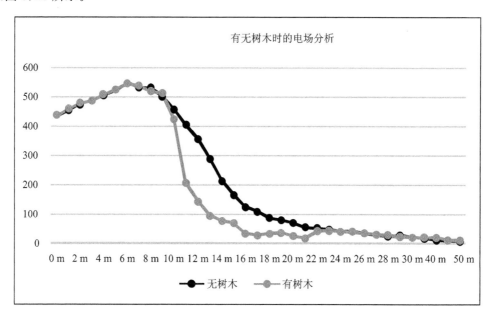

图 5.10 输电线路下方有无树木时的电场分析

从图 5.10 可以看出,当高压输电线路邻近树木时,距离边导线 6 m 的树下的电场强度相较于同一线路空旷地区一侧的电场强度迅速降低,而且在远离树木之后的每个监测点(大约水平距离高压输电线路 21 m 以后),电场强度值较小且变化逐渐平稳。通过分析发现,电场强度衰减是由于树的叶子及树干对电场能量吸收了一部分,从而导致地面电场强度迅速衰减。因此,当无法通过距离防护来降低电场强度时,可以采取加大树木种植范围的措施来有效地降

低电场强度。

4. 障碍物对输电线路电场影响分析

当建筑物在高压架空输电线路下方时,因为输电线会在建筑物上感应出电荷,当电荷大量聚集在建筑物靠近输电线路的一侧时,造成棱边的电场强度值较其周围环境的电场强度值更高。

110 kV 与 220 kV 两个不同电压等级的线路,当障碍物为建筑物时,对于周围环境工频电场的监测研究发现:

① 不同电压等级输电线路周围的工频电场分布变化规律趋势大致相同,但 220 kV 输电线路周围的工频电场明显高于 110 kV 输电线路周围的工频电场;线路下方的电场空间分布以中相导线为对称轴,先增加后减小,最大值出现在边导线弧垂对地投影点附近。

② 对于高压输电线路周围的工频电场的空间分布,当线路附近存在房屋时,就会改变原有的电场空间分布,房屋内部的电场强度值会相对于在空旷地区有一定程度的降低,表明建筑物对于高压输电线路周围工频电场具有一定的屏蔽效果。

③ 当建筑物的棱边为导电效果良好的导体时,其周围工频电场会发生明显增大,即出现畸变,靠近输电线路的建筑物棱边上出现电场强度最大值,并且其最大畸变影响范围约为 2 m;同时,随着高度的增加,棱边电场强度最大值同样会相应增加。

当在民房前有暴露于建筑物墙体外的良导体时,会因静电感应效应,导体附近电场较高,因此,尽量不要在线下的导体附近区域活动,如不可避免,可加装非导体防护层对电场进行屏蔽;另外,由于在不同电压等级线路下的电场强度差异较大,所做的防护措施应有所区别,越高的电压等级线路下应该采取更优的屏蔽措施,如在合理预算之内抬高架空高度,尽量选取距离民房较远的地区等。

当 220 kV 线路的障碍物为道路两侧行道树时,分析此类情况的输电线路的工频电场空间分布可知树木对于工频电场的削弱情况较为明显,因此,可通过在居民生活区域扩大树木种植范围,来设置自然保护屏障,进而有效防止居民区电磁环境的污染。

以扬州 110 kV 的输电线路为例,可以发现,高压架空输电线路附近的工频电场基本上是以中相导线对地投影为中点呈对称分布的,一般在边相导线正下方达到工频电场最大值,然后随着距离的增加而减小。水平距离高压输电线路大约在 18 m 之后的工频电场值均较低,且变化趋于稳定,因此,高压输电线路周围电场强度的防护,应优先考虑最有效、成本最低的距离防护。为了避免环保纠纷,降低输电线路对周围环境敏感点的影响,建议高压架空输电线路尽量远离居民住宅区域,结合输电线下树木周围的电场分布规律可知,当不可避免跨越邻近民房的时候,可以加种树木来进行改善。

5.3.5　湿度对高压输电线路工频电场的影响

1. 输电线路周围工频电场分布理论

将架空的高压输电线路与大地视作一个大的电容器,则该电容器的电容只与导线和大地的距离、导线与大地间的介质有关。根据静电场理论,在真空条件下,电容器的电容 C 可由下式表示:

$$C = \frac{Q}{U} \tag{5.37}$$

式中,Q 表示输电线表面的电荷量,U 表示输电线的施加电压。

当从真空条件变为空间均匀分布介电常数为 ε 的介质时,其电容变为

$$C = \varepsilon_r C_0 \tag{5.38}$$

式中,ε_r 表示空间介质的相对介电常数,介电常数 $\varepsilon = \varepsilon_0 \varepsilon_r$,$\varepsilon_0$ 表示真空的介电常数;C_0 表示真空的绝对电容。

根据电场强度的定义,输电线带电电荷在某点 $P(x,y,z)$ 所产生的电场强度 $E(x,y,z)$ 可由下式表示:

$$E(x,y,z) = \frac{Q}{2\pi\varepsilon} g(x,y,z) \tag{5.39}$$

式中,Q 表示输电线表面的电荷量,g 表示带电电荷到 P 点的位置函数。

联立上述 3 个公式,得到下式:

$$E(x,y,z) = \frac{CU}{2\pi\varepsilon} g(x,y,z) = \frac{\varepsilon_r C_0 U}{2\pi\varepsilon_0 \varepsilon_r} g(x,y,z) = \frac{C_0 U}{2\pi\varepsilon_0} g(x,y,z) \tag{5.40}$$

由式(5.40)可以看出,线路带电电荷在某点 $P(x,y,z)$ 所产生的电场强度 $E(x,y,z)$ 只与线路的施加电压及该点的空间位置有关,而与空间介质无关。

通过以上分析可知,高压输电线路下方的工频电场分布是由运行电压、导线布置和导线垂直高度等因素决定的,与空间湿度的大小并没有直接的联系。但是,在日常实际的监测过程中,当湿度增加的时候,监测点的工频电场测量值确实是跟着变大的,并且有研究显示,相对湿度处在一个较低水平时,湿度的变化对工频电场的测量值影响较小;相对湿度处在一个较高水平时,湿度的变化对工频电场的测量值影响较大。

应用于监测电场强度的仪器通常是由探头、显示器和导线(或光纤)这三部分组成的。这些仪器通常分为三种类型,即悬浮体型、光电型和地参考型。目前国内外应用于工频电磁场测量的仪器,多数为悬浮体场强仪。试验中运用悬浮体场强仪 NBM - 550 的工作原理是将一个孤立的导体即 EHP - 50 探头置于电场中,测量这个探头内部的两平行金属板间的感应电流与感应电荷。这种测量电场强度的悬浮体场强仪的信号处理回路一部分安置在探头(EHP - 50)内,通过光纤将探头和具有信息处理系统的显示器(NBM - 550)连在一起,此仪器在使用的过程中,采用绝缘支架做固定支撑。正是由于采用此种结构,如果在湿度较大的环境,它的支架绝缘性会下降,使得探头所处电场畸变增加,导致 NBM - 550 所测结果明显增大;而且还会因湿度的增加,导致场强仪内部的两个平行金属电极泄漏电流增大,造成 EHP - 50 内部的电极板间回路短路,所得测量值较大。下面从两个方面设计湿度影响类型的试验,进行验证。

2. 不同时段输电线路工频电场的测量

对南京市某 220 kV 线路进行为期一周的连续监测,监测点位置布置如图 5.11 所示。每日分 5 个时段进行监测,分别是早上 6 点至 8 点,上午 10 点至 12 点,下午 14 点至 16 点,下午 18 点至 20 点,晚 22 点至 24 点。春季某日中每个时段湿度差异均很大,各监测时段的平均空气环境相对湿度分别为 90%、45%、20%、35% 和 65%。

采用 NBM - 550 型电磁探测仪对工频电场值进行现场监测,每个监测点进行连续 5 次测量,测量时间每次均大于 1 s,获取稳定态的最大值,记录测量数据结果,并且直接按下式求取算术平均值作为监测结果(见表 5.8):

$$\overline{P} = \frac{1}{n} \sum_{j=1}^{1} P_{ij}$$

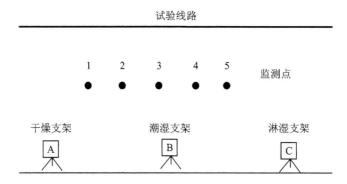

图 5.11　湿度对工频电场影响监测点布置图

式中，P_{ij} 为第 i 个点测量的第 j 个数据；n 为第 i 个点的测量次数。

表 5.8　不同湿度的电场强度

相对湿度/%	时　段	1 号监测点/ $(V \cdot m^{-1})$	2 号监测点/ $(V \cdot m^{-1})$	3 号监测点/ $(V \cdot m^{-1})$	4 号监测点/ $(V \cdot m^{-1})$	5 号监测点/ $(V \cdot m^{-1})$
20	14:00—16:00	105.1	105.9	105.2	106.4	107.4
35	18:00—20:00	116.5	117.5	116.2	118.2	116.2
45	10:00—12:00	132.5	131.5	135.2	129.6	128.6
65	22:00—24:00	152.6	153.2	152.5	156.2	154.1
90	06:00—08:00	232.6	223.5	219.5	215.8	223.5

如表 5.8 所列，随着空气相对湿度的增加，环境电场强度也逐渐增大。同时，在环境空气的相对湿度逐渐增大的过程中，工频电场的测量值增长率跨度增大。当空气环境相对湿度低于 65% 时，随着环境中相对湿度的增加，工频电场测量值增加较为缓慢；当空气环境湿度高于 65% 时，工频电场测量值急剧增加。当相对湿度从 20% 增加到 65% 时，工频电场的测量值增长率最大为 17.15%；当环境湿度大于 65% 时，工频电场的测量值增长率最大达到 43.9%。

3. 不同潮湿程度下电场强度的变化

在同一条输电线路一侧，设置 5 个监测点，具体监测布点情况如图 5.11 所示。首先，使用干燥木支架在 5 个点分别测量工频电场，见表 5.9。其次，对原先干燥的木制支架进行自下而上淋湿处理，逐渐改变木支架含水率以改变其绝缘电阻值；改变含水率的同时继续进行工频电场的测量。

表 5.9　不同潮湿程度支架电场测量值

V/m

支架编号	含水程度	1 号监测点	2 号监测点	3 号监测点	4 号监测点	5 号监测点
A	干燥	105.1	106.8	104.6	107.6	102.6
B	半潮湿	126.5	123.5	124.5	125.9	122.7
C	潮湿	195.4	197.4	201.3	194.2	193.5

测量结果为：当木支架完全干燥时（支架 A），所测工频电场为 105.3 V/m；当木支架为半潮湿状态时（支架 B），所测工频电场为 124.6 V/m；当木支架完全淋湿后（支架 C），电场强度

为 196.4 V/m。当木支架完全被淋湿之后,相较于其干燥的情况下,畸变率为 86.5%。研究结果表明:在潮湿或雨等气象条件下,工频电场的仪器支架的绝缘情况会发生改变,且工频电场的畸变数值取决于不同的绝缘情况,这使得同一仪器在不同位置的工频电场测量值差别较大。同环境湿度变化引起的电场畸变相比较,支架绝缘状况的变化对测试结果影响更大。

综上所述,对湿度对于工频电场的影响进行理论分析,输电线路附近的空间电场分布,由线路导线参数和运行电压等因素决定,改变其环境因素,对其实际的结果影响不大。选取湿度变化较大的一天,分时段对同一稳定输电线路进行工频电场监测,结果表明,当相对湿度增加时,工频电场测量结果值也显著增加,且当环境相对湿度大于 65% 以后,测量值的变化较快,但工频电场本身并不会因湿度的增加而发生改变。设置影响工频电场测量结果的变量模型,实验结果表明,湿度较大的情况之下,测量仪器的性能受到了影响,同时改变了测量仪器与支架的绝缘情况,因此,在雨、雪、雾天等高湿度情况之下测得的数值并不能真实反映电场的实际情况。日常监测工作,应尽量在低湿度的天气下进行,监测环境应选择在相对湿度低于 80% 的地方,以防监测仪器支架发生泄漏电流等的影响。

5.4 移动通信基站电磁辐射环境监测方法

我国移动通信业务的迅猛增长,使移动通信基站的建设越来越多,对基站周围的电磁辐射环境进行监测和了解十分必要。

本节重点介绍移动通信基站电磁辐射环境的监测方法,并主要针对超过 GB 8702 规定的豁免水平,且工作频率范围在 110 MHz～40 GHz 内的移动通信基站的电磁辐射环境监测进行介绍。

基站(base station),又称移动通信基站,是用于移动通信系统的射频发射基站、直放站和固定终端站。射频发射基站(radio base station)通常跟网络相关,包含了必要的发射和接收射频信号的硬件(包括发射机)。使用内置天线的射频发射基站、使用带有转接头的外置天线的射频发射基站和设计时使用其他制造商提供的外置天线的射频发射基站均包含在内。直放站(repeater)是指在无线通信信号覆盖中起到信号增强作用的一种无线电发射中继设备。固定终端站(fixed terminal station)通常跟使用者相关,包含了必要的发射和接收射频信号的硬件(包括发射机)。此外,使用内置天线的固定终端站、使用带有转接头的外置天线的固定终端站和设计时使用其他制造商提供的外置天线的固定终端站均包含在内。

线性度(linearity)是指在测量范围内测量与在给定的区域内定义的最近参考线之间的最大偏差。各向同性(isotropy)是指在被测信号的不同入射角度下测量值的偏差。

5.4.1 监测条件与监测仪器

监测时的环境条件应符合行业标准和仪器的使用环境条件,建议在无雨、无雪的天气条件下监测。现场监测工作须有两名以上监测人员才能进行。应在移动通信基站正常工作时间内进行监测,建议在 8:00—20:00 时段进行。

测量仪器根据监测目的分为非选频式宽带辐射测量仪和选频式辐射测量仪。进行移动通信基站电磁辐射环境监测时,采用非选频式宽带辐射测量仪;若需要了解多个电磁波发射源中各个发射源的电磁辐射贡献量,则采用选频式辐射测量仪。

测量仪器工作性能应满足待测场要求,仪器应定期检定或校准。监测应尽量选用具有全向性探头(天线)的测量仪器。使用非全向性探头(天线)时,监测期间必须调节探测方向,直至测到最大场强值。

1. 非选频式宽带辐射测量仪

非选频式宽带辐射测量仪是指具有各向同性响应或有方向性探头(天线)的宽带辐射测量仪。仪器监测值为仪器频率范围内所有频率点上场强的综合值,应用于宽频段电磁辐射的监测。测量设备的频率范围和量程应满足监测需要,使用非选频式宽带辐射测量仪实施环境监测时,为了确保环境监测的质量,这类仪器的电性能应满足以下基本要求:

- 频率响应:① 在 800 MHz~3 GHz 之间,探头的线性度应优于 ± 1.5 dB;② 在探头覆盖的其他频率上,探头的线性度应优于 ± 3 dB。
- 动态范围:探头的下检出限应优于 0.7×10^{-2} W/m²(0.5 V/m),上检出限应优于 25 W/m²(100 V/m)。
- 各向同性:必须对整套测量系统评估其各向同性,各向同性偏差必须小于 2 dB。

2. 选频式辐射测量仪

选频式辐射测量仪主要是指能够对带宽内某一特定发射的部分频谱分量进行接收和处理的场强测量设备。

根据具体监测需要,可选择不同量程、不同频率范围的选频式辐射测量仪,仪器选择的基本要求是能够覆盖所监测的频率,量程、分辨率能够满足监测要求。电性能基本要求包括:

- 测量误差:小于 ± 3 dB。
- 频率误差:小于被测频率的 10^{-2} 数量级。
- 动态范围:最小电平应优于 0.7×10^{-2} W/m²(0.5 V/m),最大电平应优于 25 W/m²(100 V/m)。
- 各向同性:在其测量范围内,探头的各向同性应优于 ± 2.5 dB。

5.4.2　监测要求与方法

1. 监测的基本要求

监测前收集被测移动通信基站的基本信息,包括:

① 移动通信基站名称、编号、建设地点、建设单位、基站类型(如 GSM900/ GSM1800/ CDMA 等);

② 发射机型号、发射频率范围、标称功率、实际发射功率;

③ 天线数目、型号、载频数、增益、极化方式、架设方式,钢塔椸类型(钢塔架、拉线塔、单管塔等),天线离地高度、方向角、俯仰角、水平半功率角、垂直半功率角等参数。

移动通信基站的基本信息由其运营商提供。

测量仪器应与所测基站在频率、量程、响应时间等方面相符合,以保证监测的准确。使用非选频式宽带辐射测量仪器监测时,若监测结果超出管理限值,还应使用选频式辐射测量仪对该点位进行选频测试,测定该点位在移动通信基站发射频段范围内的电磁辐射功率密度(电场强度)值,判断主要辐射源的贡献量。选用具有全向性探头(天线)测量仪器的测量结果作为与标准对比的依据。

2. 监测点选择与探头架设

根据移动通信基站的发射频率,对所有场所监测其功率密度(或电场强度)。

监测点位一般布设在以发射天线为中心、半径 50 m 的范围内,根据现场环境情况可对点位进行适当调整。具体点位优先布设在公众可以到达的距离天线最近处,也可根据不同目的选择监测点位。若移动通信基站发射天线为定向天线,则监测点位的布设原则上设在天线主瓣方向内。探头(天线)尖端与操作人员之间的距离不少于 0.5 m。

在室内监测,一般选取房间中央位置,点位与家用电器等设备之间距离不少于 1.0 m。在窗口(阳台)位置监测,探头(天线)尖端应在窗框(阳台)界面以内。对于发射天线架设在楼顶的基站,在楼顶公众可活动范围内布设监测点位。进行监测时,应设法避免或尽量减少周边偶发的其他辐射源的干扰。

测量仪器探头(天线)尖端距地面(或立足点)1.7 m。根据不同监测目的,可调整测量高度。

3. 监测时间和读数

在移动通信基站正常工作时间内进行监测。每个测点连续测 5 次,每次监测时间不小于 15 s,并读取稳定状态下的最大值。若监测读数起伏较大,则应适当延长监测时间。当测量仪器为自动测试系统时,可设置于平均方式,每次测试时间不小于 6 min,连续取样数据采集取样率为 2 次/s。

4. 信息与数据记录

移动通信基站信息的记录。记录移动通信基站名称、编号、建设单位、地理位置(详细地址或经纬度)、类型、发射频率范围、天线离地高度、钢塔桅类型(钢塔架、拉线塔、单管塔等)等参数。

监测条件的记录。记录环境温度、相对湿度、天气状况;记录监测开始和结束时间、监测人员、测量仪器。

监测结果的记录。记录以移动通信基站发射天线为中心、半径 50 m 范围内的监测点位示意图,标注移动通信基站和其他电磁发射源的位置。记录监测点位具体名称和监测数据。记录监测点位与移动通信基站发射天线的距离。选频监测时,建议保存频谱分布图。

5.4.3 数据处理和监测报告

1. 数据处理与计算

如果测量仪器读出的场强测量值的单位为 dBμV/m,则先按下列公式换算成以 V/m 为单位的场强测量值:

$$E = 10^{\left(\frac{X}{20} - 6\right)} \tag{5.41}$$

式中:X——测量仪器的读数,dBμV/m;

E——场强测量值,V/m。

测量数据参照下列公式处理:

$$\overline{E}_i = \frac{1}{n} \sum_{j=1}^{n} E_{ij} \tag{5.42}$$

$$E_s = \sqrt{\sum_{i=1}^{m} \overline{E}_i^2} \tag{5.43}$$

$$E_G = \frac{1}{k}\sum_{s=1}^{k} E_s \qquad (5.44)$$

式中：E_{ij}——测量点位某频段中频率 i 点的第 j 次场强测量值；

$\quad E_i$——测量点位某频段中频率 i 点的场强测量值的平均值；

$\quad n$——测量点位某频段中频率 i 点的场强测量次数；

$\quad E_s$——测量点位某频段中的综合场强值；

$\quad m$——测量点位某频段中被测频率点的个数；

$\quad E_G$——测量点位 24 h 内（或一定时间内）的某频段的综合场强的平均值；

$\quad k$——24 h 内（或一定时间内）某频段电磁辐射的测量频次。

如果测量设备是非选频式宽带辐射测量仪，则可由式(5.42)和式(5.43)直接计算，公式中的代入量作相应的变动即可。根据需要可分别统计每次测量中的最大值 $E_{\max}$、最小值 $E_{\min}$、50%、80% 和 95% 时间内不超过的场强值 $E(50\%)$、$E(80\%)$ 和 $E(95\%)$。根据需要可绘制电磁辐射场分布图，如时间-场强、距离-场强、频率-场强等对应曲线。

2. 复合场强的计算

复合场强为两个或两个以上频率的电磁波复合在一起的场强，其值为各单个频率场强的根值，可以用下式表示：

$$E = \sqrt{E_1^2 + E_2^2 + \cdots + E_n^2} \qquad (5.45)$$

式中：E——复合场强；

$\quad E_1$、E_2、$\cdots$、E_n——单个频率的场强值。

3. 计量单位的换算

电场强度与功率密度在远区场中的换算公式为

$$S = \frac{E^2}{377} \qquad (5.46)$$

式中：S——功率密度，W/m^2；

$\quad E$——电场强度，V/m。

磁场强度与功率密度在远区场中的换算公式为

$$S = H^2 \times 377 \qquad (5.47)$$

式中：S——功率密度，W/m^2；

$\quad H$——磁场强度，A/m。

4. 三方向测量取和公式

$$E = \sqrt{E_x^2 + E_y^2 + E_z^2} \qquad (5.48)$$

式中：E——场强值；

$\quad E_x$——X 方向的场强值；

$\quad E_y$——Y 方向的场强值；

$\quad E_z$——Z 方向的场强值。

5. 监测报告

监测报告必须准确、清晰、有针对性地记录每一个与监测结果有关的信息，监测报告应包含以下信息：

① 基本信息。记录移动通信基站名称、编号、建设单位、类型、发射频率范围、功率（W）等

参数。记录环境温度、相对湿度、天气状况。记录监测开始及结束时间、监测人员、测量仪器。绘制监测点位平面示意图。

② 监测结果。监测结果以功率密度（W/m^2 或者 $\mu W/cm^2$）或电场强度（V/m）表示。选频监测时，建议给出频谱分布图。

③ 监测结论。根据不同的监测目的，可按照 GB 8702 对监测结果进行分析并给出监测结论。

监测机构必须通过计量认证或实验室国家认可，监测人员必须持证上岗，并应在监测前制定监测方案或实施计划，监测点位置的选取应具有代表性。

监测所用仪器必须与所测对象在频率、量程、响应时间等方面相符合，以便保证获得真实的监测结果。测量仪器和装置（包括天线或探头）经计量部门检定（校准）后方可使用，必须进行定期校准，每次监测前后均要检查仪器的工作状态是否正常。

监测时必须获得足够多的数据，以便保证监测结果的统计学精度。监测中异常数据的取舍以及监测结果的数据处理应按统计学原则进行。任何存档或上报的监测结果必须经过复审，复审者应是不直接参与此项工作但又熟悉本内容的专业人员。

监测应建立完整的文件资料。监测方案、监测布点图、监测原始数据、统计处理程序等必须全部保存，以备复查。

5.4.4　移动通信基站及其电磁辐射环境容量

电磁辐射来源于具有发射和接收电磁波的设备，比如电信号发射塔和接收塔、广播电视塔、天线等，它是以一种看不见、摸不着的特殊形态存在，无法用肉眼识别，而且在环境中不存在残余物质，往往给普通民众带来神秘感，甚至让民众产生畏惧情绪。有专家提出，"电磁污染"是继大气污染、水污染、固体废物污染和噪声污染之后的第五大污染。有资料显示，江苏省电磁辐射纠纷投诉量逐年递增，移动通信基站电磁辐射投诉成为当前的热点、难点问题。

1. 移动通信基站

随着信息技术的高速发展，众多的电子、电气产品以及无线电设备得到广泛应用，比如移动、联通、电信等移动通信基站不仅给人们的生活带来了极大的便利，也成为人类步入现代文明的重要标志之一。然而移动通信基站运行过程中会产生电磁辐射，移动通信基站电磁辐射的来源主要来自三个方面：一是发射机的电磁泄漏，二是发射天线的信号发射，三是高频电缆及其接头处的电磁辐射。发射机一般放置在机房内，其辐射到机房外的电磁辐射极小。而基站的发射天线一般架设在 20～70 m 高的塔顶或大楼上，这些天线的发射能量有限，其电磁波束类似于聚光灯，大体上平行于地面；高频电缆及其接头处一般屏蔽得较好，其对环境电磁辐射的影响主要是由发射天线发射的电磁波造成的。然而这些设备造成环境中电磁能量密度增大、频谱增宽、无线电噪声水平增高等，会对环境产生电磁干扰和对公众的身体健康产生不利影响，构成环境污染。

移动通信基站设备的构成及其原理：GSM（Global System For Mobile Communication）数字蜂窝通信系统基站一般可分为：① 基站机房内部的机柜及主设备（含 N 个小区及载频板组等）、动力系统（包括市电输入控制系统、变压器、发电机、蓄电池组等）、动环监控系统、防盗系统以及辅助设备（空调等）；② 基站机房外部的天馈系统，主要由基站天线、室外馈跳线、接地装置、馈线卡、走线架、避雷器等组成。移动通信基站设备构成如图 5.12 所示，常见主要设备外观如图 5.13 所示。

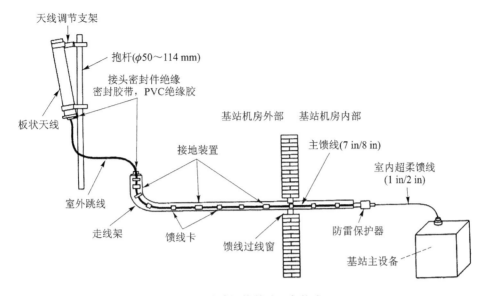

图 5.12　移动通信基站设备构成图

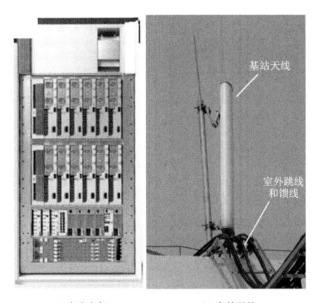

(a) 室内主机　　　　　　　　(b) 室外天线

图 5.13　移动通信基站

2. 电磁辐射环境容量

环境容量是在环境管理中实行污染物浓度控制时提出的概念,是指在一定的自然、经济条件下,结合区域环境质量目标,某一区域范围内允许排入污染物的最大容纳量。电磁污染存在时空差异,不同区域、不同时段电磁辐射的强度不同,分析不同区域、时段的电磁环境容量更具实际意义,而且更容易在环境污染控制中体现现实意义。移动通信基站作为最常见的电磁污染源,具有分布范围广、数量众多且与居民住宅、学校等环境敏感目标距离较近等特点,对其电磁辐射环境现状进行监测与评价,并进一步分析区域电磁环境容量,是掌握区域电磁辐射现状水平,推动电信、广电通信等行业规划环境影响评价的重要前提。

由于电磁污染往往来源于不同频率的发射设备,污染累积效应不明显,因此采用环境绝对容量来控制电磁辐射污染更具有实际意义。电磁辐射环境的绝对容量(WQ)是指在某一指定区域,某一时段内所能容纳电磁污染的最大负荷量,由区域环境质量目标值(WS)和环境现状值(B)来决定,即

$$WQ = WS - B \tag{5.49}$$

根据频率范围不同,一般用电场强度(V/m)、磁场强度(A/m)和功率密度(W/m^2)来分别表征电磁辐射的水平。我国已发布的《电磁辐射防护规定》(GB 8702—88)和《辐射环境保护管理导则——电磁辐射环境影响评价方法与标准》(HJ/T 10.3—1996)中针对电磁波不同频率范围给出对应的职业照射导出限值和公众照射导出限值,为电磁辐射环境容量规定了环境质量目标值。

电磁辐射具有显著的生物学效应。磁场的生物学效应机理:一是定量研究具体在多大的作用剂量下才会发生生物学效应,这和生物感官敏感度有关,即生物电磁剂量学;二是研究生物效应在医学方面的具体应用,如电磁设备医疗设施,即电磁相关医学的应用;三是研究生物组织各项电参数及其特性,即生物组织电磁特性;四是电磁场的生物学效应,主要研究生物体吸收了电磁辐射所产生的与生命现象有关的各种效应。

根据生物电磁学和生物剂量学的相关理论知识,电磁辐射对生物体的机体会产生影响,这种影响即为电磁辐射效应。电磁辐射频率对生物体本身影响的程度是不同的,高频场会对生物体的神经系统、心血管系统和免疫系统等产生效应,根据性质,电磁辐射的生物学效应可以分为热效应、非热效应和累积效应三种。

5.4.5 典型区域电磁辐射环境容量分析评价

1. 基站概况与监测布点

通过对典型区域南京市鼓楼区鼓楼、地质学校、虹飞电信城、莲花桥工行、信德大厦、相府营6个基站进行电磁辐射的监测,从而评价该典型区域的电磁辐射环境容量,并利用环境容量的理论指导分析评价该典型区域的电磁辐射强度,结合该典型区域基站建设分布,分析天线架设方式对环境容量的影响,为基站的天线架设方式、位置以及整体规划提出建议,进而对该典型区域进行有效的监测与正当的防护。选择该处典型区域具有代表性,鼓楼区有人流量大、交通密集、话务量大等特点,预期结论是该区域存在电磁辐射环境容量,而且不会对人类造成威胁性的影响,因此足以消除人类畏惧情绪,处理环境问题的纠纷,保证三大移动运营商的健康有序的发展。本研究将环境容量概念引入电磁辐射环境管理领域,并给出典型区域的评价实例,为后续移动通信基站建设提出具有建设性的建议。

中国移动通信集团江苏有限公司某工程在南京市共建设1 250个基站,其中54个站为新建物理站,其余1 196个与该公司已建基站共址建设,在10个区中鼓楼区基站数量为198个,占总数的17.5%,是10个区中占的最大比例。该区域人口密集,辐射源比较集中,是电磁辐射环境丰度最大的区域,因此可利用鼓楼区整个空间的电磁辐射密集性,研究该区域电磁辐射环境容量随空间、时间的变化情况,提出具有建设性的建议。

南京鼓楼区移动通信基站天线架设方式见图5.14。天线架设方式分别有楼顶集束天线

4 个和楼顶抱杆 2 个。各个基站天线技术参数列于表 5.10。其中,最大实际发射功率除信德大厦基站为 2.5 W/通道外,其余均为 5 W/通道;所有基站的通道数均为 8 个/扇区,天线增益均为 16.5 dB,垂直/水平半功率角均为 7°/65°。

(a) 楼顶美化(伪装)天线

(b) 楼顶抱杆天线

图 5.14　移动通信基站楼顶常见天线架设类型

表 5.10　各个基站监测参数与天线技术参数表

基站名称	天线高度/m	相对高度/m	天线俯角/(°)	天线方位角/(°)
鼓楼基站	60	2	3/3/3	0/130/220
虹飞电信城基站	24	1	3/3	40/330
莲花桥工行基站	27	1	5/5/5	30/90/150
相府营基站	24	1	3/3/3	120/230/320
信德大厦基站	23/23/26	1/1/1	4/4/4	40/120/190
地质学校基站	27	1	4/4	190/270

本研究的监测时间从 2015 年 11 月至 2016 年 1 月。在基站正常工作情况下,现场监测时间分别选择 3 个时段:时段 1(上午 9:00—11:00 或下午 14:00—16:00);时段 2(中午 12:00—14:00);时段 3(晚上 21:00—23:00)。在时段 1,基站的工作负荷相对较大;时段 2,由于是休息时间,工作负荷相对稳定,属于稳定时段;时段 3,夜间监测,这个时段基站的工作负荷将达到最低值。

监测当天温湿度见表 5.11,可见在监测的整个过程中,温湿度均在一个较稳定范围,不影响监测效果。因此,可排除监测可能出现误差的天气客观原因。

研究对象:研究对象为南京市鼓楼区鼓楼、地质学校、虹飞电信城、莲花桥工行、信德大厦、相府营等六个基站,该区域有着人口密集、人流量大、交通线路密集、楼房紧凑等特点。

本研究遵循以下典型基站选取原则:

① 由于研究对象在鼓楼区,该区域楼层高,而且密集,因此优先选取楼顶基站。本研究选取了楼顶抱杆、集束天线等 6 个基站进行监测。

表 5.11　南京地区监测时段温湿度情况统计表

日　期	温度/℃	湿度/%	日　期	温度/℃	湿度/%
2015/11/03	13～20	46～55	2015/12/10	8～11	46～53
2015/11/04	14～20	51～60	2015/12/15	0～11	44～61
2015/11/06	16～25	50～61	2015/12/16	−2～4	49～58
2015/11/10	12～15	43～52	2015/12/17	−2～6	44～63
2015/11/11	11～15	42～50	2015/12/20	2～6	41～58
2015/11/17	12～16	45～52	2015/12/22	7～10	43～50
2015/11/19	10～12	48～55	2015/12/25	5～9	40～51
2015/11/20	12～15	44～55	2015/12/29	2～8	42～56
2015/11/25	2～10	41～52	2015/12/30	2～10	40～49
2015/11/26	3～12	51～62	2016/01/06	5～9	45～57
2015/11/27	2～5	53～59	2016/01/07	2～7	49～61
2015/11/30	10～14	42～56	2016/01/08	2～5	44～55
2015/12/01	10～16	45～54	2016/01/09	5～9	49～53
2015/12/02	5～12	39～51	2016/01/11	2～5	49～67

② 优先选取周围环境保护目标较多、环境保护目标距天线较近或与天线相对落差较小的基站;鼓楼区中敏感点如学校、居民区、娱乐城等距天线都比较近,具有代表性。

③ 选取天线架设类型、设备类型、技术参数具有代表性的基站。这里选取的基站是整个鼓楼区乃至现代基站都常用的基站,满足研究要求。

本研究中典型基站主要采用 NBM－550 型综合场强仪和 TruPulse200 型测距仪进行现场监测,连接后的 NBM－550 型综合场强仪如图 5.15 所示。

图 5.15　NBM－550 型综合场强仪

本研究的监测方法和布点均按照国内外目前常用的《电磁辐射环境保护管理导则——电磁辐射监测仪器和方法》(HJ/T 10.2—1996)和《移动通信基站电磁辐射环境监测方法(试行)》执行。

① 监测频率:每个测点连续测 5 次,每次监测时间不小于 15 s,并读取稳定状态下的最大值。若监测读数起伏较大,则适当延长监测时间。

② 气象条件:在无雨、无雪的天气条件下进行监测。

③ 监测布点:在以发射天线为中心、沿主瓣方向距天线水平距离 20～30 m 处垂直布点,按照楼层高度分别依次布设第 1 层楼(1～2 m)、第 2 层楼(3～5 m)、第 3 层楼(6～8 m)、第 4 层楼(9～11 m)、第 5 层楼(12～14 m)、第 6 层楼(15～17 m)、第 7 层楼(>20 m)监测点位,

布设垂直监测断面,并且保证点位周围环境空旷,无高大建筑、树木阻挡。现场监测点位布设见图 5.16。

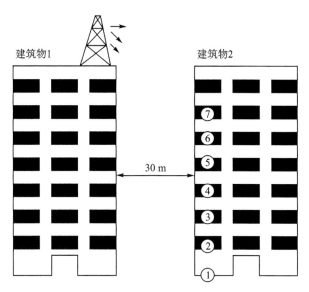

图 5.16　监测点位布设示意图

本研究通过测量综合场强平均电场强度进行分析与评价,综合场强仪读数是单位为 V/m 的电场强度值,计算连续测量值的平均值,就可以计算出该测点的综合场强值。

$$E = \frac{\sum_{i}^{n} E_i}{n} \tag{5.50}$$

式中,E 为综合场强,V/m;E_i 为第 i 次测量的读数,V/m,$i = 1,2,3,4,5$;n 为测量次数。

环境的电磁辐射的功率密度可采用下式进行计算:

$$S = \frac{E^2}{\eta} \tag{5.51}$$

式中,S 为功率密度,W/m²;E 为综合场强,V/m;η 为电磁波在自由空间的波阻抗,$\eta \approx 377 \ \Omega$。

2. 鼓楼基站监测数据与分析

鼓楼基站位于玄武区大钟亭 8 号中国电信大楼楼顶(该楼楼顶公众不可达),基站北侧 18 m 为商业楼(7 层,高 26 m)与大钟亭街,东侧为辅楼(6 层,高 22 m),南侧为绿化带,西侧为中央路。基站所在位置及其监测点示意图见图 5.17,鼓楼基站技术参数见表 5.12,基站天线为楼顶抱杆类型。监测结果见表 5.12。

根据表 5.12 鼓楼基站的监测数据,统计分析不同监测时段以及各监测高度区间电磁环境辐射水平变化的规律,得出鼓楼基站的以下几个结论:

① 电磁辐射平均值在没有电视塔、雷达等大型电磁辐射体干扰的情况下,城市综合场强电磁环境仅考虑通信类的电磁波影响,其垂直方向分布呈现非线性增加的趋势,以高峰期时段监测为例,综合场强平均值由地面监测(测量高度 1~2 m)处的 0.27 V/m 上升至商业楼 7 层楼面(测量高度 >20 m)处的 0.87 V/m。出现该趋势的主要原因是基站建设高度过高,而且

基站天线架设主瓣方向偏下角度过小。

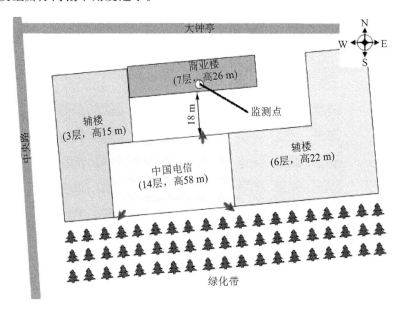

图5.17 鼓楼基站监测位置示意图

表5.12 鼓楼基站平均综合场强

楼层	高度范围/m	夜间场强/(V·m⁻¹)(21:00—23:00)	平稳期场强/(V·m⁻¹)(12:00—14:00)	高峰期场强/(V·m⁻¹)(9:00—11:00)
地面	1～2	<0.20	<0.20	0.27
2层	3～5	<0.20	0.23	0.24
3层	6～8	<0.20	0.28	0.36
4层	9～11	<0.20	0.27	0.41
5层	12～14	0.24	0.37	0.44
6层	15～17	0.35	0.38	0.47
7层	20～24	0.42	0.64	0.87

② 在监测高度不变的情况下,电磁辐射平均值随监测时段的差异呈一定程度的变化趋势,如以第5层楼为例,综合场强平均值由夜间监测(测量时段21:00—23:00)的0.24 V/m上升至高峰期(测量时段9:00—11:00或14:00—16:00)的0.44 V/m,说明了电磁辐射平均值随夜间监测时段、平稳期监测时段、高峰期监测时段呈不断上升的变化趋势,因为在工作时间段,由于话务量较大,基站天线工作负荷较大,导致电磁辐射上升,相应的电磁环境容量下降,说明人类活动时间影响着电磁辐射强度分布,证明了电磁辐射增加符合电磁波在城市不同时段的传播特性。

3. 虹飞电信城基站监测与评价

虹飞电信城基站位于玄武区虹飞大厦楼顶,基站北侧为大石桥街,北侧26 m为大石桥街28号(6层,高18 m)(该楼楼顶公众不可达,监测人员可达7层楼面,测量高度>20 m);东侧46 m为新安里9号(6层,高18 m);南侧48 m为丹凤新寓5号(32层,高97 m),南侧21 m为丹凤新寓 3 号(32 层,高 97 m)(该楼不在天线主瓣方向,满足保护距离要求);西侧为丹凤街。基站的位置示意图如图 5.18 所示。虹飞电信城基站的监测参数可见表 5.13。经过不同时段的监测,虹飞电信城基站平均综合场强数据如表 5.13 所列。

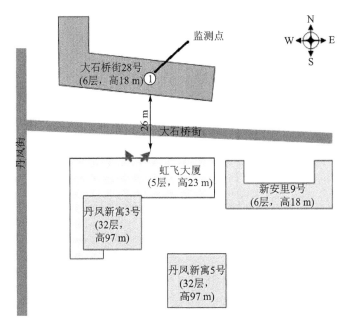

图 5.18　虹飞电信城基站位置示意图

表 5.13　虹飞电信城基站平均综合场强

楼 层	高度范围/ m	夜间场强/(V·m⁻¹) (21:00—23:00)	平稳期场强/(V·m⁻¹) (12:00—14:00)	高峰期场强/(V·m⁻¹) (9:00—11:00)
地面	1～2	<0.20	0.53	0.98
2 层	3～5	0.21	0.58	1.24
3 层	6～8	0.24	0.68	1.88
4 层	9～11	0.51	0.86	2.53
5 层	12～14	0.48	0.88	2.48
6 层	15～17	0.41	0.68	1.93
7 层	20～24	0.39	0.64	1.87

　　根据以上虹飞电信城基站的监测数据(见表 5.13),统计分析不同监测时段以及各监测高度区间电磁环境辐射水平的变化规律,得出以下结论:

　　① 电磁辐射平均值在没有电视塔、雷达等大型电磁辐射体干扰的情况下,城市综合场强电磁环境仅考虑通信类的电磁波影响,其垂直方向分布呈现两端小、中间高的趋势,如在夜间监测(忽略电视塔、雷达辐射干扰),综合场强平均值由地面监测(测量高度 1～2 m)处的 < 0.20 V/m 上升至大石桥街 28 号楼 7 层楼面(测量高度 >20 m)处的 0.39 V/m,其中最高点在第 4 层,电磁辐射的增加符合电磁波在城市空间的传播特性。

② 利用控制变量法,在监测高度不变的情况下,电磁辐射平均值随监测时段的差异呈一定程度的变化趋势,如以第5层楼为例,综合场强平均值由夜间监测(测量时段21:00—23:00)的 0.48 V/m 上升至高峰期(测量时段 9:00—11:00 或 14:00—16:00)的 2.48 V/m,说明了电磁辐射平均值随夜间监测时段、平稳期监测时段、高峰期监测时段呈不断上升的变化趋势,证明了电磁辐射的增加符合电磁波在城市不同时段的传播特性。

③ 电磁辐射平均峰值最大值出现在 4～5 层楼面(测量高度 9～14 m)高峰期时段(测量时段 9:00—11:00 或 14:00—16:00)处,且在 4～5 层楼面上较其他高度区间增幅明显,在这个高度出现峰值是因为其受到周边基站影响最大。

4. 莲花桥基站监测与分析

莲花桥工行基站位于玄武区洪武北路 139 号工商银行楼顶,基站北侧 28 m 为新世纪中心A 座(主楼 50 层高 160 m,裙楼 6 层高 30 m);东侧为洪武北路与鸡鹅巷,东侧 45 m 为洪武北路 188 号(21 层,高 68 m),东侧 36 m 为红庙小区 8 号(7 层,高 21 m);南侧紧连北门桥小区2 号(2～29 层,高 12～88 m);西侧紧连北门桥小区 6 号(29 层,高 88 m)。位置示意图如图 5.19 所示。表 5.14 为不同时段的监测数据。

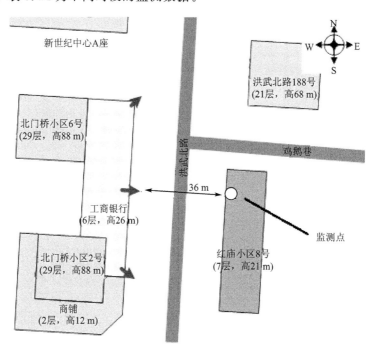

图 5.19　莲花桥工行基站监测点位示意图

根据对莲花桥工行基站监测的数据(见表 5.14),统计分析不同监测时段以及各监测高度区间电磁环境辐射水平的变化规律,得出以下几项结论:

① 电磁辐射平均值在没有电视塔、广播信号塔、雷达等大型电磁辐射体干扰的情况下,城市综合场强电磁环境仅考虑通信类的电磁波影响,其垂直方向分布呈现两端小中间高的趋势,在不同时段,随监测高度上升而呈抛物线趋势变化,如以干扰性小的夜间监测,综合场强平均值由地面监测(测量高度 1～2 m)处的 0.26 V/m 上升至 7 层楼面(测量高度＞20 m)处的 0.39 V/m,其中最高值出现在 4～5 层,电磁辐射环境背景值的增加符合电磁波在城市空间的

传播特性。

表 5.14　莲花桥工行基站平均综合场强

楼　层	高度范围/ m	夜间场强/(V·m⁻¹) (21:00—23:00)	平稳期场强/(V·m⁻¹) (12:00—14:00)	高峰期场强/(V·m⁻¹) (9:00—11:00)
地面	1～2	0.26	0.48	0.98
2 层	3～5	0.28	0.51	1.04
3 层	6～8	0.33	0.68	1.75
4 层	9～11	0.58	1.11	2.75
5 层	12～14	0.54	0.94	2.89
6 层	15～17	0.46	0.88	1.93
7 层	20～24	0.39	0.76	1.75

② 在监测高度不变的情况下,电磁辐射平均值随监测时段的差异呈一定程度的变化趋势,如以第 5 层楼为例,综合场强平均值由夜间监测(测量时段 21:00—23:00)的 0.54 V/m 上升至高峰期(测量时段 9:00—11:00 或 14:00—16:00)的 2.89 V/m,说明了电磁辐射平均值随夜间监测时段、平稳期监测时段、高峰期监测时段呈不断上升的变化趋势,证明了电磁辐射的增加符合电磁波在城市不同时段的传播特性。

③ 电磁辐射平均峰值最大值出现在 4～5 层楼面(测量高度 9～14 m)高峰期时段(测量时段 9:00—11:00 或 14:00—16:00)处,且在 4～5 层楼面上较其他高度区间增幅明显,在这个高度出现峰值是因为其受到周边基站影响最大。

5. 相府营基站监测数据统计

相府营基站位于玄武区杨将军巷 46 号新宁商务中心楼顶,基站东侧为篮球场,篮球场东侧紧邻教学楼(4 层,高 13 m);东南侧 25 m 为商住楼(5 层,高 16 m);南侧为杨将军巷,杨将军巷道路南侧 15 m 为商住楼(7 层,高 21 m);西南侧 25 m 为香铺营小区 16 号楼(7 层,高 21 m),西侧为观音阁(道路),观音阁路西侧 15 m 为香铺营小区 17 号楼(6 层,高 18 m),位置示意图如图 5.20 所示。监测结果见表 5.15。

根据相府营基站的监测数据表(见表 5.15),统计分析不同监测时段以及各监测高度区间电磁环境辐射水平的变化规律,得出以下结论:

① 电磁辐射平均值在不同时段随监测高度上升而呈抛物线趋势变化,如以夜间监测,综合场强平均值由地面监测(测量高度 1～2 m)处的 0.48 V/m 上升至 7 层楼面(测量高度＞20 m)处的 0.66 V/m,其中 4～5 层电磁辐射环境背景值的增加符合电磁波在城市空间的传播特性。

② 在监测高度不变的情况下,电磁辐射平均值随监测时段的差异呈一定程度的变化趋势,如以第 5 层楼为例,综合场强平均值由夜间监测(测量时段 21:00—23:00)的 0.75 V/m 上升至高峰期(测量时段 9:00—11:00 或 14:00—16:00)的 2.93 V/m,说明了电磁辐射平均值随夜间监测时段、平稳期监测时段、高峰期监测时段呈不断上升的变化趋势,证明了电磁辐射的增加符合电磁波在城市不同时段的传播特性。

③ 电磁辐射平均峰值最大值出现在 5 层楼面(测量高度 9～14 m)高峰期时段(测量时

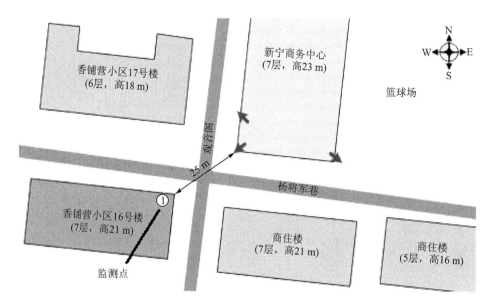

图 5.20　相府营基站监测示意图

9:00—11:00 或 14:00—16:00)处,且在 4～5 层楼面上较其他高度区间增幅明显,在这个高度出现峰值是因为其受到周边基站影响最大。

表 5.15　相府营基站平均综合场强

楼　层	高度范围/ m	夜间场强/(V·m⁻¹) (21:00—23:00)	平稳期场强/(V·m⁻¹) (12:00—14:00)	高峰期场强/(V·m⁻¹) (9:00—11:00)
地面	1～2	0.48	0.51	1.22
2 层	3～5	0.53	0.62	1.43
3 层	6～8	0.56	0.68	1.75
4 层	9～11	0.85	1.28	2.86
5 层	12～14	0.75	1.12	2.93
6 层	15～17	0.64	1.04	1.93
7 层	20～24	0.66	0.97	1.86

6. 信德大厦基站监测数据统计

信德大厦基站位于玄武区韩家巷 10 号如家快捷酒店楼顶(该楼楼顶公众不可达),基站西北侧 43 m 为中山路 151 号 9 幢(10 层,高 31 m);北侧 42 m 为平房(2 层,高 5 m),北侧 40 m 为居民楼(6 层,高 16 m);东侧 15 m 为中国邮政辅楼(2 层,高 7 m);南侧 15 m 为中国邮政(3 层,高 10 m);西侧 18 m 为中山路 151 号 8 幢(10 层,高 31 m)。基站的位置示意图如图 5.21 所示。监测结果见表 5.16。

根据信德大厦基站的监测数据(见表 5.16),统计分析不同监测时段以及各监测高度区间电磁环境辐射水平的变化规律,得出以下结论:

① 电磁辐射平均值在不同时段随监测高度上升而呈抛物线趋势变化,如以夜间监测,综合场强平均值由地面监测(测量高度 1～2 m)处的 0.33 V/m 上升至 7 层楼面(测量高度 >

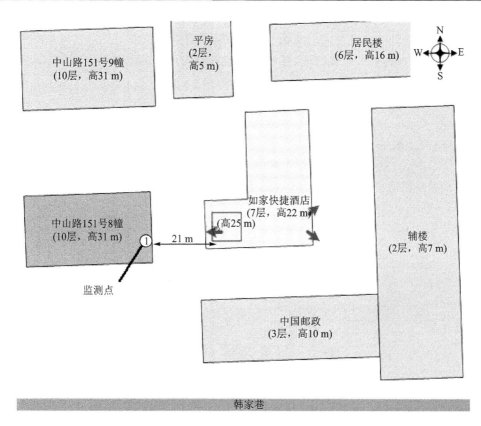

图 5.21　信德大厦基站监测示意图

20 m)处的 0.55 V/m,其中最大值出现在 4～5 层,电磁辐射环境背景值的增加符合电磁波在城市空间的传播特性。

表 5.16　信德大厦基站平均综合场强

楼　层	高度范围/ m	夜间场强/(V·m⁻¹) (21:00—23:00)	平稳期场强/(V·m⁻¹) (12:00—14:00)	高峰期场强/(V·m⁻¹) (9:00—11:00)
地面	1～2	0.33	0.35	1.02
2 层	3～5	0.43	0.43	1.43
3 层	6～8	0.46	0.47	1.56
4 层	9～11	0.74	1.04	2.85
5 层	12～14	0.66	0.97	2.67
6 层	15～17	0.57	0.85	1.94
7 层	20～24	0.55	0.75	1.86

②　在监测高度不变的情况下,电磁辐射平均值随监测时段的差异呈一定程度的变化趋势,如以第 5 层楼为例,综合场强平均值由夜间监测(测量时段 21:00—23:00)的 0.66 V/m 上升至高峰期(测量时段 9:00—11:00 或 14:00—16:00)的 2.67 V/m,说明电磁辐射平均值随夜间监测时段、平稳期监测时段、高峰期监测时段呈不断上升的变化趋势,证明电磁辐射的增

加符合电磁波在城市不同时段的传播特性。

③ 电磁辐射平均峰值最大值出现在 4~5 层楼面(测量高度 9~14 m)高峰期时段(测量时段 9:00—11:00 或 14:00—16:00)处,且在 4~5 层楼面上较其他高度区间增幅明显,在这个高度出现峰值是因为其受到周边基站影响最大。

7. 地质学校基站监测与评价

地质学校基站位于鼓楼区北京西路 77 号江苏第二师范学院女生宿舍楼顶(该楼楼顶公众不可达),基站西北侧 41 m 为百草园(主楼 6 层,高 22 m;附楼 2 层,高 8 m);东南侧 46 m 为宿舍(7 层,高 22 m);西南侧为围墙;西侧 26 m 为石头城新村居民楼(7 层,高 21 m),西侧 43 m 为石头城新村居民楼(6 层,高 18 m)。位置示意图如图 5.22 所示。地质学校基站电磁辐射监测结果数据见表 5.17。

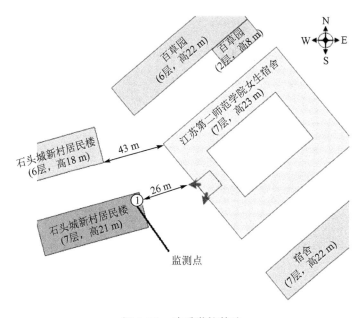

图 5.22 地质学校基站

表 5.17 地址学校基站平均综合场强

楼 层	高度范围/m	夜间场强/(V·m⁻¹)(21:00—23:00)	平稳期场强/(V·m⁻¹)(12:00—14:00)	高峰期场强/(V·m⁻¹)(9:00—11:00)
地面	1~2	0.23	0.36	0.68
2 层	3~5	0.33	0.43	0.75
3 层	6~8	0.25	0.58	0.97
4 层	9~11	0.69	1.04	2.43
5 层	12~14	0.65	0.99	2.53
6 层	15~17	0.53	0.86	2.03
7 层	20~24	0.48	0.78	1.94

根据对地质学校基站不同时段监测的数据(见表 5.17),统计分析不同监测时段以及各监测高度区间电磁环境辐射水平的变化规律,得出以下结论:

① 电磁辐射平均值在不同时段随监测高度上升而呈抛物线趋势变化,如以夜间监测,综合场强平均值由地面监测(测量高度 1~2 m)处的 0.23 V/m 上升至 7 层楼面(测量高度>20 m)处的 0.48 V/m,其中最高值出现在 4~5 层,电磁辐射环境背景值的增加符合电磁波在城市空间的传播特性。

② 在监测高度不变的情况下,电磁辐射平均值随监测时段的差异呈一定程度的变化趋势,如以第 5 层楼为例,综合场强平均值由夜间监测(测量时段 21:00—23:00)的 0.65 V/m 上升至高峰期(测量时段 9:00—11:00 或 14:00—16:00)的 2.53 V/m,说明了电磁辐射平均值随夜间监测时段、平稳期监测时段、高峰期监测时段呈不断上升的变化趋势,证明了电磁辐射的增加符合电磁波在城市不同时段的传播特性。

③ 电磁辐射平均峰值最大值出现在 4~5 层楼面(测量高度 9~14 m)高峰期时段(测量时段 9:00—11:00 或 14:00—16:00)处,且在 4~5 层楼面上较其他高度区间增幅明显,在这个高度出现峰值是因为其受到周边基站影响最大。

8. 区域整体性现状评价

根据式(5.39)的数据统计处理,取鼓楼区典型区域 6 个基站环境电磁辐射平均值,分析并评价该典型区域的电磁辐射环境容量水平,其结果见表 5.18。

表 5.18　鼓楼区基站整体性平均综合场强

楼 层	高度范围/m	夜间场强/(V·m⁻¹)(21:00—23:00)	平稳期场强/(V·m⁻¹)(12:00—14:00)	高峰期场强/(V·m⁻¹)(9:00—11:00)
地面	1~2	0.26	0.44	0.97
2 层	3~5	0.29	0.54	1.28
3 层	6~8	0.33	0.60	1.63
4 层	9~11	0.68	1.21	2.71
5 层	12~14	0.58	0.95	2.65
6 层	15~17	0.49	0.84	2.39
7 层	20~24	0.46	0.75	1.81

根据对整个鼓楼区各监测点的监测数据进行统计平均(见表 5.18 和图 5.23),分析不同监测时段以及各监测高度区间电磁环境辐射水平的变化规律,可初步得到以下结论:

① 第 2 至第 6 个基站,在没有电视塔、雷达等大型电磁辐射体干扰的情况下,城市综合场强电磁环境仅考虑通信类的电磁波影响,其垂直方向分布呈现两端小、中间高的趋势。

② 在这个典型区域的任何高度,电磁辐射平均值随监测时段的差异呈一定程度的变化趋势,电磁辐射平均值随夜间监测时段、平稳期监测时段、高峰期监测时段呈不断上升的变化趋势,说明人类日常活动对电磁辐射强度有着直接的影响,比如工作时间话务量增加,导致基站接收和发送信号的负荷增加,电磁辐射强度随之增加。同时也证明了电磁辐射环境背景值的增加符合电磁波在城市不同时段的传播特性。

③ 除了鼓楼基站,第 2 至第 6 个基站,电磁辐射平均峰值最大值出现在 4~5 层楼面(测

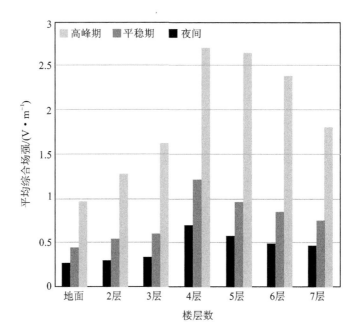

图 5.23 鼓楼区整体性综合场强随高度、时段变化图

量高度 9～14 m）、高峰期时段（测量时段 9:00—11:00 或 14:00—16:00）处，在这个高度出现峰值是因为其受到周边基站影响最大。在 4～5 层楼面上较其他高度区间增幅明显。

④ 由鼓楼区整体性综合场强变化图可看出，无论在任何高度，其场强值都在 0.2～2.7 V/m 范围内，说明该区域存在电磁辐射环境容量，而且该容量的上限值低于国家安全限值，属于健康范围。

9．扬州市典型区域移动通信基站场强变化

为了研究典型区域电磁辐射环境容量是否存在，江苏省辐射环境保护咨询中心分别收集整理扬州地区三个时段的移动通信基站电磁辐射监测数据进行分析，分别是 2013 年 2 月、2013 年 10 月和 2013 年 11 月。分别以不同时段监测所得的结果进行辐射水平分析，如图 5.24 所示。

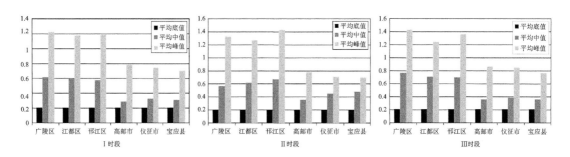

图 5.24 不同时段各典型区域综合场强(V/m)变化图

其中，2013 年 2 月（时段Ⅰ）全市抽测移动通信基站 309 个，抽测比例为 8.58%；2013 年 10 月（时段Ⅱ）全市抽测移动通信基站 300 个，抽测比例为 8.30%；2013 年 11 月（时段Ⅲ）全

市抽测移动通信基站 302 个,抽测比例为 7.68%。所抽测的移动通信基站涵盖了该市三家通信运营商的各种工作频段基站,均在移动通信基站正常工作时间内进行监测。由研究结果可知,扬州整个区域存在一定的电磁辐射环境容量,并且该环境容量在一个安全限值。

5.4.6　移动通信基站公众认知度调查

随着通信技术的发展,移动通信基站电磁辐射的环境影响已经被广泛关注,由于媒体对基站电磁辐射可能对人体健康存在的不利影响的扩大宣传以及民众对其的恐慌,严重阻碍了通信电磁辐射产业的健康发展。

随着第四代通信技术的推广,基站共址现象十分普遍,常在一个站址附近有多个基站,形成复合影响。多个天线架设于同一地点让公众更难以接受,公众直觉认为其辐射会较大,但实际情况需要经过具体的分析研究才能判断。为了进一步了解公众对移动通信基站的认知程度,依据邻避情结产生的原由,从对移动通信基站识别程度、关注程度、电磁辐射认知程度、基站辐射认知程度、基站建设理解程度 5 个方面设计调查问卷。从年龄、学习能力、性别、工作行业等多角度选择调查对象,分析各阶层公众对基站的认知和接受程度,总结群体最关注的要点,给开展同类项目公众参与调查提供经验借鉴,为相关纠纷调解提供参考。

国内外目前对移动通信基站公众认知度的调查研究较少,目前仍侧重于对通信基站产生的电磁辐射的环境影响的研究。就通信基站的研究,国外远比国内起步早。在 20 世纪 30 年代英美等发达国家就已制定了电磁辐射的规范标准,并将电磁辐射的监测与管理作为日常环保管理的一环。

1. 国内外研究现状

国外目前对基站天线电磁辐射的研究侧重于数值模拟。现在国外研究者已成功模拟通信天线之间的电磁辐射干扰;对车内天线辐射场和城市天线电磁辐射特性的模拟也有突破。除此之外,通过矢量信号分析仪来对基站天线对人体健康及环境保护的分析评估已经可以实现。对现有的 2G、3G 技术以及现在推广的 4G 技术的评估也已进行。

我国对通信基站的研究起步较晚,但随着近些年通信技术的更新换代,基站由于其建设量大,建设周期短,许多建在人群密集区域,其可能造成的电磁辐射环境影响日益受到关注。我国也逐渐将通信基站电磁辐射纳入国家环保管理中来。

1988 年,我国结合本国国情制定了《电磁辐射防护规定》。2014 年,我国对标准进行了修订,制定了《电磁辐射防护规定》(GB 8702—2014),于 2015 年 1 月 1 日实施。1988 年,我国还制定了《环境电磁波卫生标准》,此标准给出了电磁波允许辐射强度和标准。

此后,我国对移动通信基站的电磁辐射研究全面性展开,取得的成果有:

① 有研究指出,移动通信基站电磁辐射的大小与天线挂高有关,天线架设高度越高,高差相差越大,电磁辐射对环境的影响越小。只要天线周围的环境保护目标位于轴向控制距离或垂直控制距离之外,即可保证其在安全区域内,天线对其产生的电磁辐射影响较小。如图 5.25 所示,是天线的轴向防护距离和垂直防护距离示意图。

② 为防止频率复用电磁波越界带来的同频干扰,基站天线高度随之降低,天线辐射的电磁波在楼群中传送与反射的几率增多,即辐射到居民楼的机会增加;基站发射机功率也随之降低,基站与基站之间的距离逐渐减小,可能造成多个基站之间场强和功率密度叠加。

根据国家环保局发布的《辐射环境保护管理导则——电磁辐射监测仪器和方法》(HI/T

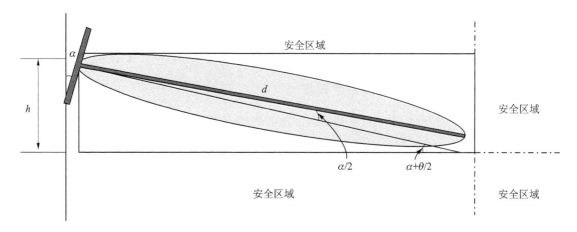

图 5.25　基站天线控制距离示意图

10.2—1996),关于微波远场轴向功率密度 P_d 的计算公式如下:

$$P_d = P''G / (4nr^2)$$

式中,P_d 为远场轴向功率密度;P 为发射机平均功率;G 为天线增益倍数;r 为测量位置与天线轴向距离。

　　由公式中可以看出功率密度(表征电磁辐射大小)与基站天线发射机平均功率 P 成正比,与距离 r 的平方成反比;可以理解为移动通信基站的天线发射机平均功率越小、距离 r 越大,其电磁辐射影响越小,所以可以从减小天线发射机平均功率和增加与天线距离的方式减小移动通信基站电磁辐射的影响。

　　③ 与此同时,西南交通大学的李艳欣等人分析了移动通信基站周围建筑物的屏蔽效能,得出钢筋方向与入射波电场方向正交时,钢筋没有屏蔽作用的结论。钢筋方向与入射波电场方向平行时,钢筋具有一定的屏蔽作用;正交钢筋阵的屏蔽作用主要依靠与电场平行的钢筋;混凝土墙的频域波形具有明显的周期性,存在很多谐振频率,谐振时透射很大,并且谐振频率由墙的厚度、磁导率及介电常数决定,其遵循理论公式。钢筋混凝土墙的屏蔽效能和反射特性由钢筋网和混凝土墙共同调制决定。

　　④ 南京信息工程大学的张海鸥等通过计算机软件系统模拟电磁辐射在基站周围的分布方式,从而利用计算机技术为电磁辐射定形。其得到的结果与实际测量略有差异,如图 5.26 所示,但大体数值符合。

2. 邻避效应与公众认知度

　　邻避效应(Not-In-My-Back-Yard,译为"邻避",意为"不要建在我家后院")指居民或当地单位因担心建设项目(如垃圾场、核电厂、殡仪馆等邻避设施)对身体健康、环境质量和资产价值等带来诸多负面影响,从而激发人们的嫌恶情结,滋生"不要建在我家后院"的心理,以及采取的强烈和坚决的、有时高度情绪化的集体反对甚至抗争行为。而移动通信基站由于建设周期短,分布范围广,与人们生活息息相关,建在小区里是很常见的事,从而更容易在周围民众间产生邻避效应。

　　导致邻避效应大致有以下 5 方面心理与认知因素:

　　① 不信任政府和项目发起人;

　　② 知识与信息欠缺;

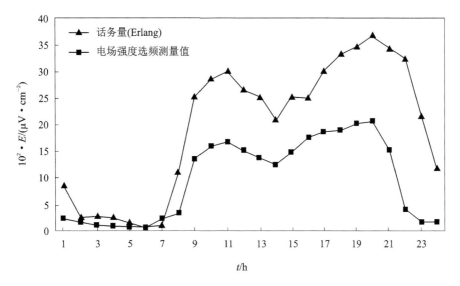

图 5.26　典型基站电磁辐射值与话务量随时间变化图

③ 对问题、风险和成本的狭隘和局部的观点；

④ 对邻避设施的情绪化评价；

⑤ 一般的和特别的风险规避倾向。

具体到移动通信基站就是不信任移动通信运营商,对移动通信基站知识的缺乏,不想承担社会发展的后果,不想周围有基站,认为可能有不利影响。

按照认知心理学(cognition psychology)的理解,人的认知(cognition)是个体主动地寻找信息、接收信息,并在一定的结构中进行信息加工的心理过程。认知活动是人的其他心理活动和行为基础,是人的基本心理活动,包括感知觉、记忆、思维等具体心理过程。人的认知开始于信息的接收,这个过程被称为感知觉。心理学通常把感知觉分为感觉(sensation)和知觉(perception)。人由于刺激物的作用通过感知觉获得的信息会短期或长期保存在人的大脑中,形成个体经验,并在需要时体现出来,这样的过程称为记忆(memory)。短期保存的信息称为短时记忆,长期保存的信息称为长时记忆。人通过感知觉接收信息,通过记忆保存信息,除此之外,人还能利用头脑中已有的个体经验去间接并概括地认识事物,把握事物的本质联系和内在规律,这个过程称为思维(thinking)。

由此可见,人的认知就是个体借助一定的接收器,通过感觉主动获得一定量的信息,并对这些信息进行逐层加工的过程。这个过程构成了一个复杂的动态信息处理器,它不仅运用已有的个体经验加工接收信息,而且还会根据信息加工的结果支配个体的活动,以对外界做出反应。具体过程可用图 5.27 表示。

本部分讨论的"移动通信基站公众认知度调查"考察的是公众通过感知觉获得的各种客观事物在头脑中的反映。这不仅受到基站组成及类型等客观因素的影响,同时还受到公众年龄、性别、学历及是否从事通信工作等个体因素的影响。通过定性与定量相结合的研究方法,分析与研究公众对移动通信基站及电磁辐射的认知,提出提升认知度的对策,从而为解决纠纷提供参考。

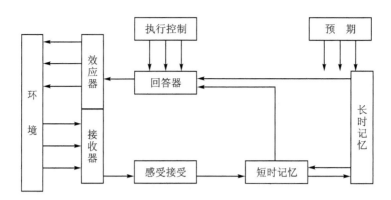

图 5.27　人脑的信息加工及反应过程

3. 移动通信基站公众认知度评价

（1）数据样本分析

采用问卷调查法来进行公众对移动通信基站认知度的研究,调查对象为民众。利用描述性统计分析方法对调查数据进行分析。针对受访的民众统计变量,利用SPSS20.0软件,对变量中包括的几个类型（问卷选项）进行频数的统计以及计算它们在所有类型中所占的百分比,来研究公众对移动通信基站的认知程度。根据回收的142份有效问卷分析,样本情况如表5.19所列。

表 5.19　公众对移动通信基站认知度样本构成

样本特征	特征值	人　数	百分比/%
性别构成	女	26	57.8
	男	19	42.2
年龄构成	18 岁以下	3	6.7
	18～25 岁	12	26.7
	26～35 岁	7	15.6
	36～45 岁	8	17.8
	46～60 岁	11	24.4
	60 岁以上	4	8.8
学历构成	初中及以下	7	15.6
	高中及中专	16	35.6
	本科及大专	19	42.2
	硕士及以上	3	6.6

由回收的有效问卷分析可看出,18～35岁的青年人占整个调研样本人数的主要部分,平均占比为50%左右。而被调查者的文化程度以本科及专科为主,同样占到50%左右。移动通信基站作为通信事业发展的基础设施,它的发展离不开社会的支持,而18～35岁的以本科及专科学历为主的民众作为社会发展的中流砥柱,更需要调查他们对通信基站的认知程度。

由调查问卷得到的结果(见表5.20)可知,随着智能手机的普及,人们几乎天天使用手机,且每天使用手机的时间也较长。

表 5.20　民众每天使用手机频率

手机使用频率	人　数	比例/%
5 小时以上	12	25.5
3～5 小时	23	48.9
1～3 小时	8	17.0
1 小时以下	4	8.6

由表 5.20 看出,每天使用手机超过 3 小时的占了 74.4%,而基站作为收发无线信号的中转站,其重要程度可想而知。作为与人们生活息息相关的基站,民众对其了解程度到底如何?调查显示(见表 5.21),在被问及的 45 个人中,听说过基站的有 22 人(占 48.8%),完全不了解的有 16 人(占 36.4%)。由此可见,对于基站,民众对其了解程度很差。

表 5.21　民众对基站了解程度

了解程度	人　数	比例/%
很了解	1	2.2
一般了解	6	13.3
听说过	22	48.8
完全不了解	16	36.4

在问到民众是否接受过移动通信基站宣传教育时,被调查的 142 人中,接受过关于移动通信基站宣传教育的共有 6 人,仅占 4.2%,其余有 136 人(占 95.8%)没有接受过相关的教育或培训。由此可以看出,绝大多数人没有受过关于移动通信基站的宣传教育,现在媒体报道的关于基站移动运营商与居民的冲突越来越多,这可能与此有关。如何使普通大众认识了解移动通信基站,很值得我们探讨。

(2) 对通信基站法律法规认知度与建设信息公开的必要性

关于移动通信基站的建设与管理的法律法规有《中华人民共和国无线电管理条例》《中华人民共和国电信条例》等。在调查问卷中均有涉及民众对移动通信基站的法律法规的了解程度问题。调查发现,76.7%的民众并不了解通信基站的法律法规,只有 12.6%的民众了解通信基站的法律法规,10.7%的民众比较了解通信基站的法律法规。

作为基础设施,移动通信部门在发展通信事业时,必定要在某些居民家楼顶或附近建立移动通信基站。虽然现在基站的建设是按照国家标准建设,但是在建设之前,通信部门是否应该公开建设基站的相关信息呢?

根据民众对通信部门公开建设通信基站相关信息必要性的调查结果显示,在 142 人中,有77.5%的人认为必须公开建设基站的相关信息,认为民众应该有知情权;有 5.6%的人认为这可能会造成不必要的恐慌,没有公开信息的必要;16.9%的人认为可以选择性公开。可见,对于基站建设,绝大多数民众认为自己有知情权,通信部门应公开其建设信息。

(3) 通信基站工作原理与危害程度的认知度

基站的基本工作原理是在一定的无线电覆盖区中,通过移动通信交换中心,与移动电话终端之间进行信息传递。调查结果显示,有 19.7% 的民众知道基站的基本工作原理,56.3% 的民众不知道但是想知道基站的工作原理,24.0% 的民众不知道且不想知道基站的工作原理。可见,虽然现在了解基站工作原理的人不多,但是想知道其工作原理的占了很大一部分。不过,也要看到,仍有 24% 的人对基站的原理漠不关心。

基站是通过无线电波的发射与接收来传递信号的,因此不可避免地会产生电磁波。根据调查发现,对于电磁波造成的辐射危害,71.1% 的人认为与电脑、电视的辐射相当;28.9% 的民众认为与手机辐射相当;没人认为与微波炉辐射相当。可见,人们知道微波炉是一种高辐射物体,且认为基站辐射没有那么高。

对于基站辐射的危害程度,虽然绝大多数人知道基站辐射没微波炉那么高,但是进一步问卷调查发现,15.8% 的民众认为基站辐射危害很大,需要与其保持距离;67.4% 的民众认为基站辐射较高,需要注意;13.7% 的民众认为其危害可以忽略;有 3.1% 的民众认为不用在意,基站辐射没有危害。因此,总体来说,大多数人还是认为基站辐射危害较大,需要注意与其保持距离。

(4) 对在自家或周围建设基站的理解程度

随着 2G、3G 的普及以及现在 4G 的大力推广,通信基站也在不断地扩建以及变迁中,作为通信事业快速发展必不可少的一环,基站的建设是必需的。民众在享受着移动通信带来的便捷的同时,也在排斥着建在自家楼顶及周围的基站。

调查结果显示,有 62% 的民众不赞成在自己家附近建设通信基站,他们认为在自己家附近建设基站可能会影响自己的健康;有 25.4% 的民众赞成在自己家附近建设基站,他们对基站建设的必要性表示理解;剩下的 12.6% 的民众对建设基站表示无所谓。

通过对移动通信基站公众认知度调查研究的分析,可以得出以下结论:

① 智能手机的普及,使得现在的人们使用手机网络的频率很高。现在的人们对手机的依赖程度越来越高,很大一部分人每天使用手机超过 3 小时。然而,作为手机能够使用所必需的基础设施——移动通信基站,人们对其的了解程度却很低。

② 民众对有关通信基站的法律法规知之甚少,对基站的工作原理也不甚清楚,然而他们有很大的热情了解这些知识。现状是民众很少有受到关于此方面宣传教育的机会。媒体或运营商多多宣传关于此方面的信息或许有助于改变这种现状。

③ 民众认为运营商建设基站应进行必要的信息公开,便于人们了解项目的情况。而现在有一些关于基站的环保纠纷并非是基站确实对周围公众产生了负面影响,仅仅是民众发现在不知情的情况下自家附近建起了基站而产生的抵触情绪进而造成纠纷。因此,现在有些运营商的做法有待商榷。

④ 在基站建设这方面,邻避效应现象比较突出,民众一面肯定基站建设会给自己带来一定的便利,同时也不想在自己家附近建设基站,其主要原因是担心可能会影响自己的健康。

4. 不同群体对通信基站的认知比较分析

(1) 不同性别对移动通信基站的认知度比较

所得数据显示,在不同性别群体对基站的了解程度上,男性比女性了解程度要高,比例为 26.4%(指达到一般了解程度水平);女性为 7.7%(见表 5.22)。虽说男性对基站的了解程度比女性要高,但是仍大概只占了男性群体的 1/4,而女性更是不到 10%,可见民众对基站了解程度很低。这也启示政府和通信公司要加强宣传,并着重提高女性群体对基站的了解程度。

表 5.22　不同性别群体对基站了解程度认知度比例

%

类　别	很了解	一般了解	听说过	完全不了解
女性	0	7.7	38.5	53.8
男性	5.3	21.1	63.2	10.4

作为民众了解移动通信基站的主要渠道,通信基站的宣传教育似乎做得并不好。在调查中,只有 2.7% 的女性接受过移动通信基站的宣传教育,男性比例相对较高,但也仅仅只有 6.0%。作为移动通信事业的基础设施,其可能产生的辐射使得民众对基站有种畏惧心理。而足够的基站的宣传教育可以使民众了解建设基站的必要性及国标的严格,让民众知道基站所产生的益处,从而减轻民众的抵触心理。对于这一方面,从调查结果来看明显不足。这要求政府和移动通信公司要重视这一工作,政府可以借助媒体来进行宣传,通信公司在建设基站前应适当组织一些宣传活动,以便得到有关民众的支持。

在对通信基站法律法规认知度的调查中,发现有 20% 的女性对有关通信基站法律法规达到比较了解的程度,其中很了解的有 12%;男性对关于通信基站法律法规达到比较了解程度以上的有 26.9%,其中很了解的有 13.4%。由此可知,对于移动通信基站的法律法规,人们对其了解程度仍偏低。

对于相对比较专业的通信基站工作原理方面,调查发现,虽然目前民众对基站的工作原理不太清楚,然而他们中很大一部分人有热情想知道其工作原理。女性群体中,有 60% 的人不知道通信基站的工作原理,但是想知道;男性群体这一方面比女性低,有 52.2%。而知道基站的大致工作原理的男性所占比例比女性高,有 28.3%,女性只有 12%。了解基站大致工作原理有助于民众更好地了解基站,从而消除民众对建设基站的顾虑。因此,应在更加完善现有法律法规的同时普及这一方面的知识。

对于在建及将建的基站的必要信息政府是否应该公开,男女所持意见基本相同。高达 81.3% 的女性认为政府有必要公开建设通信基站的相关信息,男性民众也有 73.1% 的人认为政府有必要公开建设通信基站的相关信息。而认为可以选择性公开的女性有 14.7%,男性有 19.4%。

调查数据显示,对于基站,民众更多的认为其危害较高。女性民众认为基站危害程度高的有 85.7%,男性也有 79.5%。认为其危害程度不高或没有危害的女性分别占 12.5% 和 1.8%,男性分别占 15.4% 和 5.1%。

对于在自家楼顶或周围建设基站,男性民众持赞成比例较女性高,达到 29.9%,而女性民众只有 12% 支持建设基站。女性不赞成建设基站的比例为 60%,男性比例较低一点,为 52.2%。

通过对不同性别民众对移动通信基站认知度的比较,可以得出以下结论:

① 无论男性女性,对基站的认知程度都较低,对基站的大致工作原理以及基站相关法律法规知之甚少,普遍感性认为基站危害程度较高,邻避效应较为突出,不愿意将基站建在自家小区附近。

② 相对于女性,男性中对基站建设表示理解的比例相对较高。

（2）不同年龄群体对移动通信基站认知度比较

在本部分对比研究中，了解通信基站及法律法规指的是比较了解及以上程度；对于是否必须公开相关信息方面，"选择性公开"纳入"没必要公开"行列；辐射的危害程度高指的是较高及以上水平。表 5.23 显示了不同年龄段人群对移动通信基站的认知度比例。

表 5.23　不同年龄群体对移动通信基站认知度比较

%

类　别	<18 岁	18～25 岁	26～35 岁	36～45 岁	46～60 岁	>60 岁
了解通信基站	33.3	16.6	14.2	12.5	18.1	0
接受过宣传教育	25	7.0	3.2	0	0	0
了解法律法规	37.5	39.5	25.8	11.5	8.7	0
知道工作原理	25	30.2	22.6	19.2	4.3	0
必须公开相关信息	62.5	81.4	74.2	76.9	73.9	91.0
危害程度高	66.6	82.1	85	88.2	76.4	100
赞成建设基站	50	39.5	43.5	7.7	13.0	0

由表 5.23 可知，18 岁以下民众对于基站的相关知识了解程度比其他年龄所占比例要高，对基站建设的理解程度也高于其他年龄段。18 岁以下的年龄群体正在接受初中或高中阶段的物理知识的学习，这个阶段的人学习和接受能力较强，并且学校也是便于进行宣传工作的地点，因此 18 岁以下的年龄群体对移动通信基站认知程度较高。而对于 60 岁以上的群体，他们对移动通信基站的知识近乎于 0，并且对其有一定的恐惧心理。移动通信事业的发展在我国是近 20 年的事，并且快速发展只是近 10 年的事，老人们在外面的几率较小，很少接触这方面的知识，而现今的媒体就基站的报道大多偏向负面，老人们看电视时不禁会耳濡目染，对基站产生恐惧心理。此外，几乎所有的年龄群体都认为有必要公开建设通信基站的相关信息，这一现象反映了民众强烈要求获得知情权以及现在基站建设还是存在不透明不公开的情况，必须采取措施改变这一现状。

（3）不同学历群体对移动通信基站的认知度

表 5.24 反映了不同学历人群对移动通信基站的认知度比例。从表中可以看出，学历的升高，对基站的理解程度随之提升。学历的升高伴随着知识的积累，知识面的增大使得对事物的理解程度也随之提高。同时，几乎所有的年龄群体都认为有必要公开建设通信基站的相关信息，这一现象反映了民众强烈要求获得知情权以及现在基站建设还是存在不透明、不公开的情况，必须采取措施改变这一现状。

表 5.24　不同学历群体对移动通信基站认知度比较

%

类　别	初中及以下	高中及中专	本科及大专	硕士及以上
了解通信基站	0	2.8	4.3	27.2
接受过宣传教育	0	0	5.7	18.2
了解法律法规	4	11.1	30	63.6
知道工作原理	0	13.9	24.3	52.5

续表 5.24

类　别	初中及以下	高中及中专	本科及大专	硕士及以上
必须公开相关信息	84	75	78.5	63.6
危害程度高	100	96.4	71.1	66.6
赞成建设基站	4	11.1	32.9	72.7

5. 研究对策

（1）从政府角度出发

1）推进规划保护

移动通信基站建设的数量及分布的科学性决定了移动通信产业的发展前景。因此,政府应当进一步做好基站的专项规划,确保对基站的建设和监管做到事前介入。具体来说要做到两点:

一是建立保障机制,对尚未建成及将要建设的移动通信基站,通过优化流程确保基站建设工作的有序进行。根据《电信条例》的规定,政府要在基站建设前事先通知有关单位产权人或使用人,并向社会和相关公众公示,并做好宣传和解释工作,必要时应召开听证会,妥善解决各类社会矛盾。

二是建立监督机制,在充分保障公众知情权的基础上,发挥社会监督功能,坚决抵制没有规划的基站建设。

2）完善现有法律

现在电信业较为发达的国家或地区,对移动通信基站的基本属性,因基站建设产生的纠纷的解决机制,抑或是对移动通信基站的制度保护,都由法律作出了明晰的界定。如我国台湾《电信法》第 32 条规定:"管线基础设施、终端设备及无线电台之设置,除该设施有非使用私有之土地、建筑物不能设置,或在公有之土地、建筑物设置困难者外,公有之土地、建筑物应优先提供使用",就明确了"公有之土地、建筑物"配合基站设置的法定义务。而日本《电讯事业法》第 73 条、第 74 条规定:"需利用他人的土地、固定于土地上的建筑物及其他设施设置电信线路和空中线以及此类的附属设备时,在取得土地等所在地都道府县知事批准后,可与土地所有者协商使用事宜;协商不成的,可申请都道府县知事裁决。"通过行政权力,来实现对电信企业在建站遇到阻碍时的救济。这些法律的实施能够很好地帮助协调关于基站纠纷的解决。随着移动通信事业的飞速发展,已有的电信法已日益满足不了现在的需求,应尽快完善现有的法律及制定一系列新的法律。其修改部分应主要包括以下几个部分:一是明确公用移动通信基站的定位。明确规定公用电信设施属于社会基础设施,具有公共服务性质,并给予相应的法律保护措施;二是要协调现有相关法规冲突,明确基站建设中的权利、义务关系,做好基站建设时各方的利益协调和纠纷解决,确保移动通信的发展,同时服务民生;三是完善基站建设的行政许可,将规划、申报、审批、监管、服务等职能做到联动,建立符合基站建设实际情况的全套审批制度;四是进一步明确基站建设的法律法规,并配套更加细化的实施细则,提升处罚力度,减少甚至杜绝"私自建站"或"随意破坏基站"等现象的发生;五是完善基站电磁辐射的实体和程序规定,严格限制基站的电磁辐射,加强相关信息公开,让居民有知情权与查询权。

3）加强宣传

各地方政府应该加强电磁知识的普及。政府相关宣传机构应引导主要媒体通过宣传使得民众了解电磁辐射及基站建设的必要性,为移动通信事业的正常发展提供必要的社会环境。政府要加强对新建基站的环评,加强对所建基站电磁辐射水平的日常检测管理。

(2)从移动通信公司角度出发

1)加强对公众的宣传教育

由调查问卷得到的结果可知,目前民众受到的关于移动通信基站的宣传教育严重不足。这使得民众对基站的了解程度远远不够。民众因此会对基站建设持怀疑甚至反对的态度。现在的民众由于日常生活太过忙碌,已经无暇自主学习关于移动通信基站的基本知识,毕竟这种知识不是日常生活必须学习的。所以,移动通信公司要加强对民众的宣传教育,在宣传教育中让民众了解基站的一些基本常识,从而认识基站,了解基站,理解基站建设,最后支持基站建设。

2)加强与民众、政府的沟通引导

目前关于基站建设的现状是民众对基站建设都能理解,但是不想基站建设在自己家门口,政府需要加强与民众的沟通,引导民众认识基站建设的必要性。在此过程中,移动通信公司也得起到一定的作用。作为基站建设的主体,应积极配合政府,做好民众与政府的沟通引导,从而使政府、移动通信公司、民众三方能够相互理解。

3)加强与政府的协调互动

作为基站建设及运营的主体,移动通信公司有必要且有义务配合政府,与政府协调互动,积极配合政府关于基站建设及运营方面的工作。

4)严格遵守法律法规

从各个角度出发,移动通信公司都必须严格遵守基站建设及维护的相关法律法规,一切依法办事,按法执行。现在有许多纠纷并不完全是由于民众的邻避效应心理导致的,有一些事件是由于民众在不知情的情况下发现自家附近建立了基站而产生的抵触情绪导致的。典型的事件如回龙观事件就是由于移动公司在未告知民众的情况下私自建设基站,这违反了基站建设的法律法规,从而引起了纠纷。虽然现在相关法律不一定尽善尽美,但它是目前的唯一标准,必须严格执行。

(3)从民众个人角度出发

1)基本常识学习与理解

信息技术日新月异,社会在进步,我们也得进步。基站作为日常生活中必不可少的事物,虽不如手机、计算机等来的直观,但是基站是移动通信的基础。虽然目前人们生活节奏很快,可能没时间系统学习基站方面的知识,但应该了解基站的一些基本常识。了解这方面的知识的渠道很多,最直接的方法是接受当地政府及通信公司的宣传教育,也可以从电视、计算机等多媒体学习。

2)要有维权意识

基站的建设与维护需要依靠法律的支持。现在有些移动通信公司未按照法律程序进行施工,对于这些行为,作为民众,我们要知道这些行为侵害了我们的权益,要学会用法律的武器来维护自己的权益。所以,我们首先要懂法。我们可以通过媒体的宣传或书籍等渠道来学习这些法律。

3)主动参与基站建设论证

在基站建设之前,按照法律,政府需要在其网站上发布基站建设的论证。作为民众,我们要积极主动参与基站的建设论证,这样可以有效维护我们自身的权益。

5.5　变电站电磁噪声的监测与防护

变电站作为电力生产的重要场所,伴随着科学进步和人类发展,有相当一部分变电站位于城市的中心或居民区。因此,变电站运行时不可避免地产生的噪声,就有可能对变电站周围的居民和环境造成影响。现在环境保护愈发重要,对变电站内噪声的产生原因进行分析和控制,降低变电站噪声对周围居民和环境的影响显得很必要。

变电站一般由变压室、控制室等组成。变压器运行时产生的电磁噪声是变电站噪声的主要来源。有时候,变电站还会产生机械噪声或者气流噪声。变压器中铁芯硅钢片的磁致伸缩作用产生的噪声对变电站噪声贡献很大。机械噪声的产生原因主要是设备的振动和冷却装置运行产生的。冷却装置包括冷却风扇、油泵等。变压器油泵随着变压器加电投运而运行。运行的油泵就会产生噪声。当外界环境温度达到一定界限的时候,冷却风扇要开始运转以增强冷却效果,这时又会产生振动,辐射噪声。

当代社会,人们的环境意识变强,国家的相关法规也逐步完善,环境噪声污染的解决越来越紧迫。据统计,当前中小型变电站,多数是布置在居民住宅区内,变压器产生的电磁环境对周围居民产生了影响,投诉颇多。且变电站噪声影响引起的纠纷、上告事件逐步增多,污染缴费也会逐步开展。因此,变电站噪声污染问题亟待解决。

在自然条件下对变电站周边声环境测量易受多种因素的干扰,不同影响因素对变电站厂界噪声的影响程度及影响时段均有所不同,直接影响测值的准确性。本课题通过对变电站夜间噪声的调查、监测及分析,得到不同声源在传播过程中对变电站噪声测量的影响程度,为变电站噪声的监测提供了一个很好的参考借鉴,对变电站噪声测量等实际工作具有指导意义。

5.5.1　变电站噪声的产生、辐射与处理

1. 变电站噪声的产生原因

① 变压器(电抗器)等设备运行中铁芯磁致伸缩作用,线圈电磁作用振动和冷却装置运转时产生的噪声,大型变压器及其强迫油循环冷却装置中潜油泵和风扇所产生的噪声还会随变压器容量的增大而增大。

② 当变电站电压较高时,部分电器设备或高压线的电晕放电也会产生噪声。

③ 变电站高压室的抽风机运转时也会发出噪声。

④ 高压断路器分合闸操作及各类液压、气压、弹簧操作机构、储能电机运转时的声音,也是间断存在的噪声源。

⑤ 主控室、保护室内的主要噪声源有 4 类:① 空调运转时的噪声;② 变电站里面,特别是主控室这种面积比较大的地方安装了很多的日光灯,日光灯整流器振动也会产生噪声;③ 部分室内设备如站用电屏或直流屏上的接触器等振动所发出的噪声;④ 变电站里面的音响信号和报警装置运行时产生的噪声。离设备越近,声音越明显。变电站外也是如此,在变压器墙外,噪声的声级很高,并且衰减速度相当慢。

2. 噪声衰减特性

噪声衰减主要有两种:第一种是随距离的增加,噪声水平自然衰减,直至衰减到背景噪声

水平;另一种是噪声在传播过程中受到阻隔,在隔挡物的另一边噪声会较大程度地衰减。

高频噪声易受隔挡物影响,衰减明显,而低频噪声则影响不明显。电力变压器的噪声属于中低频噪声,对噪声贡献最大的是 250 Hz 和 500 Hz。风冷机械噪声则属于中高频噪声,对噪声贡献最大的是 1 kHz 和 2 kHz。变压器的噪声是不稳定的,主要是其负荷决定的,负荷越大,噪声水平越高。从噪声控制的角度看,低频噪声的治理难度很大,这是由于低频噪声的波长长造成的,波长越长,越能绕过障碍物向前传播,低频噪声随距离衰减率低,也不容易易被吸收。

3. 变电站噪声的传播途径

露天变电站的变压器一般没有任何阻挡,变压器产生的噪声直接影响周围居民和环境。室内站的变压器安装在变压器室内,变压器发出的噪声传播到墙上的时候会发生反射,然后和第一次发出的声音混合在一起向变压器室外传播。

室内变压器产生的噪声主要通过通风百叶窗向外传播,这就对百叶窗口附近的居民和环境的影响比较大。通风百叶窗外 1 m 处的噪声与室内相比有 6~10 dB 的衰减。半室内变压器之间有一层隔声墙,其余地方均裸露在外。这样,变压器之间干扰小,靠近隔声墙的一侧噪声衰减大,而裸露在外的部分声波直线传播。

4. 变电站噪声的处理

噪声污染的三大要素分别是噪声源、传播途径和接受者。当这三个要素同时同地出现的时候,噪声才对环境和人体造成影响。所以,这三个要素之中,只要解决其中一个,就能解决问题。

变电站噪声的治理要从两个方面进行,一方面是从噪声源的角度,另一方面是从噪声的传播路径。减小变压器本体的噪声(噪声源)是最有效、最彻底的方法,但是这种方法难度比较大,所以现在对于变电站大多都是在另外两个方面进行研究,也就是在声源的传播途径上采取隔声、吸声、消声、隔振等方法减少变电站噪声对附近居民和环境的污染。

有的变电站厂界很大,对于这种变电站主要运用隔声屏技术。隔声屏的设置要针对变电站附近的环境噪声水平以及敏感点分布情况,使用全封闭、半封闭、某一角度隔离等对应的形式。然后检测噪声特性、水平和敏感点位置以及需要散发的热量来决定隔声屏的形式、高度、长度、厚度、结构和材质。隔声屏通常能有效降低噪声的水平为 10~15 dB,较适用于中高频的噪声治理;也就是说,如果噪声的贡献主要来自于冷却装置及风机等,此方法比较有效,成本中等。

但由于城区内变电站距离周围居民住宅较近,尤其是居民区的中小变电站的厂界基本都比较小,最小的接近 1 m,因此降噪措施比较局限,多采用室内和地下的方式建设变电站。

5.5.2 监测仪器和监测方法

1. 监测仪器

对噪声的测量可采用 AWA6228 型多功能声级计。AWA6228 型多功能声级计可广泛应用在环境保护、劳动卫生、工业企业、科研教学等领域,完成环境噪声测量、声功率级测量、机器设备噪声测量以及建筑声学测量。选配倍频程分析软件包可进行噪声的实时频谱分析。符合新颁布的三个环境噪声国家标准 GB 3096—2008《声环境质量标准》、GB 12348—2008《工业企业厂界环境噪声排放标准》和 GB 22337—2008《社会生活环境噪声排放标准》的要求。可设定功能区类别、昼间或夜间、A 类或 B 类房间,同时显示测量值和相应标准限值,自动判定室内环境噪声是否超标。

AWA6228 型多功能声级计实物图见图 5.28。该仪器的特点如下:采用数字信号处理技术,同时(并行)测量三种频率计权、三种时间计权声级,选配滤波器测量实时噪声频谱;按新标准的峰值 C 声级测量脉冲噪声;100 dB 线性工作范围,测量时无需转换量程;可自动对本机噪声进行修正,扩大测量范围;可选配内嵌 GPS 定位系统;可选配对噪声精密录音和回放;可选配或升级为 SD 卡,可用 USB 接口连接到计算机;可外接 GSM 短信模块,测量结果可以通过短信发到指定的手机或计算机上;可选配噪声统计分析软件包和/或倍频程分析软件包,自动判定结构传递固定设备室内环境噪声是否超标。

图 5.28　AWA6228 型
多功能声级计

AWA6228 型多功能声级计主要技术指标包括:频率范围,10 Hz～20 kHz;测量上限,135 dBA(传声器组的灵敏度级:−31 dB);自生噪声,≤16 dB(A)、21 dB(C)、26 dB(Z),传声器组灵敏度级为−31 dB(A);频率计权,并行(同时)A、C、Z,1/3 OCT 下还有 B、D、T(自定义)、U(自定义)计权;时间计权,并行(同时)F、S、I,以及 Peak;主要测量指标,Lxyi、Lxyp、Lxeq、Lxmax、Lxmin、LxN、SD、SEL、LCpeak 等(注:x 为 A、C、Z,y 为 F、S、I,N 为 1～99 用户可选的整数);峰值 C 声级测量范围,75～145 dB;A/D 采样频率,48 k 次/s;外形尺寸(mm),260×80×30;质量,0.37 kg;工作温度范围,−15～55 ℃;相对湿度,20%～90%;大气压力,65～108 kPa;SD 卡存储模块(选配),最大支持 32 GB。

本次研究采用的测量方式是每次测量间隔一定时间的单次测量,仪器单次测量的操作如下:

① 按标准要求在参数设置页面下设置好测量时间,根据需要设定好统计用频率计权、组名、打印功能、短信发送、启动方式等参数。

② 进入测量菜单,将光标移动到显示器最后一行的菜单条上,将第一个菜单项改为"噪声",第二个菜单项改为"单次",进入单次测量页面,按下启动/暂停键开始测量。仪器启动测量后同时启动所有测量指标,可在不同的显示内容和显示模式下切换。

③ 测量过程中按下启动/暂停键可暂停测量,按下输出键可以输出测量并保存当次测量结果。如果需要退出测量并清除当次测量结果,则按删除键;如果需继续测量,则可以再按启动/暂停键。

④ 第二次测量时,如果相关系统参数一致,则可直接按"启动/暂停"键开始测量。

仪器使用前应进行校准,要求声级校准器的工作频率为 1 000(1±0.001)Hz,谐波失真小于 1.5%。仪器的工作温度为−10～50 ℃,相对湿度为 20%～90%。测量应在无雨雪、无雷电的天气,风速为 5 m/s 以下时进行。

2. 监测布点方法

(1) 220 kV 变电站噪声监测布点方法

220 kV 变电站在较长站界(矩形站界长边)外每边布设 2 个监测点位,较短站界(矩形站界短边)外每边布设 1 个监测点位进行噪声监测,昼、夜间各监测一次。测点一般选在站界外 1 m、高度在 1.2 m 以上、距任意反射面距离不小于 1 m 的位置。当厂界有围墙且周围有受影响的噪声敏感建筑物时,测点应选在厂界外 1 m、高于围墙 0.5 m 以上的位置。变电站四周围墙外 100 m 范围内,若仅有 1 栋敏感建筑,则应将其作为敏感目标进行布点监测;若附近有多栋敏感建筑,则选取每侧距变电站或主变最近的敏感建筑分别进行噪声监测。

(2) 110 kV 变电站噪声监测布点方法

110 kV 变电站在厂界外每边各布设 1 个监测点位进行噪声监测,昼、夜间各监测 1 次;测点一般选在厂界外 1 m、高度在 1.2 m 以上、距任意反射面距离不小于 1 m 的位置。当厂界有围墙且周围有受影响的噪声敏感建筑物时,测点应选在厂界外 1 m、高于围墙 0.5 m 以上的位置。变电站四周围墙外 100 m 范围内,若仅有 1 栋敏感建筑,则应将其作为敏感目标进行布点监测;若附近有多栋敏感建筑,则选取每侧距变电站或主变最近的敏感建筑分别进行噪声监测。

5.5.3 典型变电站噪声数据监测

为了使监测结果更具代表性,本部分选择了两个城区变电站和两个农村变电站进行监测,各个变电站的周围环境和影响测量的因素也各不相同。测量之前对变电站周围环境进行调查,制定好监测方案,选择满足监测要求的天气进行实测。监测时间与所监测的变电站见表 5.25。

表 5.25　变电站与夜间噪声监测时间

变电站名称	变电站类型	监测时间	监测时段
聚宝变电站	城区,220 kV	3 月 19 日、3 月 20 日	23:00—2:00
大行宫变电站	城区,220 kV	4 月 3 日、4 月 4 日	22:00—2:00
淳化变电站	农村,110 kV	4 月 15 日、4 月 16 日	22:00—2:00
兴园变电站	农村,110 kV	5 月 12 日	19:30—22:30

1. 聚宝变电站(220 kV)夜间噪声监测

220 kV 聚宝变电站位于玄武区玄武大道北侧,朝阳山、聚宝山南麓和蒋王庙街与岔路口立交桥夹角处,聚宝变电站周围环境及监测点位置见图 5.29。变电站采用全户内布置,电缆进出线。

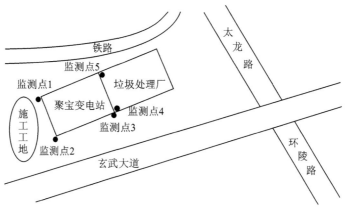

图 5.29　聚宝变电站位置及监测点示意图

于监测日下午到聚宝变电站,对其周边环境及周边可能对变电站夜间噪声监测造成影响的因素进行调查并记录,根据 220 kV 变电站布点方法进行布点并制定好监测方案,于当晚开始监测,次日选择同样的监测方案进行监测。记录好监测数据。每个监测点间隔 0.5 h 监测 1 次,各监测点按照顺序每隔 5 min 更换 1 个监测点。聚宝变电站监测数据见表 5.26。

表 5.26　聚宝变电站监测数据

日　期	监测点 1		监测点 2		监测点 3		监测点 4		监测点 5	
	时　间	噪声/dB(A)	时　间	噪声/dB(A)	时　间	噪声/dB(A)	时　间	噪声/dB(A)	时　间	噪声/dB(A)
3 月 19 日 晚	11:00	45.1	11:05	47.2	11:10	38.9	11:15	38.1	11:20	36.5
	11:30	44.3	11:35	46.9	11:40	38.6	11:45	38.4	11:50	36.2
	0:00	43.6	0:05	46.4	0:10	38.3	0:15	37.1	0:20	36.1
	0:30	43.3	0:35	46.1	0:40	37.9	0:45	37.0	0:50	36.1
	1:00	43.2	1:05	46.0	1:10	37.7	1:15	36.9	1:20	36.2
	1:30	43.1	1:35	45.9	1:40	37.8	1:45	36.8	1:50	35.9
3 月 20 日 晚	11:00	44.4	11:05	46.8	11:10	39.5	11:15	38.1	11:20	37.2
	11:30	44.3	11:35	46.5	11:40	39.6	11:45	37.6	11:50	37.4
	0:00	44.0	0:05	46.2	0:10	39.0	0:15	37.3	0:20	36.6
	0:30	43.8	0:35	46.1	0:40	38.7	0:45	36.9	0:50	36.6
	1:00	43.6	1:05	45.7	1:10	38.9	1:15	36.9	1:20	36.6
	1:30	43.5	1:35	45.9	1:40	38.5	1:45	37.0	1:50	36.4

2. 大行宫变电站(220 kV)夜间噪声监测

220 kV 大行宫变电站位于白下区中山东路南侧,变电站东侧约 26 m 为中山东路小区长白街 652 号等 14 栋居民楼,南侧约 92 m 为科巷 72 号等 2 栋居民楼,西侧紧邻利济巷 34 号等 3 栋居民楼。大行宫变电站周围环境及监测点见图 5.30。

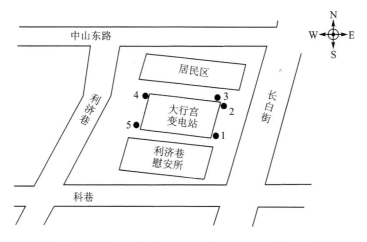

图 5.30　大行宫变电站周围环境及监测点示意图

自监测首日晚 22:00 开始,每个监测点间隔 0.5 h 监测 1 次,各监测点按照图中监测点 1~5 的顺序每隔 5 min 更换 1 个监测点,大行宫变电监测数据见表 5.27。

表 5.27 大行宫变电站监测数据

日　期	监测点 1		监测点 2		监测点 3		监测点 4		监测点 5	
	时　间	噪声/ dB(A)	时　间	噪声/ dB(A)	时　间	噪声/ dB(A)	时　间	噪声/ dB(A)	时　间	噪声/ dB(A)
4月 3日 晚	22:00	50.7	22:05	47.2	22:10	48.4	22:15	53.4	22:20	48.8
	22:30	47.3	22:35	44.1	22:40	47.1	22:45	51.6	22:50	44.2
	23:00	45.3	23:05	42.0	23:10	45.8	23:15	48.8	23:20	41.2
	23:30	43.8	23:35	40.1	23:40	44.3	23:45	45.8	11:50	39.7
	0:00	42.5	0:05	39.2	0:10	43.6	0:15	43.5	0:20	37.6
	0:30	41.3	0:35	38.8	0:40	43.4	0:45	42.6	0:50	36.9
	1:00	41.1	1:05	38.6	1:10	43.3	1:15	42.3	1:20	36.5
	1:30	40.8	1:35	38.4	1:40	43.2	1:45	41.9	1:50	36.3
4月 4日 晚	22:00	51.1	22:05	48.6	22:10	49.1	22:15	54.3	10:20	47.9
	22:30	48.3	22:35	46.7	22:40	47.4	22:45	51.1	10:50	47.2
	23:00	46.4	23:05	44.6	23:10	45.6	23:15	48.9	11:30	43.3
	23:30	44.5	23:35	42.5	23:40	44.9	23:45	47.0	11:50	41.3
	0:00	42.9	0:05	41.7	0:10	44.6	0:15	45.2	0:20	39.9
	0:30	41.8	0:35	40.8	0:40	44.4	0:45	43.7	0:50	39.2
	1:00	41.5	1:05	40.4	1:10	44.2	1:15	43.3	1:20	38.5
	1:30	41.3	1:35	40.2	1:40	44.1	1:45	43.1	1:50	38.3

3. 淳化变电站(110 kV)夜间噪声监测

110 kV 淳化变电站位于江宁区淳化镇淳关路南侧。与前述站点相同,自监测首日晚 22:00 开始,每个监测点间隔 0.5 h 监测 1 次,各监测点按顺序每隔 5 min 更换 1 个监测点。淳化变电监测数据见表 5.28。

4. 兴园变电站(110 kV)夜间噪声监测

兴园变电站是一座位于南通市如皋市农村的 220 kV 变电站。研究人员 5 月 12 日下午赶到兴园变电站,对其周边环境及周边可能对变电站夜间噪声监测造成影响的因素进行调查并记录,根据 110 kV 变电站布点方法进行布点并制定好监测方案,于当晚开始监测。记录好监测数据以备结果分析用。

此次监测点位置布设在变电站东边围墙外 1 m 最靠近变电站主变的位置,监测时间从 19:30 开始每隔 10 min 监测 1 次,到当晚 22:30 监测结束。

表 5.28 淳化变电站监测数据

日 期	东北侧 1 m 北端		西北侧 1 m 北端		西北侧 1 m 西端		西南侧 1 m 南端		东南侧 1 m 南端	
	时 间	噪声/dB(A)	时 间	噪声/dB(A)	时 间	噪声/dB(A)	时 间	噪声/dB(A)	时 间	噪声/dB(A)
4月15日晚	22:00	44.6	22:05	48.9	22:10	47.3	22:15	42.6	23:20	41.4
	22:30	43.5	22:35	47.5	22:40	46.1	22:45	42.2	23:50	41.3
	23:00	42.8	23:05	46.2	23:10	44.9	23:15	41.8	23:20	41.1
	23:30	42.4	23:35	45.9	23:40	44.1	23:45	41.5	23:50	41.0
	0:00	42.2	0:05	45.7	0:10	43.9	0:15	41.3	0:20	40.8
	0:30	42.2	0:35	45.6	0:40	43.8	0:45	41.1	0:50	40.8
	1:00	42.2	1:05	45.6	1:10	43.7	1:15	41.1	1:20	40.7
	1:30	42.1	1:35	45.4	1:40	43.7	1:45	41.1	1:50	40.7
4月16日晚	22:00	44.5	22:05	48.7	22:10	47.2	22:15	42.8	23:20	41.5
	22:30	43.5	22:35	47.3	22:40	46.0	22:45	42.2	23:50	41.4
	23:00	42.6	23:05	46.2	23:10	44.8	23:15	41.8	23:20	41.3
	23:30	42.5	23:35	45.8	23:40	44.2	23:45	41.6	23:50	41.1
	0:00	42.3	0:05	45.7	0:10	43.9	0:15	41.4	0:20	41.0
	0:30	42.3	0:35	45.7	0:40	43.7	0:45	41.3	0:50	40.9
	1:00	42.3	1:05	45.7	1:10	43.6	1:15	41.3	1:20	40.9
	1:30	42.2	1:35	46.6	1:40	43.6	1:45	41.2	1:50	40.8

5.5.4 变电站夜间噪声变化规律

1. 市区变电站夜间噪声变化规律

将同一变电站同一时段的监测数据取平均值进行分析,得到变电站夜间噪声的变化规律。图 5.31 为大行宫变电站和聚宝变电站夜间噪声的曲线图。

根据监测结果,聚宝变电站夜间噪声在 39.9～41.16 dB(A)之间,符合《工业企业厂界环境噪声排放标准》(GB 12348—2008)2 类标准限值要求。对聚宝变电站进行监测发现,聚宝变电站噪声变化较小,主要影响因素为玄武大道车辆噪声和施工工地噪声。聚宝变电站周围环境敏感目标仅为一座垃圾处理厂。对变电站数据进行分析发现,聚宝变电站的夜间噪声变化不大,0:00 之后变化变缓。

变电站东侧属于 4 类区域,其余区域属于 2 类区域,根据监测结果,满足《工业企业厂界环境噪声排放标准》(GB 12348—2008)4/2 类标准限值要求。在对大行宫变电站监测期间发现,大行宫变电站夜间噪声变化较大,道路噪声对变电站噪声监测影响很大。大行宫变电站周围环境敏感目标很多,居民区商业区距离变电站都很近,所以大行宫变电站噪声稳定的时间比较晚,在 0:30 之后。

2. 农村变电站夜间噪声变化规律对比

分别将淳化变电站和兴园变电站在同一时段的监测数据取平均值进行分析,得到变电站

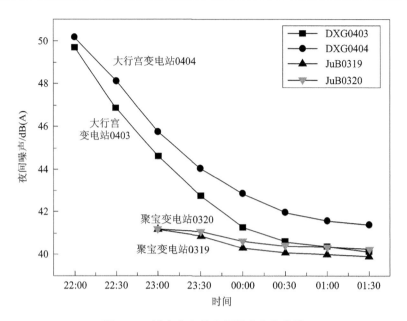

图 5.31　城市变电站夜间噪声变化曲线

夜间噪声的变化规律。图 5.32 为淳化变电站和兴园变电站夜间的噪声曲线图。

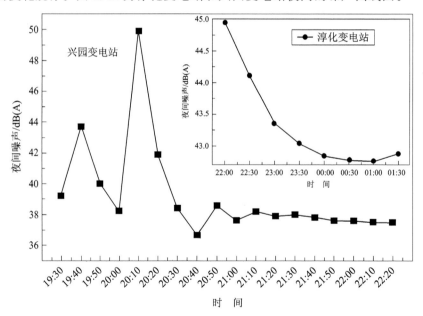

图 5.32　农村变电站夜间噪声变化趋势

　　淳化变电站夜间噪声为 40.7～48.9 dB(A)，能够满足《工业企业厂界环境噪声排放标准》（GB 12348—2008）1 类标准限值要求。对淳化变电站进行监测发现，淳化变电站噪声变化较小，主要影响因素为淳关路车辆噪声。淳化变电站周围无环境敏感目标，故噪声稳定时间为 23:30，相对城区变电站较早。

　　从兴园变电站的监测数据来看，除去几个偶发噪声（主要是狗叫声），兴园变电站夜间噪声是比较稳定的，从一开始的 39.2 dB(A) 到后面的 37.5 dB(A)，变电站噪声逐渐下降，夜深之后变电站噪声趋于稳定。可以得出的是农村变电站的负荷一直都是处于一个比较稳定的状态,而且相对城区变电站来说影响因素少,稳定的时间也比较早。

根据变电站实测情况发现,城区变电站夜间噪声监测主要的影响因素是道路汽车噪声、施工工地的噪声与居民区噪声。农村变电站夜间噪声监测的主要影响因素是动物叫声。

3. 变电站夜间噪声最佳监测时间

通过对不同位置各种环境的变电站进行监测,发现变电站夜间噪声的最佳监测时间各不相同。大行宫变电站夜间噪声最佳测量时间为 0:30 之后,聚宝变电站夜间噪声最佳监测时间为 0:00 之后。

推测导致变电站夜间噪声最佳监测时间不同的原因如下:变电站夜间噪声与其周围影响因素有关,影响因素越多,变电站夜间噪声最佳监测时间越宜延后。对于农村变电站,周围环境敏感目标少,影响夜间噪声监测的因素少,变电站负荷稳定时间较早,变电站的噪声稳定时间也很早,如兴园变电站,其夜间噪声最佳监测时间是 22:00 甚至更早。

5.5.5　变电站噪声的防治措施

根据相关文献,各种等级变电站噪声频谱基本相同,由于 500 kV 变电站主变均采用强油风冷,所以总的噪声是主变噪声和冷却装置的叠加。频谱显示:频率在 800 Hz 附近主变噪声值逐渐降低,说明变电站噪声主要是低频噪声,噪声的峰值分别为 50 Hz、100 Hz、250 Hz、400~500 Hz 频率附近,其中以 400~500 Hz 频率附近噪声值最大。220 kV 主变噪声频谱在 30 Hz、63 Hz、100 Hz、160 Hz、315 Hz 和 400 Hz 出现峰值,以后噪声值呈下降趋势,说明 220 kV 主变噪声也是以低频噪声为主。通过对冷却风扇对噪声的影响研究发现,冷却风扇对噪声的影响较大。

对上海 66 家不同等级的变电站进行测量,得到如下结论:

① 500 kV 变电站 6 家 18 台主变噪声值在 67.6~84.1 dB(A)之间。其中 70~80 dB(A)占 83.3%;220 kV、110 kV 和 35 kV 变电站的主变噪声值在 60~75 dB(A)之间,分别占测试主变台数的 69.4%、78.8% 和 70.9%。

② 站界噪声昼间基本上达到 GB 12348—2008《工业企业厂界环境噪声排放标准》Ⅲ类 65 dB(A)的标准限值;夜间噪声有 1/4~1/3 个测点超过Ⅲ类 55 dB(A)的标准限值。

③ 主变噪声频谱峰值主要在 50 Hz、100 Hz、200 Hz、315 Hz、400 Hz 和 630 Hz 附近,大部分在 315~500 Hz 频率附近有较大特征峰。这说明主变噪声主要是低频噪声。

④ 离噪声源主变 50 m 内噪声衰减较快,以后逐渐变慢,这是低频噪声传播较远的原因;噪声低于 75 dB(A)的主变,达到夜间Ⅱ类 50 dB(A)标准限值的距离在 110 m 左右。

1. 噪声源降噪

铁芯的硅钢片磁致伸缩决定了变压器所发出的噪声大小,噪声大小与磁致伸缩大小成正比。所以,控制和减小硅钢片的磁致伸缩就成为变压器降噪的主要方法。变压器降噪的主要方法如下:

① 使用磁致伸缩作用弱的硅钢片。

② 减小变压器铁芯的磁通密度。

③ 采用全斜交错接缝的铁芯结构。

④ 增大铁轭面积以减小铁轭中的磁通密度。

⑤ 增加铁芯接缝。

⑥ 控制铁芯夹紧力。

⑦ 在铁芯垫脚与箱底之间放置减振橡胶。

当然,如果能够降低变压器本身的噪声,就能从根本上解决变电站噪声问题,但是,这样会使变压器制造成本提高很多,而且改造过程中,变电站运行受影响,非常不方便。

2. 阻断传播途径

对已经建好的变电站的降噪措施,阻隔噪声的传播途径以减少变电站噪声对周围环境的影响是现在主要采用的办法。

(1) 隔　声

隔声材料通常使用木板、金属板、墙体等固体物质,以隔绝或减小空气中声波的传播,这种专门用以阻止声波传播的固体物质称为隔声材料。在噪声防护工作中,为了增强消声作用,常把隔声材料和其他声学物质例如吸声物质、阻尼物质或空气层复合在一起构成隔声组合。对于四面封闭、上面打开的变压器,把变压器周围的门从普通门变成隔声门,也可以用隔声壁把油箱整体遮挡起来。隔声板可以用钢板或混凝土板制作而成。但是隔声技术因为会受到实际环境所影响,所以通常噪声降低效果不是非常显著。

(2) 壁面吸声

运用吸声方法在噪声传播路径中进行处理,是一个经常采用且效果明显的办法。当室内声源产生的噪声碰到墙壁、屋棚、地面或者其他物体表面时,都能产生反射作用。声波在传播路径中碰到其他物体时,都会有一部分声能被反射,一部分声能被物体吸收向物体里面传递,一部分声能穿过物体向外传递。在变电站墙壁上装备吸声物质,可以加大墙壁的吸声系数,能够减小 6～8 dB(A)的噪声。但是此方法通常需要的工程量很大,而且繁杂。

(3) 隔声罩

在变压器外部修筑隔声间或隔声罩,能够很好地降低噪声的传播。隔声罩采用两层壳结构,里层使用吸声防护板,外层使用隔声彩钢板,两层壳之间加入消声物质。隔声罩固定在变压器基础上,罩壁与变压器导管中间要添加隔声效果明显的物质,以保证噪声不漏出。但是使用隔音罩治理技术需要考虑的因素太多,例如隔音罩里面变压器的散热、操作、检修等。

(4) 阻性消声技术

风道的作用是保证变电站室内的通风和散热,所以不能采取密封的措施,否则就会使变电站室内温度过高影响变压器的运行,也会有很多安全隐患。所以风道口的散热作用不能被影响,在出入风口安装阻性消声器是很好的办法。阻性消声器使用多孔吸声材料以达到消声的目的,声波在传播过程中遇到多孔吸声材料,一部分声能因摩擦转化为热能消散掉,因而噪声声级明显降低。

(5) 有源消声法

这种方法是在噪声源周围装备噪声发生器,使用控制系统让这些噪声发生器分别产生与变压器的基频噪声和各高频噪声幅值相反的噪声,这些噪声相互抵消,变压器噪声就减小了很多。有源噪消声法消声量很大,但是这种方法往往需要庞大的控制系统,这在软、硬件方面都存在很大困难;另外,有源控制系统中采用的电子设备价格也过于昂贵。

附录　国际原子能机构核安全法规清单

1. 立法和政府基础——已出版的安全标准

◇ 辐射防护环境和资源控制安全导则(Safety Standards Series No. RS - G - 1.8,Date of Issue:Friday,14 October,2005)

◇ 放射源安全导则的分类(Safety Standards Series No. RS - G - 1.9)

◇ 放射源管理控制安全导则(Safety Standards Series No.GS - G - 1.5)

◇ 核和辐射应急安全需求的准备和响应(Safety Standards Series No. GS - R - 2,Date of Issue:Monday,25 November,2002)

◇ 核设施管理使用文件的安全导则(Safety Standards Series No. GS - R - 2,Date of Issue:Monday,25 November,2002)

◇ 核设施监管和管理主体执行的安全导则(Safety Standards Series No. GS - G - 1.3,Date of Issue:Friday,27 September,2002)

◇ 管理部门对核设施审查评估的安全导则(Safety Standards Series No. GS - G - 1.2,Date of Issue:Monday,23 September,2002)

◇ 核设施管理部门组织机构和配置员工的安全导则(Safety Standards Series No. GS - G - 1.1,Date of Issue:Monday,23 September,2002)

◇ 核、辐射、放射性废物及其运输安全立法和政府管理基础的安全导则(Safety Standards Series No. GS - R - 1,Date of Issue:Tuesday,31 October,2000)

◇ 放射性向环境排放管理控制的安全导则(Safety Standards Series No. WS - G - 2.3,Date of Issue:Friday,15 September,2000)

◇ 管理当局的管理体系(草案,DS113)The Release of Sites from Regulatory Control upon the Termination of practices(草案,DS332)

◇ 决策风险(计划中,DS365)

2. 应急准备和响应

◇ 核和辐射应急安全需求的准备和响应(Safety Standards Series No. GS - R - 2,Date of Issue:Monday,25 November,2002)

◇ 放射性材料运输事故应急响应计划和准备的安全导则(Safety Standards Series No. TS - G - 1.2(ST - 3),Date of Issue:Thursday,29 August,2002)

◇ 核动力卫星重返应急计划和准备的安全导则(Safety Series No. 119,Date of Issue:Wednesday,20 November,1996)

◇ 核和辐射应急响应使用计划准则(安全导则草案,DS44)、核和辐射应急准备(安全导则草案,DS105)

3. 管理体系

◇ 管理当局的管理体系(安全导则草案,DS113)

◇ 辐射安全技术服务的管理体系(安全导则草案,DS315)

◇ 用户辐射安全的管理体系(安全导则草案,DS319)

◇ 放射性材料安全运输的管理体系(安全导则草案,DS326 - TS - G - 1.3)

◇ 放射性材料储存、处置管理体系(安全导则草案,DS336)

◇ 放射性废物清除装置和行为安全的管理体系(安全导则草案,DS337)

◇ 核、辐射、放射性废物及其运输、政府组织和应急响应的管理体系需求(安全导则草案,DS338)

◇ 核设施的管理体系(安全导则草案,DS349)

4. 评估和验证

◇ 核动力厂安全分析内容与格式的安全导则(Safety Standards Series No. GS - G - 4.1,Date ofIssue:Thursday,27 May,2004)

◇ 核动力厂定期安全评审的安全导则(Safety Standards Series No. NS - G - 2.10,Date of Issue:Friday,12 September,2003)

◇ 核动力厂安全审查和验证的安全导则(Safety Standards Series No. NS - G - 1.2,Date of Issue:Monday,28 January,2002)

◇ 放射性废物近地表处置安全评估的安全导则(Safety Standards Series No. WS - G - 1.1,Date of Issue:Thursday,23 September,1999)

◇ 核电站执行随机安全评估程序(第三级):对公众风险的场外推断和估算:安全实践(Safety Series No. 50 - P - 12,Date of Issue:Wednesday,20 November,1996)

◇ 在核电站安全中随机安全评估和安全准则的角色(Safety Series No. 106,Date of Issue:Tuesday,12 May,1992)

◇ 除核电站、放射性废物库外的核设施的安全评估(安全导则草案,DS284)

◇ 安全评估和验证的安全需求(安全导则草案,DS348)

◇ 放射性废物处置设施的安全评估(安全导则草案,DS355)

◇ 核燃料循环及相关设施的安全评估(安全导则草案,DS362)

◇ 核设施退役的安全评估(安全导则草案,DS376)

◇ 核电站二级 PSA 的应用和发展(安全导则草案,DS393)

◇ 核反应堆一级 PSA 的应用和发展(安全导则草案,DS394)

◇ 事故分析计算软件的验证(安全导则草案,DS395)

◇ 研究堆的安全评估和安全分析报告的准备(安全导则草案,DS396)

◇ 核设施放射过程分析(计划中,DS361)

◇ 决策风险(计划中,DS365)

◇ 与核设施、核活动相联系的环境影响评估(计划中,DS366)

◇ 核反应堆确定性安全分析和应用(计划中,DS398)

5. 厂址评价

◇ 核电站地基厂址评价技术方面的安全导则(Safety Standards Series No. NS - G - 3.6,Date of Issue:Friday,01 April,2005)

◇ 滨海、滨河核电站洪水灾害的安全导则(Safety Standards Series No. NS - G - 3.5,Date of Issue:Thursday,18 March,2004)

◇ 核装置厂址评价的安全导则(Safety Standards Series No. NS - R - 3,Date of Issue:

Friday,19 December,2003)

✧ 核电站厂址评价中逻辑事件的安全导则(Safety Standards Series No. NS-G-3.4, Date of Issue:Wednesday,16 July,2003)

✧ 核电站地震灾害评价的安全导则(Safety Standards Series No. NS-G-3.3,Date of Issue:Friday,21 March,2003)

✧ 核电站厂址评价中外部人为事件的安全导则(Safety Standards Series No. NS-G-3.1, Date of Issue:Friday,19 July,2002)

✧ 核动力厂厂址评价中放射性物质在大气和水体中弥撒及人口问题的安全导则(Safety Standards Series No. NS-G-3.2,Date of Issue:Tuesday,23 April,2002)

✧ 核与辐射相关设施和活动的环境影响评估(计划中,DS366)

6. 辐射防护

✧ 核动力厂辐射防护设计的安全导则(Safety Standards Series No. NS-G-1.13,Date of Issue:Monday,19 December,2005)

✧ 以辐射防护为目的的环境和源监测的安全导则(Safety Standards Series No. RS-G-1.8,Date ofIssue:Friday,14 October,2005)

✧ 辐射源分类的安全导则(Safety Standards Series No. RS-G-1.9,Date of Issue:Thursday,15 September,2005)

✧ 排除、豁免和清洁解控概念的应用(Safety Standards Series No. RS-G-1.7,Date of Issue:Thursday,02 September,2004)

✧ 辐射源安全和防止电离辐射的国际基本安全标准(CD-ROM Edition,2003)(Safety Series No. 115/CD,Date of Issue:Friday,05 March,2004)

✧ 核动力厂运行中辐射防护和放射性废物管理的安全导则(Safety Standards Series No. NS-G-2.7,Date of Issue:Thursday,19 December,2002)

✧ 医学照射中辐射防护的安全导则(Safety Standards Series No. RS-G-1.5,Date of Issue:Tuesday,23 April,2002)

✧ 辐射防护建造能力和放射源安全使用的安全导则(Safety Standards Series No. RS-G-1.4,Date of Issue:Monday,28 May,2001)

✧ 放射性向环境排放管理控制的安全导则(Safety Standards Series No. WS-G-2.3, Date of Issue:Friday,15 September,2000)

✧ 由于吸入放射性核素引起的职业照射评价的安全导则(Safety Standards Series No. RS-G-1.2,Date of Issue:Tuesday,02 November,1999)

✧ 职业辐射防护的安全导则(Safety Standards Series No. RS-G-1.1,Date of Issue:Wednesday,13 October,1999)

✧ 由于外部辐射源引起的职业照射评价的安全导则(Safety Standards Series No. RS-G-1.3,Date of Issue:Tuesday,28 September,1999)

✧ 测量人体中放射性核素的直接方法(Safety Series No. 114,Date of Issue:Friday,15 March,1996)

✧ 辐射装置及密封源的安全(安全导则草案 DS114)

✧ 放射性材料运输中的辐射防护程序(安全导则草案 DS377)

◇ 自然界电离辐射源的公众防护(安全导则草案 DS400)
◇ 防止电离辐射的国际基本安全标准(计划中,BSS 的修订,DS379)
◇ 经验反馈(计划中,DS401)
◇ 对收回孤儿源以及对易受攻击源改善控制的国家政策的发展(计划中,DS410)
◇ 在金属循环工业中孤儿源的回收和控制(计划中,DS411)

7. 放射性废物管理

◇ 医用、工业及科研教育产生的放射性废物管理(Safety Standards Series No. WS‒G‒2.7,Date of Issue:Thursday,07 July,2005)
◇ 高放废物处置前管理的安全导则(Safety Standards Series No. WS‒G‒2.6,Date of Issue:Tuesday,24 June,2003)
◇ 中、低放废物处置前管理的安全导则(Safety Standards Series No. WS‒G‒2.5,Date of Issue:Tuesday,24 June,2003)
◇ 核动力厂运行中辐射防护和放射性废物管理的安全导则(Safety Standards Series No. NS‒G‒2.7,Date of Issue:Thursday,19 December,2002)
◇ 来自矿石加工的放射性废物的管理(Safety Standards Series No. WS‒G‒1.2,Date of Issue:Monday,11 November,2002)
◇ 放射性废物处置前管理,包括退役安全要求(Safety Standards Series No. WS‒R‒2, Date of Issue:Friday,15 September,2000)
◇ 放射性废物储存(安全导则草案,DS292)
◇ 研究堆设计运行中的辐射防护和放射性废物管理(安全导则草案,DS340)
◇ 含有天然放射性物质的废物的安全管理(安全导则草案,DS352)
◇ 放射性废物管理(安全导则草案,DS353)、放射性废物的分类(安全导则草案,DS390)

8. 退　役

◇ 核燃料循环设施退役的安全导则(Safety Standards Series No. WS‒G‒2.4,Date of Issue:Wednesday,04 July,2001)
◇ 放射性废物处置前管理,包括退役安全要求(Safety Standards Series No. WS‒R‒2, Date of Issue:Friday,15 September,2000)
◇ 核动力厂及研究堆退役的安全导则(Safety Standards Series No. WS‒G‒2.1,Date of Issue:Tuesday,07 December,1999)
◇ 医用、工业及研究设施退役的安全导则(Safety Standards Series No. WS‒G‒2.2, Date of Issue:Tuesday,07 December,1999)
◇ 到实践终止时厂址从管理控制中的释放(安全导则草案,DS332)
◇ 辐射工作场所的退役(安全导则草案,DS333)
◇ 放射性废物的分类(安全导则草案,DS390)

9. 污染区域的恢复

◇ 被过去活动和事故沾污区域恢复的安全导则(Safety Standards Series No. WS‒R‒3, Date of Issue:Friday,19 December,2003)
◇ 过去核活动和辐射事故污染区域的整治(安全导则草案,DS173)

10. 放射性材料运输

该部分法规的起草工作尚未开展,仅作为预留归口。

参考文献

[1] 环境监测方法标准汇编——放射性与电磁辐射[M]. 3版. 北京:中国标准出版社,2014.

[2] 环境核辐射监测规定:GB 12379—1990[S]. 1990.

[3] 电离辐射工作场所监测的一般规定:EJ 381—1989[S]. 1989.

[4] 核辐射环境质量评价一般规定:GB 11215—1989[S]. 1989.

[5] 辐射环境监测技术规范:HJ/T 61—2001[S]. 2001.

[6] 核设施流出物监测的一般规定:GB 11217—1989[S]. 1989.

[7] 核设施流出物和环境放射性监测质量保证计划的一般要求:GB 11216—1989[S]. 1989.

[8] 核电厂放射性液态流出物排放技术要求:GB 14587—2011[S]. 2011.

[9] 核动力厂环境辐射防护规定:GB 6249—2011[S]. 2011.

[10] 水中放射性核素的 γ 能谱分析方法:GB/T 16140—2018[S]. 2018.

[11] 水中碘-131 的分析方法:GB/T 13272—1991[S]. 1991.

[12] 水中钚的分析方法:GB/T 11225—1989[S]. 1989.

[13] 水中钍的分析方法:GB/T 11224—1989[S]. 1989.

[14] 空气中碘-131 的取样与测定:GB/T 14584—1993[S]. 1993.

[15] 环境空气中氡的标准测量方法:GB/T 14582—1993[S]. 1993.

[16] 环境核辐射监测中土壤样品采集与制备的一般规定:EJ 428—1989[S]. 1989.

[17] 土壤中放射性核素的 γ 能谱分析方法:GB/T 11743—2013[S]. 2013.

[18] 食品中放射性物质检验 碘-131 的测定:GB 14883.9—1994[S]. 1994.

[19] 牛奶中碘-131 的分析方法:GB/T 14674—1993[S]. 1993.

[20] 建筑材料放射性核素限量:GB 6566—2010[S]. 北京:中国标准出版社,2010.

[21] 电磁环境控制限值:GB 8702—2014[S]. 北京:中国环境科学出版社,2014.

[22] 电磁辐射暴露限值和测量方法:GJB 5313—2004[S]. 2004.

[23] 辐射环境保护管理导则 电磁辐射监测仪器和方法:HJ/T 10.2—1996[S]. 1996.

[24] 交流输变电工程电磁环境监测方法(试行):HJ 681—2013[S]. 北京:中国环境科学出版社,2013.

[25] 电离辐射防护与辐射源安全标准(代替 GB 8703):GB 18871—2002[S]. 2002.

[26] 国家环保总局. 移动通信基站电磁辐射环境监测方法(试行)[S]. 2007.

[27] 国家环保总局. 环境监测管理办法(环保总局令第 39 号)[Z],2007.

[28] 袁之伦. 辐射环境监测与事故应急监测[R]. 环保部核与辐射安全中心,2014.

[29] 岳会国,袁之伦. 核事故应急准备与响应手册[M]. 北京:中国环境科学出版社,2012.

[30] 毛亚虹. 放射性豁免过程中应关注的几个问题[J]. 中国辐射卫生,2015,4:381-383.

[31] 杨浩然,邓治国. 核电厂电离辐射常规监测[J]. 中国仪器仪表,2016,8:46-48.

[32] 安洪振,李斌,宋大虎,等. 核电厂流出物监测的监管要求的初步分析[J]. 核电子学与探测技术,2013,3(11):1301-1305.

[33] 袁之伦. 关于核设施流出物监测和环境监测中存在问题的探讨[J]. 核安全,2010,3:42-45,48.

[34] 乔亚华,王亮,叶远虑,等. 核电站氚的排放量及浓度限值比较分析[J]. 核科学与工程,2017,37(3):434-441.

[35] 白玉. 三种不同设计核电厂放射性废液处理系统差异性分析[J]. 中国核电,2014,7(1):86-91.

[36] IEAE. Generic models for use in assessing the impact of discharges of radioactive substances to the environment:IAEA safety reportseries No. 19[R]. Vienna:IAEA,2001.

[37] 马稳林,曹建主,方栋. 核设施正常工况下液态放射性流出物环境影响评价模型简介及应用举例[J]. 辐

射防护,2008,28(2):90-96,107.

[38] 方栋,李红. 核设施正常工况下放射性气态流出物对公众影响评价的现状与建议[J]. 辐射防护,2000,20(6):333-340.

[39] 黄彦君,陈超峰,上官志洪. 核电厂流出物排放氚的化学类别及监测方法[J]. 核安全,2015,14(4):83-89.

[40] 朱晓翔,陆继根. 核应急辐射环境监测的准备和响应[J]. 环境监控与预警,2011,3(5):1-3,8.

[41] 李锦,唐丽丽,喻正伟,等. 福岛核事故后核电厂应急监测技术改进[J]. 核电子学与探测技术,2015,35(10):1038-1042.

[42] 陈冰,查玉华. 建筑材料样品放射性核素测量方法与结果分析[J]. 江苏陶瓷,2013,4(1):17-20.

[43] 科普中国. 电磁辐射[DB/OL]. [2017-10-10]. https://baike.baidu.com/item/%E7%94%B5%E7%A3%81%E8%BE%90%E5%B0%84/484252? fr=aladdin(电磁辐射).

[44] 科普中国. 电磁辐射污染[DB/OL]. [2017-10-10]. https://baike.baidu.com/item/%E7%94%B5%E7%A3%81%E8%BE%90%E5%B0%84%E6%B1%A1%E6%9F%93/8806321(电磁辐射污染).

[45] 科普中国. 工频电磁场[DB/OL]. [2017-10-10]. https://baike.baidu.com/item/%E5%B7%A5%E9%A2%91%E7%94%B5%E7%A3%81%E5%9C%BA/3754112? fr=aladdin(工频电磁场).

[46] 科普中国. 工频电磁辐射[DB/OL]. [2017-10-10]. http://www.baike.com/wiki/%E5%B7%A5%E9%A2%91%E7%94%B5%E7%A3%81%E8%BE%90%E5%B0%84(工频电磁辐射).

[47] 科普中国. 射频辐射[DB/OL]. [2017-10-10]. https://baike.baidu.com/item/%E5%B0%84%E9%A2%91%E8%BE%90%E5%B0%84/10592063? fr=aladdin(射频辐射).

[48] 刘文魁,庞东. 电磁辐射的污染及防护与治理[M]. 北京:科学出版社,2003.

[49] 李坚,梁文俊,陈莎. 人体健康与环境[M]. 北京:北京工业大学出版社,2015.

[50] 韩晶晶. 高压输电线路周围工频电磁场畸变规律[D]. 南京:南京理工大学,2016.

[51] 邬雄,万保全. 输变电工程的电磁环境[M]. 北京:中国电力出版社,2009.

[52] 国家电网科技部. 国家电网公司环境保护管理办法(国家电网科[2004]85号)[Z],2004.

[53] 高压交流架空送电线路、变电站工频电场和磁场测量方法:DL/T 988—2005[S]. 2005.

[54] 佟瑶,纪伟光,殷晓红,等. 输电线路工频电磁场监测分析防护措施[J]. 黑龙江电力,2013,35(2):178-181.

[55] 宋伟力,张晔,李湘权. 浅议交流输变电工程周围工频电磁场测量[J]. 绿色科技,2013,6:303-304.

[56] 林秀丽,徐新华. 建筑物对同塔双回路工频电场分布的影响[J]. 2007,33(4):69-72.

[57] 俞集辉,刘艳,张淮清,等. 超高压输电线下建筑物邻近区域电场计算[J]. 中国电力,2010,43(7):34-38.

[58] 汪全弟,罗扬,杨帆,等. 超高压输电线下建筑物邻近区域三维电场仿真[J]. 高压电器,2013,49(10):1-5.

[59] 董海魏,王玲桃. 不同气象条件下特高压输电线路工频电场[J]. 现代电子技术,2014,37(22):146-150.

[60] 张广州,朱银军,张业茂,等. 输电线路工频电场分布特性与计算方法辨析[J]. 高电压技术,2011,37(10):2581-2585.

[61] 刘震寰,邬雄,张广州,等. 特高压同塔双回交流输变电线邻近民房处电场计算[J]. 高电压技术,2009,8:1849-1855.

[62] 赵志斌,董松昭,谢辉春. 特高压交流同塔双回输电线路邻近建筑物时畸变电场研究[J].高电压技术,2012,9:1710.

[63] 孙涛,何旺龄,万保权. 湿度对于高压输电线路工频电场测量的影响[J]. 高电压技术,2014,6:1710-1716.

[64] 彭继文,周建飞,周年光,等. 湿度对500 kV超高电压交流架空送电线路区域电磁环境的影响研究[J]. 电网技术,2008,32(2):236-239.

［65］傅志浩，邬彪彪，吴明. 高压输电线路附近房屋电场屏蔽方法研究［J］. 技术应用，2012：78-88.

［66］500 kV 超高压送变电工程电磁辐射环境影响评价技术规范：HJ/T 24—2014［S］. 北京：中国环境科学出版社，2014.

［67］电工术语　电磁兼容：GB/T 4365—2003［S］. 2003.

［68］Pokharel R K，Ishii M，Baba Y. Numerical electromagnetic field analysis of lightning induced over ground of finite conductive［J］. IEEE Transactions on Electromagnetic Compatibility，2003，45(4)：651-656.

［69］Adel Zed，Mohamed A A W. The effect of the span configurations and conductor sag on the electric-field distribution under overhead transmission lines［J］. IEEE TRANSACTIONS ON POWER DELIVERY，2010，25(4)：2891-2902.

［70］Desderi D，Guanmieri M，Poli E. MV line electric field near a concrete pole［J］. IEEE Trans on Megnetics，2004,4(2)：718-721.

［71］Bracken T D,Kheifets L I,Sussman S S. Exposure assessment for power frequency electric and magneticfields (E M F)and its application to epidemiological studies［J］. Journal of Exposure Analysis and Environmental Epidemiology，1993，3(1)：1-22.

［72］Farag A S，Al-Shehri A，Bakhashwain J，et al. Impact of electromagnetic field management on the design of 500 kV transmission lines［J］. Electric Power Systems Research，1997，40 (3)：203-238.

［73］Theriauh G ，Li C Y. Risks of leukemia among residents close to high voltage transmission on electric lines［J］. Occupational and Environmental Medicine，1997，54：625-628.

［74］Chen H C，Lee K C，Lin J H，et al. Fabrication of conductive woven fabric and analysis of electromagnetic shielding via measurement and empirical equation［J］. Journal of Materials Processing Tech. ，2006，184 (1)：124-130.

［75］Daniel Read M，Granger Morgan. The efficacy of different methods for informing the public about the range dependency of magnetic fields from high voltage power lines［J］. Risk Analysis，1998，18 (5)：1710-1716.

［76］Patrick Levallois,Marie Dumont,Yvan Touitou,et a1. Effects of electric and magnetic fields from highpower lines on female urinary excretion of 6-sulfatoxymelatonin［J］. American Journal of Epidemiology，2001，154(7)：601-609.

［77］Lee B Y，Myung S H，Min S W. An Effective modeling method to analyze electric field around transmission lines and substation using a generalized finite line charge［J］. IEEE Transactions on Power Delivery，1996，11：857-864.

［78］Charles Poole,Robert Kavet，Donna P Funch，et a1. Depressive symptoms and headaches in relation to proximity of residence to an alternating—current transmission line right-of-way［J］. American Journal of Epidemiology，1993，137(3)：318-330.

［79］James G Gurney，Beth A Mueller，Scot T Davis，et a1. Childhood brain tum or occurrence in relation to residential power line configurations,electric heating sources，and electric appliance use［J］. American Journal of Epidemiology，1996，143(2)：120-128.

［80］Comollon J A，Palau R. Steady state 3-D-field calculations in three-phase systems with surface charge method［J］. IEEE Transactions on Power Delivery，2005，20(2)：919-924.

［81］李成财. 典型区域电磁辐射环境容量分析评价［D］. 南京：南京理工大学,2016.

［82］Paulraj R，Behari J. Effect of low level microwave radiation on carcinogenesis in Swiss Albino mice［J］. Mol Cell Biochem，2011，348：191-197.

［83］Colautti P. Neutron microdosimetry in simulated volumes less than 0. 001 m in diameter［J］. Radiation

Protection Dosimetry，1985，13(1-4)：24.

[84] 李东伟,李东兴,陈潜. 移动通信基站电磁辐射的危害[J]. 移动通信,2012(9)：35-36.

[85] 姚海云,周滟,等. 环境电磁辐射测量比对[J]. 环境监测管理与技术,2010,22(6)：73-75.

[86] 卢满常. 基站电磁辐射限值的确定[J]. 内蒙古科技与经济,2010(2)：101-102.

[87] 温锐彪. GSM 移动通信基站对周围环境电磁辐射影响[J]. 生态环境学报,2011,20(6)：1158-1160.

[88] 张海鸥,潘超,夏远芬,等. 移动通信基站电磁辐射时空分布及衰减特征[J]. 电力环境保护,2009,25(4)：57-59.

[89] 王新稳,李延平,李萍. 微波技术与天线[M]. 3 版. 北京：电子工业出版社,2011：15-18.

[90] 刘泽斌. GSM 移动通信基站电磁辐射环境预测分析与仿真[D]. 南宁：广西核辐射科学研究院,2013：172-182.

[91] 陆智新. 泉州市移动通信基站电磁辐射环境影响分析[J]. 环境监测管理与技术,2014(5)：56-60.

[92] 蒋云平,范磊. 两种测量环境电磁场方式的分析[J]. 环境监测管理与技术,2010(3)：65-67.

[93] Miho R，Kamo B. Estimation and theoretical evaluation of the E-M radiation field in the vicinity of GSM900 and GSM1800 antennas[R]. VNM report for GSM900 and GSM1800，DET，FTI，Tirana，2008：114-121.

[94] Rick F. Legal thinking on the prevention of electromagnetic radiation pollution in China[J]. Chinese Journal of Radiological Health. 2006：311-314.

[95] 刘峥嵘,彭江龙. 移动通信中的电磁辐射与健康[J]. 电磁辐射技术与管理,2000,1(12)：32-35.

[96] 王慧林,高峰,王玉红. 移动通讯电磁辐射危害防治[J]. 电磁辐射社会学,2007,32(1)：117-119.

[97] 梁国茂,杜芳,杨聪. 移动通信基站电磁辐射问题初探[J]. 移动基站建设技术,2009,5：204.

[98] 王浩,韦庆. 典型区域电磁辐射环境容量的分析[C]. 2014 年环境监测管理与技术论文集,2014(6)：1-6.

[99] Saran A，Pazzaglia S，Mancuso M. Effect of exposure of newborn patched heterozygous mice to GSM 900 MHz[J]. Radiat Res，2007，168：733-740.

[100] Selvin S，Schulman J. Distance and risk measures for the analysis of spatial data：a study of childhood cancer[J]. Soc Sci Med，1992，34：769-777.

[101] Ha M，Im H，Lee M. Radio-frequency radiation exposure from AM radio transmitters and childhood leukemia and brain cancer[J]. Am J Epidemiol，2007，166：270-279.

[102] Faraone A，Tay R Y S，Joyner K H，et al. Estimation of the average power density in the vicinity of cellular base[J]. Station collinear allay antennas，IEEE Trans. on Vehicular Technology，2000：984-996.

[103] 李富. 移动通信基站公众认知程度调查研究[D]. 南京：南京理工大学,2016.

[104] 王璐,马德敏. WCDMA 移动通信基站电磁辐射研究[J]. 中国新通信,2014,6：45-47.

[105] 李艳欣. 移动基站电磁辐射评估及建筑物屏蔽效能研究[D]. 成都：西南交通大学,2010.

[106] Simona Miclaus，Paul Bechet，Cora Iftode，et al. The application of a channel-individualized method for assessing long-term，realistic exposure to radiofrequency radiation emitted by mobile communication base station antennas[J]. Measurement，2013，46(3)：1355-1362.

[107] Everaert J，Bauwens D. A possible effect of electromagnetic radiation from mobile phone base stations on the number of breeding house sparrows (passer domestics)[J]. Electromagnetic biology and medicine，2007，26(1)：63-72.

[108] John F B，Bolte，Tessa Eikel Boom. Personal radiofrequency electromagnetic field measurements in the Netherlands：Exposure level and variability for everyday activities，times of day and types of area[J]. Environment international，2012，48：133-142.

[109] Pragati Sharma，Gautam A K，Sandeep Kumar，et al. Assessment of electromagnetic radiation for sec-

ond and third generation frequency spectrum on human body[J]. Indian Journal of Radio & amp; amp; Space Physics, 2013, 42(6): 425-428.

[110] Paul Bechet, Simona Miclaus. An improved procedure to accurately assess the variability of the exposure to electromagnetic radiation emitted by GSM base station antennas[J]. Measurement Science & amp; amp; Technology, 2013, 24(1): 015003-1-015003-9.

[111] Vaishali, Kumar, Vivek. Analysis of non-ionized radiation level radiated from Base Trans-receiver Station at mobile communication system (GSM 1800 MHz)[C]//IEEE International Conference on Recent Advances and Innovations in Engineering: IEEE International Conference on Recent Advances and Innovations in Engineering (ICRAIE-2014), May 9-11 2014, Jaipur, India. 2014: 1-6.

[112] Mimoza Ibrani, Luan Ahma, Enver Hamiti, et al. Comparative SAR assessment in adults and children exposed to electromagnetic fields of radio frequency devices[J]. WSEAS Transactions on Communications, 2010, 9(1/3): 105-114.

[113] Mladen Koprivica, Natasa Neskovic, Aleksandar Neskovic, et al. Statistical analysis of electromagnetic radiation measurements in the vicinity of gsmrmts base station antenna masts[J]. Radiation protection dosimetry, 2014, 158(3): 263 -275.

[114] 晁雷. 移动通信基站电磁辐射环境影响分析及评价[D]. 沈阳:东北大学,2003.

[115] 范方辉. 移动通信基站电磁辐射污染特性及控制研究[D]. 杭州:浙江大学,2015.

[116] 夏红杰,王德文. 微波电磁辐射对生物体的影响[J]. 辐射研究与辐射工艺学报,2008,26(5):261-266.

[117] 张琪. 移动通信基站电磁辐射强度影响因子的分析研究——以中国联合网络通信有限公司包头市分公司基站为例[D]. 呼和浩特:内蒙古大学,2013.

[118] 萧太文. WCDMA 移动通信基站电磁辐射研究[D]. 广州:华南理工大学,2012.

[119] 张海鸥. 移动通信基站的电磁辐射仿真模拟及应用[D]. 南京:南京信息工程大学,2010.

[120] 方俊明. 认知心理学与人格教育[M]. 西安:陕西师范大学出版社,1990.

[121] 李浩. 变电站电磁噪声辐射的监测与防护研究[D]. 南京:南京理工大学,2016.

[122] 余香英,王惠荣. 变电站噪声的影响与治理[J]. 天津电力技术,2007(1):31-33.

[123] 叶建斌,陈雁. 变电站环境噪声现场测试与分析讨论[J]. 广东电力,2005(10):53-56.

[124] 陈泽萍,李强. 变电站环境噪声评价与防治[J]. 电力环境保护,2008(1):61-63.

[125] 吕敬友. 上海市水城变电站噪声治理[C]. 上海国际博览会科技论坛,2002:253-256.

[126] 张国兵. 变压器噪声评价及比较[J]. 变压器,2001(3):1-4.

[127] 关宏,王庭拂,等.10 kV 和 35 kV 变配电站的噪声影响与治理[J]. 噪声与振动控制,2002,5:38-43.

[128] 陈秋,李振海. 变电站噪声防治与方案研究[J]. 电力环境保护,2006,22(3),46-51.

[129] 虞兴邦,姜在秀,韩海.变压器的噪声机器降低[J]. 噪声与振动控制,2001,10:35-38.

[130] 王之浩,周建国,苏磊,等. 交流变电站可听噪声来源及特性分析[J]. 华东电力,2008,36(11):6-18.

[131] 吕敬友,黄玉,池爱平. 变电站噪声对环境的影响与防治措施[J]. 电力与能源,2001,32(2):162-164.

[132] 董志刚. 变压器的噪声[J]. 变压器,1995(11):27-31.

[133] 乔静. 户内变电站主变压器降噪和通风分析[J]. 电力环境保护,2006,22(3):45-51.

[134] 周建国,李利华. 变电站、换流站和输电线路噪声及其防治技术[J]. 中国电力,2009,42(3):75-78.

[135] 陈秋,李振海. 变电站噪声防治与方案研究[J]. 城市建设理论研究,2011(23):78-81.

[136] 吕玉恒,玉庭拂. 噪声与振动控制设备及材料选用手册[M]. 北京:机械工业出版社,1999.

[137] 何安军. 110 kV 户外变电站的噪声控制[EB/OL]. [2001-09-02]. http://wenku. baidu. com/link? url= XHHuuIOv44MSR15_lsdR8I4raXuxDliliOqme90XxJN14kqmX13jIOm8dVg-B3JXnKFVltVmdq9xL3O-K4ruZjVCBkw3VpbQop87mJdQ-fv3.

[138] 顾晓安,沈荣瀛,徐基泰. 大型电力变压器振动和噪声控制方法研究[J]. 噪声与振动控制,2001

(5)：7211.

[139] 关宏,王庭佛,郜树民,等. 10 kV 和 35 kV 变配电站的噪声影响和治理[J]. 噪声与振动控制,2002
(10):2-3.

[140] 邵宇鹰,张思平. 变电站噪声特性及降噪控制措施[J]. 电力与能源,2014,35(4):543-544.

[141] 王达强. 医疗核技术应用项目辐射环境检测研究[D]. 南京:南京理工大学,2016.

[142] Dong Z H, Shao H, Chen T W, et al. Digital radiography of crush thoracic trauma in the Sichuan
earthquake[J]. World Journal of Radiology, 2011, 11:273-278.

[143] 王宏芳,娄云,万玲,等. 核医学科操作人员及相关场所辐射水平调查[J]. 现代预防医学,2015,42(4)：
601-603.

[144] Wang W, He M, Jiang S, et al. An Ultra-sensitive Method f or Quantization of 79Se to Be Used as En-
vironmental and Biological Tracer Isotope via Accelerator Mass Spectrometry[J]. Annual Report of
China Institute of Atomic Energy, 2007:144-147.

[145] Robin M S,Balkrishna M S, Jawahar L M. Role of cardiac CTA in estimating left ventricular volumes
and ejection fraction[J]. World Journal of Radiology, 2014, 6(9): 669-676.

[146] Bo Z, Su Y P, Ai G P, et al. Differentially expressed proteins of gamma-ray irradiated mouse intestinal
epithelial cells by two-dimensional electrophoresis and MALDI-TOF mass spectrometry[J]. World
JGastroenterol, 2003, 9(13): 2716-2731.

[147] Ehab M Attalla1. Comparison of two methods for assessing leakage radiation dose around the head of
the medical linear accelerators[J]. The Chinese-German Journal of Clinical Oncology, 2013, 12(9)：
435-438.

[148] 翟建,杨冬林. 医用辐射场质量评估的实验研究[J]. 第三军医大学学报,1989,11(2):121-124.

[149] 王仲平,郭威利,谭英祥. 放射工作场所及 X 射线机房外环境的防护监测方法[J]. 中国辐射卫生,
2004,13(3):190-191.

[150] 辛超,杨永钦. 医用回旋加速器电离辐射环境影响分析[J]. 神州,2013,8:46-47.

[151] 周媛媛,杨春勇,王福如,等. 不同照射条件下医用加速器机房辐射水平验证检测[J]. 中国辐射卫生,
2014,23(1):11-13.

[152] 李雪琴,陈栋梁,彭建亮,等. 电子直线加速器机房中子辐射屏蔽估算与评价[J]. 中国职业医学,2014,
41(5):518-521.

[153] Tang S B, Ma Q L, Yin Z J, et al. Simulation study of BGO array for characteristic gamma rays from
neutron-stimulated elements[J]. Nuclear Science and Technique, 2007, 18(6): 354-357.

[154] 洪卫,戈伟,弓健. VARIAN CLINAC 600C/D 医用加速器小跳量剂量线性的检测[J]. 肿瘤防治研究,
2005,32(6):384.

[155] 赵进沛,张富利,王雅棣,等. 外置立体定向治疗系统医用加速器的性能与防护检测[J]. 医疗卫生装
备,2014,35(12):79-81.

[156] Yildiz D, Zeynep S. Medical Radiation Exposure and Human Carcinogenesis- Genetic and Epigenetic
Mechanisms[J]. Biomed Environ Sci, 2014, 27(9): 718- 728.

[157] 电子加速器放射治疗放射防护要求:GBZ 126—2011[S]. 2011.